한반도 통일과 군사통합

제정관 지음

한누리미디어

국립중앙도서관 출판시도서목록(CIP)

한반도 통일과 군사통합 / 제정관 지음. -- 서울 : 한누리미디어, 2008
p. ; cm

참고문헌 수록
ISBN 978-89-7969-324-9 93390 : ₩15000

남북통일문제[南北統一問題]
군사 통합[軍事 統合]

340.911-KDC4
320.9519-DDC21 CIP2008002453

서 문

토인비가 역사는 도전과 응전에 의해 발전하는 과정이라고 했듯이 인류역사는 수많은 도전과 이를 극복하는 과정으로 점철된 기록이라고 할 수 있다. 한반도도 이 같은 역사의 법칙에 예외가 아닌 듯 냉전의 유산으로 분단된 채 반세기를 넘기고 있다. 이제 대한민국은 분단과 갈등을 넘어 통일과 화합의 시대로, 한반도라는 울타리를 넘어 저 넓은 만주 벌판으로, 연해주로, 세계로 웅비해 나가야 할 새로운 시대를 맞고 있다. 인도의 시성 타고르가 〈동방의 등불〉에서 "일찍이 아시아의 황금시기에, 빛나던 등불의 하나였던 코리아, 그 등불이 다시 한 번 켜지는 날에 너는 동방의 밝은 빛이 되리라" 한 구절처럼 새로운 21세기에는 분단이라는 도전을 극복하고 명실공히 동북아는 물론 세계의 강국으로 발돋움하는 통일한국이 되어야 한다.

본서는 저자가 박사논문으로 쓴 〈남북한 군사통합〉을 바탕으로 하여 그동안 국방대학교에서 강의한 '남북한 통일문제'와 '군사 통합' 과목 내용을 정리한 것이다. 앞으로 통일문제와 더불어 남북한 통일과정에서 가장 핵심이 되는 군사통합 분야 연구는 물론 실제 통일과정에서의 정책개발 및 적용에 참고가 되었으면 하는 바람이다. 통일문제와 군사통합문제는 한반도에서 역사의식을 갖는 지성인들이 현실적으로 관심을 가져야 할 뿐더러, 특히 직업군인들은 필히 전문성을 갖출 수 있도록 노력해야 할 분야라 할 수 있다.

국방대학교에서 학업에 정진하면서 직업군인으로서 갖추어야 할 두 가지 핵심과업은 첫째로 지성적인 장교가 되는 것이며, 다음으로 전문성 있는 장교가 되는 것이다. 이 두 가지 요소가 갖추어졌을 때 바람직한 장교가 되고, 또 영향력을 발휘할 수 있는 리더가 될 수 있는 것이다.

더그 레닉과 프레드 킬은 그들의 저서에서 '도덕지능(moral intelligence)' 을 강조했는데, 이는 "보편 원칙에 따라 옳고 그름을 분별할 수 있는 능력" 을 말한다. 장교가 자신 또는 부대의 비전과 목표를 위한 큰 방향을 설정하고 이를 실천해 나가는 중심에는 자신의 가치체계나 신념체계가 자리잡고 있어야 하는데, 이를 결정하는 것이 바로 도덕지능이며 지성이라는 말이다. 남북한 국민들의 생사와 행복이 직결되는 국가안보와 통일, 군사문제와 대북관 등에서 직업군인으로서 보편적 지식과 상식, 도덕지능이 결여되어 있다면 가장 심각한 일이 아닐 수 없다. 인격과 지식과 행동이 조화된 리더십, 영향력 발휘를 뒷받침하는 것이 바로 지식이요 지적 역량이다. 견고한 기초지식과 철학적 사고가 없으면 그것은 잡다한 상식의 집합에 지나지 않는다.

고대 아테네의 페리클레스의 경우, 인류 역사상 인간이성의 위대한 힘을 일깨워졌던 인물들인 프로타고라스와 아낙사고라스, 파르테논 신전과 아크로폴리스를 건설한 건축가 페이디아스, 위대한 음악선생 다만 등이 스승이나 친구였다. 알렉산더 대왕은 철인 아리스토텔레스가 스승이었고, 시저도 나폴레옹도 지력이 대단한 인물들이었다. 정규교육을 받지 못했지만 가장 뛰어난 유머와 역사 감각을 발휘했던 링컨의 지적 역량, 당대의 최고 지적 소유자였던 러시아 혁명의 지도자 레닌, 중국의 마오쩌둥, 영국병을 고치고 포클랜드 전쟁을 승리로 이끈 대처 수상, 싱가포르의 리 칸유 수상 등이 대표적 지적 역량의 소유자라 할 수 있다. 이들의 지적 역량은 그들의 방대한 독서량이 공통적으로 뒷받침되고 있다.

다음으로 전문성 있는 장교가 되어야 한다. 한국적 현실에서 직업군인이라면 국가안보와 남북통일에 대해 일가견이 있어야 하고 특히 통일 분야에서 군사통합에 관한 한 가장 전문적 지식과 소양을 가져야 한다. 한반도 통일은 작금의 6자 회담과정에서도 잘 나타난 바와 같이 국제적 성격을 띠고 있다. 주변 4강의 국가전략과 군사력, 외교방향과 대한반도 정책을 잘 알아야 통일한국을 지향하는 적절한 정책개발로 이들을 유리한 방향으로 이끌 수 있다. 특히 군사통합측면에서는 선군정치를 표방하고 유일독재체제를 구축하면서 철저한 병영국가를 유지하고 있는 북한실체에 대한 명확한 인식과 허점, 그 군사력의 강약점을 심도 있게 파악해야 한다.

이를 바탕으로 우리가 구사할 수 있는 통일방안과 그 방안에 따른 군사적 선택은 어떤 것인가 하는 문제가 잘 연구되고 발전되어야 한다. 이 같은 맥락에서 군사적 전문성은 물론이고 특히 남북한 군사통합 분야는 체계적인 전문성을 가져야 한다. 왜냐하면 통일한국을 지향함에 있어 제대로 된 군사통합이 이루어지지 않으면 결코 성공적인 통일 또는 통합이 불가능하기 때문이다. 이러한 군사통합의 방향은 통일한국이 보유해야 할 바람직한 통일국군 건설을 목표로 하여 진행되어야 한다. 졸저가 이러한 지적 역량과 전문성 함양에 기여할 수 있으면 하는 바람이다.

본서를 만드는 과정에서 여러분들의 도움을 받았지만 특히 2008년 국제관계학부에서 통일정책과 군사통합을 수강한 학생들의 노고에 감사한다. 정승우 대위는 남북한 군사력 평가 자료의 최신화 면에서, 남영은 대위는 북한의 내구력 판단 측면에서 자료를 잘 제공하였고, 김진석 소령은 통일국군 건설 방향에서 공군 분야 분석에 기여하였다. 원고를 전체적으로 다듬고 관련 자료를 검토 보완해 준 신성욱, 박정규 대위에게도 감사한다. 안보문제연구소 조홍제 박사와 한누리미디어 김재엽 사장께도 사의를 표하며, 본서가 남북한 통일과 군사통합을 연구하는 모든 분들에게 실질적인 도움이 되기를 기원한다.

2008. 6. 25

국방대학교에서 저자 **제정관** 識

요 약

반만년 역사 속에서 한민족은 단일 민족으로 이 한반도를 주무대로 삶의 터전을 일구어 왔다. 그러나 19세기말 서세동점의 냉엄한 국제정치 현실 속에서 균세와 자강의 기회를 놓쳐 밀려오는 외세의 침략에 유린당하고 말았다. 일본 제국주의에 의해 주권과 언어를 상실하고 35년의 식민지 생활에 이어, 2차 대전의 종결로 광복이 되자마자 미소의 냉전의 결과로 국토는 다시 분할되어 약 반세기 동안 분단의 아픔을 겪고 있다. 남북한 분단으로 인해 이념과 체제는 물론, 문화와 언어가 이질화 되었고 이산가족들이 고통의 세월을 보내고 있다. 뿐만 아니라 휴전선 155마일을 경계로 100만 명 이상의 병력이 중무장하여 대치하고 있다. 가히 지구촌 최후의 냉전지대요 동북아의 화약고라 하지 않을 수 없다. 특히, 3년간의 동족상잔의 비극 6.25 전쟁을 겪으면서 한반도 전체가 아수라장이 되었고, 민족의 가슴 속에는 치유하기 어려운 수많은 상처와 아픔을 간직하게 되었다.

한국전쟁의 상처를 딛고 남한은 민주주의와 자유시장경제체제로 세계에서 유례가 없는 경이적인 경제발전을 이룩한 반면, 북한은 봉건체제에서 수령유일독재체제로 이어지면서 세계에서 가장 악랄하고 못살고 비참한 병영국가를 유지하고 있다. 21세기에 들어선 지금 대한민국은 북한주민을 질곡상태에서 해방시키면서 선진된 통일국가를 이룩하여 한반도 전체가 위상을 제대로 구축하여 강국으로 거듭나야 하는 역사적 사명을 완수해야 할 시점에 와 있다.

그런 의미에서 통일은 한민족에게 어떤 의미를 부여하는가 라는 물음에 답할 수 있어야 하며, 통일에 대한 당위성을 토대로 하여 통일을 달성해 가는 과정에서 가장 중요한 부분은 무엇이며 이를 어떻게 극복할 것인가를 생각해 봐야 한다.

통일이 꼭 필요한가? 북한이 형세가 불리하면 쓰는 '우리 민족끼리' 민족공영의 기치 아래 잘 지내면 되지 않는가? 통일이 빠르면 통일비용이 커지고 후유증이 엄청나서 천천히 하는 것이 더 바람직한 것 아닌가?

과연 국가적 리더십을 발휘하는 지도층이 통일에 대한 역사적 당위성을 알고 뚜렷한 통일의지와 목표, 이를 구현하는 전략을 가지고 있는가?

통일을 위한 국내적 합의와 기반확충을 위한 노력과 더불어 주변국들을 주도적으로 이끌어 갈 역량을 구비해 나가고 있는가? 남북한의 통일과정에서 가장 큰 저해요소는 무엇인가? 현상유지를 바라는 것이 실은 양측의 기득권세력이라는 말이 맞는 말인가? 주변 4강은 어떤 한반도 정책을 가지고 있으며, 통일에 대한 의도와 실질적 영향력은 어떠한가? 그들이 순기능할 수 있도록 통합된 전략이 수립되어 있는가? 바람직한 통일은 어떤 원칙과 형태로 추진되어야 하는가? 통일국군은 어떤 규모와 형태로 건설되어야 하는가? 군사통합의 의미와 중요성이 왜 강조되는가?

이러한 전반적 질문에 대한 해답이 제대로 나오도록 정책이 수립되고 일관성 있게 추진되어야 한다. 통일정책과 외교활동이 잘 조화되어 나가야 한다.

탈냉전시대에 접어들면서 남북한 정상회담과 더불어 전반적 화해무드 속에 남북한 교류협력이 이루어지는 가운데 북한은 체제유지와 생존을 위한 벼랑끝 전술로 미사일과 핵실험을 강행하였고, 그 결과 북한의 핵문제 해결을 위한 6자회담이 진행되고 있으며, 북한 핵시설 폐기 및 핵 프로그램 신고를 통한 비핵화가 가장 절실하게 요구되고 있다. 핵문제 해결과 이를 계기로 한 북한의 개혁개방정책 채택여부가 남북관계는 물론 통일과업 전반에 큰 분수령이 될 것이다.

아울러 남북한 간에 정전체제를 종식시키고 평화체제로 전환해야 한다는 논의가 활기를 띠고 있으며, 경제적 교류를 중심으로 한 각 부분의 다양한 접촉으로 남북한 협력과 기능적 통합에 대한 관심이 확산되고 있다. 남북한 통합 또는 통일에 대한 보다 실용적이고 체계적인 연구와 접근이 요구되는 역사적 시점이기도 하다.

한국의 통일정책은 화해협력, 남북연합, 통일의 3단계로 이루어진 통일방안에 의해 확고한 안보태세를 유지하면서 남북간의 화해와 협력을 통해 북한의 개방과 실질적인 변화를 꾸준히 유도해 나가는 것이다. 즉 국민이 합의해 준 '민족공동체 통일방안' 에 의한 통일정책을 일관되게 추진함으로써 자유민주주의와 시장경제에 기초한 하나의 공동체를 꾸준히 지향해 나가야 한다. 아울러 현실적 측면에서 유연한 대북전략을 구사할 필요가 있다. 상호주의 원칙을 탄력적으로 적용하고 남북경협도 추진 시기나 규모, 방법 등을 잘 살펴서 실용적으로 접근해야 한다.

공식적 통일정책은 큰 기조에 따라 정권에 관계없이 일관성 있게 추진하되 대북전략 수행은 근본적으로는 북한 정권을 약화시키면서 북한 주민에게는 실질적 도움이 되는 방안을 끊임없이 모색해 나가야 한다.

대체로 통일의 목표, 통일방안의 수립, 북핵문제 해결 등은 국가 생존과 국민의 생명 및 재산에 직접 영향을 주는 통일 정책적 사안이다. 한편, 대북지원과 남북경협사업은 남북관계의 진전과 특수성을 고려하면서, 주민에게 직접적인 도움이 되고 북한의 변화와 개방을 위해 활용할 수 있는 대북전략 수단이 되어야 한다.

최근에 한 국회의원이 조사한 바에 따르면 남북통일의 필요성에 대해서는 67.1%가 '필요하다' 고 답했으나 25.4%는 '꼭 할 필요는 없다' 또는 '하지 말아야 한다' 고 응답했다. 과거 6.25전쟁 체험 세대나 전후세대가 우리 사회의 다수를 차지할 때에는 통일은 당연한 일이고 반드시 이루어야 할 과제라고 인식한 것과는 대조적인 현상이라 하지 않을 수 없다. 그야말로 분단의 고착화 현상이 많은 사람들에게 아무렇지도 않게 받아들여지고 있는 현실이다.

지난 20세기 말에 독일은 고르바초프의 개혁과 개방정책을 콜 수상의 탁월한 리더십으로 기민하게 이용하여 베를린 장벽을 무너뜨리고 극적인 통일을 이루어내었다. 통일 후의 독일은 그 국가적 위상이 강화되고 있으며 멀지 않아 유럽의 최강국으로 자리매김할 것이다. 물론 이러한 역사적 성취에도 불구하고 통일 후유증이 없는 것은 아니다. 동·서독 주민들의 의식차이, 빈부 격차 등으로 인해 여전히 완전하고 진정한 통일에 이르기에는 시간이 걸릴 것이다.

독일의 사례에서 보듯이 통일은 외형적인 통일도 중요하지만 내부적으로 각 부분별 진정한 통합이 이루어져야 한다. 이런 측면에서 통일에 대한 준비와 대비는 각 분야별로 다양하고 심도 있게 논의되어야 할 것이라고 본다. 이중 특히 군사 분야는 가장 관심을 가지고 다루어야 할 분야이다.

북한은 체제유지를 위하여 세계에서도 유례를 찾기 어려운 수령유일독재체제를 구축하고 선군정치를 표방하며, 핵과 미사일로 미국을 비롯한 주변 강대국들과 외교적 돌파구를 모색하고 있으며, 현재 6자 회담의 형태로 진행 중이다. 그들의 목표는 핵보유국으로 인정받으면서 경제 · 외교적 지원을 획득하는 것이다.

이러한 상황에 놓인 북한과 남북한 통일 또는 통합을 추구해 나감에 있어서 분단과 통일의 평화적 관리를 포함한 제반 과정에서 가장 난제이면서도 핵심 분야가 바로 군사통합 분야라 할 수 있다.

북한의 군사력은 바로 북한체제를 뒷받침하는 힘의 근원이며 북한의 파워 엘리트들이 대거 포진하고 있는 실체이다. 타 분야의 통합이 순조롭더라도 군사 분야의 통합과정이 제대로 진행되지 않으면 통합과정 전반에 걸쳐 큰 영향을 주게 되며, 결코 전체적 통합을 성공적으로 마무리할 수 없다.

군사통합은 이전 통일을 경험한 국가의 통일과정을 고려할 때 매우 어렵고 핵심적인 문제이다. 경제, 사회, 문화 등 타 분야의 통합이 이루어지더라도 군사통합이 이루어지지 않으면 전체적 통합이 불가한데, 이는 양 체제를 지원하는 실질적인 힘이기 때문이다. 또한 이러한 이유로 군사통합은 반드시 양측의 배분 통합이 아닌 통합 주도측의 일원화가 이루어져야 한다.

군대의 본연의 역할은 국가주권수호를 위한 '폭력의 관리' (management of violence)라는 측면을 고려하면, 남북한 군사통합은 단기적으로는 통일과정과 통일 후 국가의 안정성을 확보하고 항구적으로 통일한국의 위상강화와 지속적 발전을 보장하는 핵심 분야이다.

한반도 통일시 군사통합은 여러 가지 시나리오가 있으나 통상 세 가지로 정리되는데, 이는 북한의 급변 사태에 따른 흡수 통합, 남북한 합의에 의한 군사통합, 무력 통일이다.

북한의 급변사태에 의한 흡수통합은 동독처럼 북한의 내부가 혼란해지면서 체제가 붕괴되고, 북한 주민 스스로 남한과 통일을 원하게 되면서 한국군이 자연스럽게 북한군을 흡수 통합하는 경우이다. 그러나 이 경우 북한 집단지도체제와 북한군과의 관계에서 항명 등 복잡한 상황이 전개될 수 있다.

남북한 합의에 의한 군사통합은 예멘의 최초 통합처럼 상호체제안정을 최우선으로 하고 서로의 필요에 따라 군통합이 진행되며 이 경우 북한측은 나름대로 군의 주도권을 유지하려고 할 것이다. 군통합 후 남북한 군맥이 존재하여 지휘체계에 악영향을 미칠 것이므로 주도측의 단일화가 핵심이다.

무력통일 시나리오는 붕괴직전의 북한이 위기극복을 위해 핵무기 등을 포함한 기습 공격을 시도하거나 이를 탐지한 한미연합군의 선제공격에 의한 상황 전개이다. 남한은 최초 수세 극복 또는 선제공격의 이점을 살려 전쟁주도권을 확보하여 남한군 또는 연합군에 의한 점령으로 일방적 군사통합이 된다.

남북한 군사통합의 대전제는 현재의 남한을 주축으로 하는 통일독일군대와 같은 전형적인 군사통합 형태를 상정하며, 합의를 통한 평화적 방식 또는 동독과 같이 북한의 급작스런 상황변화 또는 붕괴로 인한 남한의 일방적 흡수통일 방식 둘 중 하나의 형태가 될 가능성이 높다.

무력에 의한 군사통합은 남한에 의한 군사적 점령 또는 북한의 항복을 의미하며, 베트남군 통합의 후유증과 같은 시행착오를 없애기 위해 통합의 제반 원칙이 잘 적용되어야 한다. 통일국군을 건설하는 통합의 원칙인 공조성, 역사성, 자주성, 투명성, 효율성, 안정성, 지속가능성 등이 잘 지켜져야 한다는 뜻이다.

각 분야 전체적 통합과 연계된 군사분야의 역할과 영향력은 북한의 경우 매우 크므로 북한군에 대한 접근은 전체적 전략구도 아래 지속적이고 일관성 있게 추진되어야 한다. 양측체제를 지탱하는 실질적인 힘을 가진 군부의 통합이 잘못 이루어지면 전반적인 여타 분야 통합이 보장될 수 없다.

특히 예기치 않게 북한세습체제가 붕괴되었을 시 남북한 대치상태에 비추어 볼 때 남북한 군대 양측의 사전 접촉과 준비가 없는 한 중국의 만주지역으로 대량 난민 유입사태가 발생 가능하고 이를 구실로 중국이 직접 군사적으로 개입할 가능성을 배제할 수 없다.

북한이 붕괴될 경우 중국 개입 외 시나리오로 북한지역에 미 군정이 실시되는 것이다. 미 군정은 한국의 요청, 미국의 독자적 결정, 북의 요청 등에 의해 이루어질 수 있다. 이 경우 중국의 반대가 있기 마련이고 유엔의 중재를 통해 북한이 유엔 관리하로 넘어갈 가능성이 높다.

북한체제 붕괴에 따른 불확실성을 보다 한국측에 유리하게 전개시키기 위해서는 가장 민감하면서도 핵심이 되는 분야인 양측의 군사문제에 대한 과정 전반에서의 전략과 유사시 실질적인 군사통합에 대한 사전 준비와 이행이 매우 중요하다. 통독과정에서 나타난 콜 총리의 리더십과 수뇌부의 전략은 물론이고 세부 군사통합 목록에 이르기까지 우리 현실에 맞는 적용 방법과 연구발전이 필요하다.

북한체제 붕괴시 백만이 넘는 대군을 어떻게 사회에 복원시키느냐 하는 문제와 특히 북한군 대령급 이상 고급 지휘관들에 대한 신분보장과 활용계획, 그리고 이를 포함한 세부적이고 실질적인 준비는 북한 체제변화를 위한 순기능은 물론이고 체제변화 후 군사통합의 성공여부에 큰 영향을 미칠 사안이다.

마지막으로 남북한 군사통합은 바로 통일한국군 건설과 직결되기 때문에 군사력 수준과 군구조개혁의 방향이 제대로 설정되어야 한다.

통일국군의 군사력은 국익을 지키고 주변국의 군사적 위협에 대응하며 건실한 중위국가로서 자위력을 보유하면서 동북아 세력균형 속에서 조화를 이루어야 한다. 이러한 군사력 수준은 방어충분성 전략을 보장하는 전반적 무기체계 위에 적정수의 첨단전략 무기가 필수적이다. 즉 독자적 전략수행이 가능하고 제한된 범위내 결정적 목표에 대한 타격능력을 보유해야 한다. 강대국을 의식한 과도한 군사력 보유는 주변국의 견제와 더불어 전략적 불균형을 가져올 수 있다.

통일국군의 국방정책과 군사전략은 군 구조 및 지휘체계, 적정 군사력 및 국방비, 전략무기 및 군사력 배치, 미 동북아 전략에 따른 한미연합방위체제와 주한 미군 등의 제반 사항이 고려되어야 한다.

결론적으로 국방부를 위시한 안보관련 부서는 평화체제관리과정 전반과 유사시를 불문하고 통일에 가장 결정적 요소인 남북한 군사통합을 위한 기구와 체제를 정비하여 정책이 효율적으로 공조하고 작동되도록 하여야 한다.

이 효율적 작동이 남북한 체제의 변화를 촉진하고 유사시 남북한 군사통합의 성공을 보장하여 바람직한 통일한국군 건설로 이어지는 것이다.

이를 위해서는 관련 정책의 중요성을 인지하고 이끌어가는 전략적 리더십의 확충과 군사통합의 주체가 될 한국군의 전문적 체계를 갖춘 기구가 요구되며, 통합을 주도할 전반적 신념과 가치체계를 견지하는 정신전력, 무형전력을 강화할 수 있는 제도적 보완과 교육시스템이 필요하다.

목 차

한반도 통일과 군사통합

제1장. 서 론

제1절. 통일은 우리에게 무엇인가?
제2절. 통일문제에 있어서 군사통합

제1장. 서 론

제1절. 통일은 우리에게 무엇인가?

이제까지 많은 사람들이 통상 하는 대로 또는 감상적으로 '우리의 소원은 통일'이라고 생각하고 주장해 왔다. 그러나 진정 우리가 생각하는 통일의 형태가 어떤 것인지, 또 왜 꼭 통일이 되어야 하는지에 대한 확고한 신념이나 이유에 대해서는 대체로 명쾌하지가 못하다.

더구나 통일을 이루어가는 방법과 과정은 여러 가지 접근법이 난무하고, 또 통일을 보는 시각 자체 또한 다양하다. 통일에 대한 환상내지는 통일지상주의가 있는가 하면, 근년엔 소위 민족끼리 평화적으로 잘 해결해 나가자는 수세에 몰린 북한의 평화적 접근법에 동조하는 경향도 많고, 나아가 꼭 통일을 해야만 하는가 하는 회의적 시각도 있다.

이제 반세기 이상 분단된 상태가 지속됨에 따라 이산가족이 된 세대들이 점차 사라져가고 있으며, 젊은 세대들 중에는 통일에 대해 무관심하고 반대하는 경향도 늘고 있다.

이러한 상황 속에서 과연 통일은 우리에게 무엇이고 어떤 의미가 있는지 하는 통일의 당위성에 대한 논의가 제대로 이루어져야 하고, 이어서 그 접근방법 측면에서 각 부분별 통합을 어떻게 이루어 나갈 것인가가 연구되어야 한다.

정책결정자들이 국가이익을 관철시키기 위하여 군사 · 외교적 전략을 세워 임하는 것처럼 통일국가 건설도 뚜렷한 논리적 근거에 기초해야 한다. 통일논의가 단순한 정치적 구호의 수준이거나 감상적 수준에 머물러서는 안 되며, 한 차원 높은 논의들이 진지하게 이루어져야 한다.

우리가 이루고자 하는 통일의 당위성은 민족사적 측면, 정치 · 안보적 측면, 사회 · 경제적 측면, 미래 발전적 측면 등으로 나누어 생각해 볼 수 있다.

즉 통일은 단순히 분단 이전 상태로 복귀하는 것이 아니고 민족공동체적 역사인식을 바탕으로 한 단일성 회복과 재결합, 하나의 주권단위체로 생활공간이 통합되는 민족성원 모두가 참여하는 통일이어야 하며, 남북한이 이질성을 극복하고 사회가 통합 조정되는 사회문화적 통합, 남과 북이 더불어 번영하고 부강해지며, 삶이 좀 더 자유롭고 복된 나라가 되어야 하는 기대가 충족되어야 한다.[1)]

남북한 분단현실의 각 분야별 실상과 문제점을 총체적으로 파악하고 진단하여 그 통합방향을 설정하고 방안을 연구하여 바람직한 통일한국의 패러다임으로 접근해 나가야 한다.

우리 민족은 반만년의 유구한 역사적 전통을 이어왔고, 19세기에 들어와서는 근대적 민족국가 건설을 위해 노력하였다. 그러나 서구의 충격을 견디지 못하였고, 결국 일본 제국주의 침략으로 인해 20세기 초반 국권을 상실하였다. 제2차 세계대전의 종결 과정에서 미소의 냉전 대결의 영향으로 인위적으로 분단이 이루어졌고, '적절한 절차에 따라(in due course)' 통일국가로 독립시킨다는 카이로 선언은 아랑곳없이 남북으로 나뉜 채 21세기를 맞이하였다.

이러한 우리의 분단 현실은 수천 년 동안 한반도를 중심으로 단일민족국가를 형성해 온 역사적 정통성에 부합하지 않는 현상이기 때문에 이를 극복하고 민족공동체의 재창조를 통해서 반드시 한반도의 중흥을 도모하는 새로운 통일을 이룩해야 한다. 전범 국가이던 독일은 벌써 통일되고 일본은 이제 '보통국가' 로 되면서 번영을 구가함은 물론 군사강국이 되는 현실을 보면 한반도 분단이 아직도 지속되고 있다는 사실은 역사의 아이러니가 아닐 수 없다.

1) 유석렬, 《북한의 체제위기와 한반도 통일》, 박영사, 1997, pp. 386 ~ 387.

제2절. 통일문제에 있어서 군사통합

1. 통일의 당위성과 의미

가. 통일의 당위성

통일의 당위성을 정치 · 안보적 측면, 사회 · 경제적 측면, 미래발전적 측면에서 정리해 본다.

1) 정치 · 안보적 측면에서 본 통일의 당위성을 다음 세 가지로 정리할 수 있다.

첫째, 한반도는 아직도 전쟁발발 가능성 또는 전쟁의 공포에서 자유롭지 못한 상태에 놓여 있다. 한반도의 불안정한 정세는 남북한 모두에 발전의 장애요인이 되어 왔다. 통일은 우리에게 평화로운 환경하에 한반도 전체가 번영하고 보다 발전되는 기회를 제공할 것이므로 반드시 이룩해야 한다.

둘째, 통일은 한반도 전체에 민주주의를 확산하고 정착시키는 필요충분조건이다. 통일국가는 남북한의 민족구성원 모두에게 보다 바람직한 삶의 질을 향유할 가능성을 높이고, 이를 위한 자유로운 정치참여와 의사결정의 기회를 제공할 것이다.

셋째, 한반도 통일은 동북아시아 지역의 안정과 세계평화에 기여한다. 남북한이 통일을 이룩한다는 것은 동북아지역에서 북한이라는 불량국가를 제거함으로써 전쟁위협과 테러 등 동북아 불안정 요인을 근원적으로 해소함을 의미한다.

2) 사회 · 경제적 측면에서 본 통일의 당위성

첫째, 이산가족의 고통과 한을 해소하는 것은 인도적 차원에서 가장 먼저 해결해야 할 문제이며 인간의 기본적 도리와 권리를 찾아주는 길이다. 이산가족의 비극적 상황종결 및 재결합을 위해서 통일은 반드시 이루어져야 한다.

둘째, 21세기 국제경쟁시대에 한반도 전체의 균형적 경제발전과 번영을 이룩하기 위해 통일은 반드시 이루어져야 한다. 통일은 경제발전에 필수적인 내수시장을 키워 규모의 경제를 만들고, 군사비를 투자비로 전환시키며, 인적 · 물적 자원을 확대시킴으로써 막대한 경제적 실리를 가져다 줄 것이다.

셋째, 한국 민족이 21세기 선진민족으로 도약하기 위해서는 상호불신과 갈등, 반목과 대결을 조장하고 민족 역량을 낭비케 하는 분단을 극복하고 통일을 이루어야 한다.

3) 미래발전적 측면에서 본 통일의 당위성

첫째, 통일은 한 민족의 발전무대를 한반도 전역으로 확대시켜 줄 것이며, 7천만 민족과 5천년 역사와 전통을 바탕으로 민족역량을 결집시킴으로써 우리 민족의 번영과 발전을 한층 가속화하는 계기가 된다. 이를 바탕으로 21세기에 세계 일류국가로 도약하기 위해서는 남북화해와 협력 또는 혁명적 변화를 통해 분단을 종식하고 제 분야 통합과정을 거쳐 통일국가를 이룩해야 한다.

둘째, 통일국가는 한민족의 국제적 지위와 영향력을 향상시킴으로써 동북아지역 질서 확립에 보다 적극적인 역할을 담당할 수 있을 뿐만 아니라 세계평화와 인류의 공동번영에도 크게 기여할 수 있다.

나. 통일의 의미

통일의 개념은 사람에 따라 조금씩 다를 수 있다. 그러나 대체로 통일은 "우리 민족이 서로 적대적인 상이한 체제 속에서 살고 있는 현재의 상태를 극복하고, 하나의 민족공동체를 형성하면서 살아가는 상태"라고 말할 수 있다.

물론 이러한 통일은 분단 이전 상태로 돌아가는 것이 아니라 서로 다른 역사의 길을 걷고 있는 남북한이 현재의 조건과 상황을 극복하여 다시 새로운 하나의 공동체 사회로 발전해 나아가는 창조적 과정을 의미한다.

통일은 지리적으로 국토가 하나로 되는 것만을 의미하지는 않는다. 정치적으로 대립되었던 제도를 하나로 만드는 것이고, 경제적으로 서로 다른 체제를 하나로 거듭나게 하는 것이며, 이질화된 문화를 통합시켜 우리 민족의 문화로 복원하고 재탄생시키는 것이다. 그리고 궁극적으로 남북의 주민이 심리적으로 '우리는 하나의 국민'이라고 느끼게 되는 상태가 바로 통일이다.

이렇듯 통일은 모든 방면에서 남북의 주민이 동일한 체제하에서 동질적인 삶의 양식과 정신문화를 공유하는 것이다. 그러나 통일의 범위를 이처럼 완전한 의미의 통일국가 형성으로 제한해서는 안 된다. 제도상으로 하나의 국가로 완전한 통일을 이루기 이전에도 민족의 동질성과 통합의 가능성을 높여갈 수 있다. 사실 통일 상태를 '실현'과 '미실현'의 이분법적 개념으로 나누어 생각하는 것보다 "몇% 달성되었다"는 식의 지속적인 발전과정으로 파악하는 것이 더 합리적일 수 있다.

이런 관점에서 상호 적대성을 감소시키고 평화정착을 실현하여 국가연합 형태의 남북연합을 형성했을 때, 우리는 그것을 과도적 단계의 통일로 볼 수 있을 것이다.

통일은 주어지는 것이 아니라 우리 민족이 자주적 · 평화적 · 민주적으로 이룩해 나감이 바람직하며, 그 과정도 점진적 · 단계적으로 접근함이 이상적이다. 이를 위해 먼저 우리 사회 내부에서 국민적 합의기반을 조성한 후 남북간 다양한 접촉을 통해 상호 신뢰를 구축하고, 민족동질성을 회복하도록 노력하여야 한다. 동시에 평화협정 등의 단계적 조치를 통해 안보위협을 해소함으로써 남북한 사이에 평화를 정착시키고 통일에 유리한 국제적 환경을 조성하여야 한다.

이렇게 할 경우 남북한 간의 불신과 이질화는 점진적으로 해소될 것이며, 상호 신뢰를 회복하여 민족공동체를 실질적으로 복원할 수 있을 것이다. 이 단계에 이르면, 설령 남북한이 별개의 국가와 제도를 유지한다고 하더라도, 서로 오고 가고 돕고 나누는 '사실상의 통일' 상태를 형성할 수 있을 것이다. 사실상의 통일 상태를 달성한 뒤 남북간의 합의를 통해 법률적 · 제도적인 통일을 이루는 것이 바람직하다. 물론 이러한 과정에서 급변사태가 발생하면 이를 통일에 가장 효율적으로 연계시키고 작동시킬 수 있는 체제를 갖추어 나가야 한다.

통일은 많은 혼란과 부담을 요하는 힘든 과정이므로 국민적 이해와 합의를 이끄는 지도자의 리더십이 절대적으로 중요한 역할을 한다.

2. 통일문제의 성격과 평화 정착

통일과업을 지향함에 있어서 한반도 통일이 어떤 성격을 띠고 있는지를 살펴봐야 한다.

한반도 통일문제는 민족 내부 문제인 동시에 국제적 문제이다. 이와 같은 통일문제의 특성을 고려하여 국민적 합의에 기초한 합리적인 정책을 마련하여 북한과 주변 국가들을 동시에 설득해야 한다. 특히 통일의 과정에서 주변 국가들의 지지와 협조를 얻어내기 위한 우리의 주도적 노력이 필요하다.

한반도의 분단은 제2차 세계대전의 종식과 함께 미 · 소의 한반도 분할점령으로 시작되었다. 그리고 6.25전쟁의 발발로 인해 한반도의 냉전구조가 공고화되었으며, 이 과정에서 주변국들의 이해가 얽히게 되었다. 따라서 통일문제는 기본적으로 우리 민족의 내부 문제인 동시에 국제 문제라는 이중적인 특성을 띠고 있다.

다시 말해 평화공존을 실현하고, 통일을 실현해 나가는 과정은 민족 내부의 문제이자 국제문제이기도 한 것이다. 따라서 우리는 통일을 위한 바람직한 방안을 만들어 북한과 적극적 통합을 도모해 나가야 하며, 미국을 비롯해 일본 · 중국 · 러시아 등 주변국들을 설득하고 우리의 방향대로 이끌어 나가야 한다.

주변국의 한반도에 대한 주요 관심과 남한의 주요 관심이 반드시 일치하는 것은 아니다. 우리와 주변국가가 한반도의 안정과 평화를 바라고 있는 점에서는 일치하나, 궁극적인 통일과 관련해서는 나라마다 입장이 다를 수 있다. 따라서 한반도 통일의 당위성과 그로부터 이익을 얻을 수 있음을 주변 국가들에 잘 이해시켜 한반도 통일에 대한 협조체제를 강화해 나가야 한다.

평화통일은 한반도 통일로 인해 북한과 주변국이 누릴 수 있는 평화와 번영 등 실질적인 이익을 합리적이고 적극적으로 설득할 때에만 실현될 수 있다. 우리는 북한이 이러한 우리의 입장과 노력을 이해하고 평화통일의 길에 적극 동참해 나올 수 있도록 가일층 남북 교류협력과 관계개선에 노력하는 한편 주변국과 국제사회의 지지와 협조를 얻을 수 있도록 적극적인 외교를 구사해 나아가야 한다.

결국 한반도에 평화를 정착시키고 통일을 이룩하려면 남북관계와 주변국 관계를 우리 입장에서 주도적으로 풀어갈 수 있는 방법을 찾아 실천해야 하며, 통일을 성취하기 위한 적극적인 외교를 전개해야 한다. 현실적으로 미국도 중국도 서로 한반도에 어느 한 나라가 지배적인 영향역력을 행사하는 것을 원치 않을 것이므로 이점에 착안하여 주인인 우리가 헤게모니를 가질 수 있도록 외교력을 발휘하여야 한다.

통일을 추구해 나가는 과정에서 제도적으로 평화를 정착해 나가는 노력은 매우 의미 있는 접근이다. 우리가 전쟁을 통한 통일을 바라지 않는 한, 현재의 대결상태를 평화상태로 바꾸지 않고는 통일은 사실상 불가능하다. 평화정착을 위해서 우리가 해야 할 일은 분단에 내재한 남북 간의 적대성을 해소하는 것이며, 이는 남북 간에 평화정착을 위한 다양한 노력에 합의하고 실천해 나가는 과정에서 실현될 수 있다.

따라서 우리에게는 통일에 앞서 남북 간에 평화를 정착시키려는 부단한 노력이 필요하다. 남북한이 대결하고 있는 상태에서 평화 없는 통일은 사실상 불가능하며, 또 바람직하지도 않기 때문이다. 따라서 우리는 국민의 생명과 재산을 보호하고 통일의 현실적인 토대를 만들기 위해서 평화정착을 강조하는 것이다.

한국전쟁 이후 이룩해 놓은 정치 경제 문화적 성과들을 전쟁으로 파괴하면서 단순한 영토통합을 이룩하여 우리가 종국적으로 바라는 통일을 이룩한다는 것은 어불성설이다. 그러나 평화통일에 대한 당위성만을 강조하는 데 그쳐서는 안 되고 통일을 이룰 때까지 어떻게 평화를 유지하면서 강대국을 건설해 가느냐가 중요한 것이다. 강대국 건설은 단순히 군사력과 경제력의 우의를 확보함으로써 달성되는 것이 아니고 의식과 접근법에 큰 전환이 있어야 가능하다. 효율적 분단관리와 평화적 통일과정이 필수적이라면 우세한 경제와 군사력을 어떻게 배합하여 부전승하느냐가 핵심이다.

특히 평화를 견지하기 위해 군사력에 의한 영향을 어떻게 발휘케 하느냐 하는 것이 전략이요 용병이다. 강점을 잘 살려서 싸우지 않고 적을 굴복시키는 것이 상지상의 계책인 것이다.

남북 간에 적대적 관계를 해소하고 평화정착을 실현하여 공존상태에 이르면, 그 단계에서 남북연합이라는 국가연합 단계로 나아가게 될 것이며, 궁극적으로 하나의 민족공동체를 형성할 수 있을 것이다. 현재의 남북관계 상황을 고려해 볼 때, 남북연합을 이룬다는 것도 당장 실현될 일이 아니기 때문에 이를 가능케 하는 평화정착이 무엇보다 시급하다.

여기에서 우리가 유념해야 할 것은 평화정착 노력이 단지 남북 간의 전쟁을 막는 데만 국한되어서는 안 되며, 남북한 모두에서 번영과 복지가 보장될 수 있도록 힘을 기울여야 한다는 점이다. 남북한 모두가 잘 살 때에만 진정한 의미의 평화가 정착될 수 있기 때문이다.

평화정착 단계에서 우리가 실천해야 할 가장 중요한 과제는 분단에 내재한 적대성을 해소하는 것이다. 상대에 대한 적개심과 불신, 그리고 갈등은 모두 이 적대성에 기초하고 있다. 그런데 적대성을 해소하고 평화정착을 이행하기 위한 기본 정책방향은 1972년 7월에 발표된 '7.4 남북공동성명', 1992년 2월에 발효된 '남북기본합의서'의 남북화해, 남북불가침, 남북교류협력 등 기본합의 내용을 실천하는 바탕 위에서 두 차례의 남북 정상회담에서 합의된 사항들을 실천에 옮기는 것이며, 어떻게 효율적으로 시행해 나가느냐 하는 방법론이 중요하다.

이는 정치 · 군사적으로는 현재의 정전체제를 평화체제로 전환하고 남북 간에 군비통제와 군비축소를 실현해 나가며, 경제 · 사회적으로는 남북 간에 호혜적 관계를 구축하고 큰 그림 아래 교류를 확대해 나가는가 하는 문제와, 남북한 주민이 자유롭게 왕래하고 서로 돕고 나누는 민족공동체를 형성해 나가는 것을 뜻한다.

3. 분단의 배경과 폐해

분단은 대륙세력과 해양세력이 교차되는 반도적 특성의 지리적 요인과, 정치적, 민족적 차원의 요인들이 복합적으로 작용하여 고착되었다. 남북한은 우리 민족의 의사와 상관없이 강대국에 의해서 분할되었으나, 남북한 양 체제가 갖는 기득권세력의 정치적 이해관계와 민족 내부의 분열, 냉전체제하의 미 · 소를 중심으로 한 국제관계, 동북아의 세력균형 때문에 분단이 심화되었다. 통일의 주된 저해 요인이 냉전하 강대국의 이해관계와 남북한 정치세력인 셈이다.

이제 분단된 상태를 복원하여 통일을 이룩해야 하는데, 통일이란 무엇이며, 왜 해야 하며, 어떻게 할 것인가를 이해하기 위해서는 먼저 우리 민족이 어떻게 분단되었고, 그 분단의 성격은 무엇인가를 자세히 살펴보아야 한다. 원인을 잘 알아야 문제를 풀 수 있는 것이다.

남북의 분단은 다양한 요인들이 중첩적으로 작용하여 나타난 현상이다. 먼저 분단은 1945년 8월 15일 일본이 연합군 측에 무조건 항복하자, 미군과 소련군이 일본군의 무장해제를 명분으로 한반도를 각각 분할 점령함으로써 지리적으로 분단되었다. 일본 제국주의의 식민통치와 제2차 세계대전 종결 과정에서 미 · 소의 동북아지역에 대한 영향력 확대 경쟁이 낳은 결과이다.

이러한 분단은 1945년 12월 신탁통치 논쟁을 계기로 계급적 · 이념적 분단으로 격화되었다. 북한은 1946년 3월부터 토지개혁을 시작하였고 중요산업 국유화 등의 제반 조치를 취하였다. 그러다가 1948년에는 대한민국과 조선민주주의인민공화국이라는 두 개의 상이한 정부가 수립됨으로써 정치적 분단이 이루어졌다.

1950년 6월 25일 북한의 남침에 따른 6.25전쟁은 동족상잔을 초래함으로써 민족구성원 상호간에 증오와 적개심을 갖는 심리적 · 문화적 분단으로 치달았다. 결국 6.25전쟁은 분단을 더욱 고착화하는 계기가 되었고 동서냉전 체제하에서 대륙세력을 저지하는 보루의 성격이 되어 통일에 대한 강대국들의 이해관계가 더욱 얽히게 되었다.

분단이 이렇게 복잡한 성격을 지녔다는 사실은 우리에게 분단 해소인 통일이 그렇게 간단한 일이 아님을 시사한다. 우리 민족이 통일을 이루기 위해서는 이와 같은 심화된 분단구조를 해체하려는 노력은 물론, 궁극적으로는 민족의 동질성을 회복하기 위한 실질적인 노력을 동시에 기울여야 한다.

분단을 극복하기 위해 분단의 폐해를 살펴보자.

분단은 개인적 차원에서 고통과 희생을 강요하고, 민족적 차원에서 체제경쟁을 위해 민족의 역량을 낭비케 함으로써 민족 공동번영을 저해하는 요인이 되었다.

분단은 평화적이고 자주적이며 자유롭게 살아야 할 우리 민족의 삶을 제약해 왔다. 남북 간에 적대적인 대결체제를 지속시키고, 자유와 민주주의를 속박하며 평화롭고 창의적인 민족의 삶을 펼칠 기회를 제한하였다. 또한 남북한 모두의 사회발전을 지체시키는 도전적 요소가 되었다.

정치, 경제, 사회, 문화의 전반적인 측면에서 균형있게 삶의 질을 고양시키는 것을 총체적인 사회발전이라고 규정할 때, 분단은 심각할 정도로 이러한 발전을 가로막았고 특히 유일독재체제를 구축한 북한의 경우 더욱 참담한 결과를 낳았다.

분단은 한반도에 권위주의적 독재정권이 형성 · 유지되는 데 중요한 작용을 했으며, 국방비의 과다한 지출로 인해서 보다 빠른 경제발전에 걸림돌이 되어왔다. 북한에서는 이러한 현상들이 체제유지 문제와 더불어 더욱 심화된 채 아직까지도 계속되고 있다. 또한 분단은 국제사회에서 우리의 위상을 약화시키고, 동북아시아 지역의 안정과 세계평화를 위협하는 요인이 되고 있다.

이렇듯 분단은 현재의 우리 삶과 전통적 역사를 왜곡하는 중요한 요인으로 작용하고 있다. 분단으로 인해서 우리가 치르는 부정적인 대가를 '분단비용'이라고 한다면, 그동안 누적된 비용은 엄청나다. '분단비용' 이란 우리가 분단으로 인해 필요 이상으로 지불해야 하는 국방비 등과 같이 계산이 가능한 유형의 비용과, 수치로 계산하기 어려운 무형의 비용인 이산가족의 고통, 선진 민주화의 지체, 국제무대에서 우리 민족의 위상 저하 등을 포함하고 있는 개념이다.

특히 수령유일독재체제를 유지하기 위한 북한의 열악한 인권탄압은 세계적인 문제가 되고 있고, 사회주의 경제의 구조적 모순과 비효율적 경제체제는 식량난을 포함한 북한의 전반적 경제 상황을 파탄으로 몰아갔고, 북한 주민의 생활을 질곡으로 떨어뜨리고 있다.

4. 통일정책의 접근

통일정책을 결정하는 데는 여러 가지 접근법이 있겠지만 이상적이고 급진적으로 접근하는 방법과 점진적이고 단계적으로 접근하는 방법과 이 둘을 절충하는 접근법으로 대별할 수 있다.

이제까지 북핵문제와 연관되어 북한을 붕괴시킬 몇 번의 절호의 기회를 놓치고 말았다는 시각은 바로 이상적이고 급진적인 접근 방법이다. 햇볕정책을 통해 남북한이 평화적이고 점진적인 방법으로 경제사회 분야 등의 쉬운 분야부터 정치 군사 분야의 어려운 분야로 점차 영역을 넓혀가는 방법이 점진적이고 단계적인 방법이다. 점진적이고 단계적으로 접근해 가다가 기회가 생기면 즉각적으로 급진적 접근으로 전환할 수 있는 것이 절충식 접근법이라 하겠다.

이상적이고 급진적인 접근법은 주어진 환경 속에서 정책결정자는 모든 자원과 지식을 총동원하여 실현가능한 방책 중에서 가장 좋은 최선의 방책을 선정해야 하는 것이다. 이 때 가능한 결과에 대한 평가를 하여 어느 결과가 목표에 가장 바람직한 것인가를 찾아내는 것이다.

그래서 기존정책의 참작 정도는 떨어지며 예측할 수 없는 급격한 정책의 변화가능성이 항상 있게 된다. 이 접근법은 이론적으로는 가능할는지 모르나 실제로는 여러 불확실성으로 인해 가능성이 희박한 방법으로 간주된다. 정책결정자는 한 정책에 대해 가능한 모든 결과를 알 수 없을 뿐만 아니라 합리적 선택을 위해서 필요한 정보를 수집할 시간도 능력도 제한된다.[2]

그래서 선전포고를 한다든지 혁명적 조치를 할 수 있는 급진적이고도 근본적인 결정으로 목표를 달성할 수 있는 장점을 가지고 있다.

한반도 통일정책 측면에서 볼 때, 통일의 당위성이나 민족적 동질성을 너무 부각시킨 나머지 구체적인 통일 저해 요인을 무시할 수 있는데 그 특징이 있다. 순수한 민족감정에 호소하여 통일의 논리를 단순화시켜 명분이 서고 설득력이 있어 보이지만 분단의 원인을 외세에 돌리고 분단 내재적 원인과 양 체제

2) Herbert A. Simon, *Models of Man*(New York: John Wiley, 1957), p. 198 재인용

의 이질화를 경시하여 문제의 실질적 해결을 기대하기 어렵다.

정책결정자들이 그들을 둘러싸고 있는 환경을 상당히 조정할 수 있다고 단정하는 경향이 있고, 결정자가 실제로 필요한 것보다 더 많은 자원을 요구한다. 그래서 이 접근이 요구하는 것과 실제 결정자의 능력과는 불균형한 관계가 있다는 비평을 받고 있다. 그러므로 실제 최고 정책결정자는 통일전략 전반에 대한 확고한 개념이 요구되며, 실행 정책을 선택함에 있어 자신이 가용한 수단의 강약점을 명확히 아는 것은 물론 적의 약점을 꿰뚫고 있어야 한다. 즉 자신의 강점을 적에게 강요하면서 약점을 최대한 공략할 수 있는 전략적 혜안이 필요하다.

점진적이고 단계적인 접근법은 선택된 어떤 적합한 정책이 있더라도 다른 정책과 어떻게 조절하느냐 하는 문제점이 남게 된다는 시각으로, 인간의 모든 행위와 결과를 평가하는 것이 확실성이 없다는 것이다. 그래서 포괄적으로 조사하고 평가하는 것보다 적은 수의 정책을 선정해서 점차적으로 발전시킨다. 문제를 해결하는 수단과 목적의 끊임없는 조정이 필요하다. 연속적인 분석과 평가를 통해 당면한 문제에 쉬지 않는 노력을 함에도 불구하고 근본적인 변혁을 고려하지 않아 전체적 방향이 상실되어 제자리로 돌아올 가능성이 많고 큰 성과도 없다는 것이다.

보울딩(kenneth E. bouling) 교수가 이야기한 "우리가 역사를 보는 것이 마치 한 주정뱅이가 앞뒤가 맞지 않는 발자국을 하나씩 떼어놓은 것과 같이 비틀거리는 것을 보는 것과 같다"는 말과 같은 단점을 안고 있다. 민주주의 정책결정에 있어서 이제까지의 전통과 전례가 있고 어떠한 혁신도 동의를 얻어야 되고 새로운 정부기구를 만드는 것이 통상적이기 때문에 매우 힘든 접근이라는 것이다.

이 접근은 남북 간의 이질적 요소에 초점을 두고 있어 부정적 요소가 존속하는 한 통일은 요원하다는 비판적 점진주의로 특징지워진다. 따라서 이 접근은 정책결정자를 위시한 인간의지의 역할을 간과하는 경향을 띠게 된다는 점에서 적극적인 통일추진보다는 현상유지라는 소극적 입장을 취하기 쉽다. 환경에서 오는 불확실성과 결정자의 제한된 능력을 지나치게 강조하기 때문에 근본적인 변혁을 가져올 수 있는 정책결정을 무시하는 오류를 범하게 된다.

정책에 필요한 포괄적인 접근을 제한하는 반면 장기적인 목표를 설정함으로써 비현실적인 면과 지나친 보수 성향을 동시에 극복할 수 있다. 정책결정자에게 무엇보다도 중요한 것은 주위환경으로써 그가 처해 있는 환경에 따라 적합한 접근을 찾아야 한다. 혁명적인 접근을 해야 할 급변하는 환경하에서는 이상적이고 급진적인 접근을 해야 할 것이 요망되며, 안정된 상황하에서는 점진적이고 단계적인 접근을 하는 것이 적합하기 때문에 절충적인 접근에서는 무엇보다 환경에 융통성 있게 대처하는 데 그 특징이 있다.

통일정책적인 관점에서 볼 때 이 접근은 분단이 빚은 냉엄한 현실을 직시하고 그 토대 위에서 당위적인 민족통일에의 협상을 추구하는 방식이 될 것이다.

바꾸어 말하면 점진적이고 단계적 접근을 하는 가운데 결정적인 환경이나 시기가 도래하면 언제든지 이상적이고 급진적인 접근이 가능하도록 고도의 융통성을 견지해야 하는 것이다.

남한 주도의 전격적 군사통합은 바로 이상적이고 급진적 접근의 대표적 사례가 될 수 있는데, 이러한 접근을 염두에 접근해야만 여러 절충과정을 거쳐 바람직한 남북통일이나 통합을 이룰 수 있다. 흔히 이야기하는 평화적이고 점진적인 통일은 논리적 이상이고, 한반도의 비정상적 상태를 종식시키는 혁명적 통일의 길은 이러한 전략적 구상 아래 절충식을 통한 고도의 융통성을 어떻게 얼마나 확보하느냐에 있다.

제2장. 남북한 통합과정의 주요변수

제2장. 남북한 통합과정의 주요변수

제1절. 주변 4강의 한반도정책

제2차 세계대전에서 연합국의 승리로 한국은 일제로부터 해방되었으나 38도선을 경계로 하여 미 · 소가 분할 점령하였고, 남 · 북한 정치지도자들의 이념적 분열이 심화되어 결국 1948년 대한민국과 북조선 민주주의 인민공화국이 각각 수립되게 되었다.[3]

1948년에서 1950년 사이에 북한은 제주도 폭동, 여순반란, 대구반란 사건 등 남한내 좌익세력을 이용한 대남 교란공작과 태백 · 소백산맥을 거점으로 인민유격대 활동을 전개하였다. 1950년 6월 25일 불법무력 기습 남침으로 3년간 계속된 전쟁은 우리 민족에게 엄청난 피해를 입혔으며 동족상잔의 쓰라린 경험으로 깊은 심리적 상처와 적대감이 축적된 채로 분단체제로 굳어졌다.

이러한 측면은 외세가 개입한 동족간의 전쟁이 결국 전 국토의 공산화를 가져온 베트남의 경우나 내전의 비극없이 분단상태를 지속해 온 동 · 서독의 경우와 다르다. 전후에도 북한은 전쟁준비에 광분하였고, 한국은 반공을 국시로 정하여 반공태세를 강화함으로써 분단의 벽은 높아만 갔다. 작금에 이르기까지 북한은 무력적화 통일노선에 따라 계속적인 휴전협정 위반과 도발을 계속

3) 남한은 여운형, 박헌영, 허헌을 중심으로 한 좌익세력과, 이승만, 김구, 송진우, 김규식 등 우익세력으로 갈라졌으며, 신탁통치안 찬 · 반 운동을 거쳐 1948. 5. 10 UN 감시하 총선거를 실시하여 8월 15일 대한민국 수립을 완료하였고, 북한은 해방되자 곧 소련군정당국의 감독하에 북조선 최고인민위원회 등을 구성해 나가면서 우익 인사 조만식을 제거한 후 노동당 창당(1946. 4)과 헌법제정 공포 후(1948. 5. 1) 1948년 9월 김일성 중심의 북조선 민주주의 인민공화국을 선포하였다.

하면서[4] 적개심과 이질감을 심화시켜 왔다.

정전 45년이 지난 오늘날까지도 법적인 의미의 종전을 상징하는 평화협정이 체결되지 못한 채 군사적 긴장이 계속되고 있는 현실이다.

탈냉전시대에도 냉전이 계속되고 있는 한반도에 해빙기가 언제 올 것인가 하는 문제는 냉전의 지속으로 막대한 대가를 치루고 있는 한민족뿐만 아니라 동북아시아의 안정에 국익이 직결되어 있는 4대 강국의 관심사가 아닐 수 없다. 주변 4강과 관련된 한반도의 외적 환경은 기본적으로 평화정착의 방향으로 발전하고 있다. 주변 4강은 한반도에서의 긴장완화와 평화정착이 자국의 국익에 유리하다고 인식하고 있기 때문에, 북한이 개방 · 개혁 등 실용주의적 정책을 채택 · 추진하도록 유도함으로써 한반도에서의 전쟁재발 가능성을 낮추고 나아가 남북한 대화가 진전되어 남북관계가 화해와 협력에 입각한 평화공존 관계로 발전할 수 있도록 희망하고 있다. 이에 따라 주변 4강은 한반도 평화를 제도화하는 차원에서 남북한 교차승인을 추진하고 있다. 한반도 평화에 대한 역내 국가들의 입장과 정책방향을 국가별로 살펴보면 다음과 같다.

첫째, 냉전종식 및 소비에트연방 해체 이후 확보된 유일 초강대국의 지위를 바탕으로 동북아지역에서 '균형자 역할'을 수행함으로써 영향력 확대를 도모하고 있는 미국은 궁극적으로 북한이 미국 세력권내에 들어오기를 원하고 있으며, 한반도에서 자유민주적 세력에 의한 평화적 통일을 이루기 위해서는 우선적으로 국제질서를 가장 위협하는 악의 축(Axis of evil)들 중 하나인 북한의 핵 개발을 억제시키고 지역적 분쟁을 막는 것이 미국의 당면과제라고 인식하고 있다. 이러한 차원에서 미국은 북한의 개혁 · 개방을 촉구하는 동시에 북한과의 관계개선을 통하여 북한의 위협을 직접 통제할 수 있는 수단을 보유하고자 하고 있다.

둘째, 한일관계와 마찬가지로 일본은 북일관계를 중요시하고 있다. 북한이 중국의 영향력 아래 있다는 것은 일본에게 있어 불리한 것이고, 1998년의 대포

4) 주요 도발 사례 ; KNA 여객기 납북(58. 2. 16), 판문점 도끼만행 사건(76. 8. 18), 청와대 습격(68. 1. 21), 버마 아웅산 사태(83. 10. 9), KAL 858기 폭파(87. 11. 29), 1 · 2차 연평해전(1999. 2002) 및 휴전협정 위반 사례 4만 2천여건

동미사일의 발사는 일본안보의 직접적인 위협으로 생각하게 되었으며, 북한의 핵개발은 일본에게 커다란 위협으로 여기고 있다. 북한문제에 있어서 걸림돌은 북핵문제뿐만 아니라 납치자 문제 등이 남아 있다. 납치자 문제의 해결없이는 북한과의 국교정상화는 없다고 주장하고 있으나, 한반도에서의 일본의 영향력 확대를 위해 정치적 계산을 통해 북한과의 관계개선에 나설 것이다.[5]

셋째, 중국은 한반도를 중국의 안보에 대한 완충지대로 보고 있다. 중국은 한반도에서의 평화와 안정유지를 원한다. 자국의 경제발전을 위해서는 주변국의 안정이 필수적이기 때문이다. 이를 위해 북한의 사회주의 체제가 붕괴하지 않도록 북한을 지원해 왔다. 북한 핵문제에 대해서는 중국이 한반도의 비핵화를 강조하면서 동시에 북핵문제의 평화적 해결을 주도하고 있는데, 중국은 한국과의 경제교류와 협력 강화를 통해 자국의 경제발전에 도움을 얻고자 하며 북한과의 전통우호관계를 지속함으로써 한반도에서의 영향력을 확대하여 최대한의 국익을 얻고자 노력하고 있다.[6]

넷째, 러시아는 푸틴 대통령 집권 이후 강한 러시아 건설을 표방하였고, 원유가격의 상승과 함께 매년 7% 이상의 러시아의 경제성장을 이끌어 2000억 달러에 달했던 상당한 대외부채를 청산하고, 세계 제3대 외환보유고를 갖는 등 잃어버렸던 러시아의 자존심을 회복하고 눈부시게 발전하였다. 물론 에너지 가격의 상승이 러시아의 경제성장을 이끌어 온 면이 있지만. 강한 러시아는 경제적으로나 군사, 외교적으로 영향력을 펴고 있다.[7] 러시아의 동북아시아 정책은 기본적으로 경제적 이해를 바탕으로 추진될 것으로 보이며, 에너지 자원을 그 수단으로 활용할 것으로 보인다. 러시아의 6자회담 참여는 동북아와 한반도에 자국의 영향력을 확대하려는 것으로 보이며, 북한 핵문제 종결시 한반도에서 획득 가능한 경제적 실익을 얻으려는 것으로 분석된다.[8]

북한은 2008년 북한 정권 수립 60주년을 맞이하게 되었다. 또한 최고인민회

5) 《21세기 동북아 국제관계와 한국》, 나남출판(2004). pp. 142 ~ 152.
6) 《21세기 동북아 국제관계와 한국》, 나남출판(2004). p. 206.
7) "북한 정세와 남북한 관계 전망". 『정세와 정책』, 세종연구소, (2008년 1월호), pp. 20 ~ 23.
8) 《21세기 동북아 국제관계와 한국》, 나남출판(2004). pp. 249 ~ 252.

의 대의원 선거도 9월 경에 치를 것으로 전망되는데, 이를 통해 김정일의 후계 구도를 예상할 수 있게 될 것이다. 또한 2008년 초까지 북한의 핵시설의 불능화와 핵프로그램에 대한 신고가 순조롭게 마무리되고, 북한이 테러지원국에서 벗어나게 된다면 관련국간에 한반도 평화체제 구축을 위한 협상이 진전될 것이다. 북한이 핵보유를 지속적으로 주장하게 된다면 2012년 강성대국 건설이라는 목표나 김정일의 후계자에게 한정된 안보환경을 물려주는 것이 어렵게 될 것이다. 북한의 대외정책은 실용주의적 방법으로 접근하고 있는데, 체제보장을 전제조건으로 적극적인 대미관계 개선을 통해 북한의 경제재건을 꾀할 것이며, 남한과의 경협을 확대하고 일본과의 관개개선도 꾀할 것으로 보인다.[9]

이상과 같이 주변 4국과 북한 모두 한반도의 현상유지와 남북한 평화공존 및 이를 제도화하기 위한 주변 4강의 남북한 교차승인을 원하고 있다고 할 수 있다. 즉 주변 4강은 한반도가 다른 세력의 영향력 밑에 들어가는 것을 견제하면서 한반도에서의 경제적 · 전략적 이익을 극대화하려는 점에서 각국의 이해관계가 상충되고 있으나, 새로운 전쟁 발발 등 지역 불안정이 야기될 수 있는 위험성의 제거를 원한다는 점에서 공통의 이해관계를 갖고 있다. 아울러 북한의 붕괴보다는 회생이 자신들의 국가이익에 합당한 것으로 보고 있다.

즉 주변 4국은 북한을 국제사회에 끌어들이는 데 합의하고 있으며, 북한정권으로 하여금 그 정권이 처한 상황의 심각한 현실을 제대로 보도록 하여 자신의 생존을 위해 남한 및 기타 국가들과 협조적으로 교류토록 하고 있다.[10] 그러나 남북한의 궁극적인 통일에 대해서는 소극적인 입장을 취하고 있는 것으로 분석된다. 그 이유는 대체적으로 다음과 같은 두 가지 요인에 기인하고 있는 것으로 보인다.

첫째, 통일된 한국의 미래에 대한 불확실성을 우려한다. 남북한이 통일될 경우 통일한국이 장래 각국에 적대적인 세력으로 발전하지 않을 것이라는 보장

9) "북한 정세와 남북한 관계 전망". 『정세와 정책』, 세종연구소, (2008년 1월호), pp. 5 ~ 8.

10) James T. Lancy, "Washington and Seoul: An Alliance That Works," The Washington Times, November 3, 1996, 주한미국공보원 번역 자료 참조.

이 없으며, 적대적인 세력으로 발전하지 않는다고 하더라도 통일한국이 국력을 신장하여 동북아시아의 새로운 강국으로 부상할 가능성을 우려하는 것이다. 즉 남북한이 현재 수준에서 통합하더라도 상당한 국력을 보유함과 아울러 잠재적 군사대국이 될 수 있다고 보는 것이다.

둘째, 한반도에서의 현상변화가 역내 불안정 요인으로 되어 각국의 국익에 위해(危害) 요인으로 작용할 수 있다는 의식이다. 즉 한반도가 통일되어 역내 강대국으로 등장할 경우, 역내 역학관계의 변동을 우려한 각국이 정치 · 군사대국화 노선을 강화할 가능성이 크다는 것이다. 즉 각국은 자국의 영향력 증대를 도모하면서 타국의 영향력 증대 구실로 작용할 수 있는 한반도 통일이라는 현상 변화 요인의 발생을 억제하려 한다는 점이다.

분석 및 소결론

한반도 통일에 대한 주변 4국의 이러한 부정적 입장에도 불구하고, 한반도 통일환경과 관련하여 무엇보다도 중요한 점은 남북간 교류 · 협력이 활성화되고 평화공존이 제도화될 수 있는 방향으로 주변정세가 조성되고 있다는 점이다. 앞서 살펴보았듯이 주변 4국은 당장의 통일은 희망하지 않으나, 남북관계 개선과 교류 · 협력 증진은 적극 지원하는 입장이다. 따라서 남북한의 평화와 통일을 이룩하기 위해서는 다음과 같은 기본 방향에 입각하여 민족 내부적 통일기반을 조성해 나가야 할 것이다.

첫째, 한반도 긴장완화와 평화정책에 긍정적인 주변 4국을 활용하여, 남북대화를 적극 추진함으로써 민족공존의 기틀을 마련하는 한편, 내실있는 교류와 협력을 활성화 · 제도화함으로써 민족공영을 도모한다.

둘째, 실질적인 남북 화해와 교류 · 협력을 통해 '사실상의 통일상태' 를 구현함으로써 주변 4강으로 하여금 남북한 통일의 당위성과 불가피성을 인정하도록 하고, 남북한 당국과 주민의 적극적인 통일의지를 바탕으로 '사실상의 통일상태' 를 궁극적인 민족통일로 발전시킨다.

'사실상의 통일상태' 는 남북간 경제 · 사회 · 문화공동체를 완성하여 평화와 교류 · 협력이 제도화되고 민족공존 · 공영이 보장될 수 있는 상태이며, 정치적 형태는 단일국가 통일을 이룩하지는 못하였으나, 남북한이 남북연합을 구성하여 정치적 일체성을 강화하여 나가는 상태를 의미한다. 이런 의미에서 우리가 추구하는 단일민족의 복원은 새로운 민족의 탄생을 의미할 수도 있다. "민족은 원초적이거나 불변의 사회적 실체가 아니라 가공, 발명, 사회공학 등을 통해서 형성되는 것"[11]이라는 주장처럼 '새로운 민족'의 탄생과 '새로운 민족국가' 건설을 염두에 둔 사실상의 통일상태를 추구하는 것이다.

한편 '사실상의 통일상태'가 구현되거나 또는 남북한 통일이 동서독의 통일처럼 급속도로 가시화될 경우, 주변 4강이 통일한국에 대한 영향력 확보 차원에서 소극적인 자세에서 탈피하여 적극적으로 통일을 지원할 가능성이 있다. 즉 주변 4강은 남북한의 통일이 불가피한 것이라면 통일한국과 우호관계를 계속 유지하려는 의도에서 남북한의 통일을 지원할 수밖에 없을 것이다.

제2절. 남북한 통일정책과 통일방안

1. 남한의 통일정책과 방안

남한의 통일정책은 한반도 통일국가 건설을 목표로 통일 환경 조성을 위해 남북관계를 효율적으로 관리해 나가는 것이라 할 수 있다. 남한의 통일정책과 통일방안에서 견지해 온 일관된 기조는 1) 민주적 절차에 의한 통일을 위해 한민족 구성원의 총의가 반영되어야 하고, 2) 민족성원 모두의 자유와 인권 및 민족의 번영이 보장되는 평화적 통일을 추진해 나가는 것 등으로 요약[12]된다. 이를 위해 자주 평화 민주의 상수적 통일원칙 요소와 적용방안에서의 변수적인 요소가 작용되는 가운데 '선 평화 후 통일' 정책기조를 바탕으로 민족사적

11) E. J. Hobsbawn, 강명세 역, 《1780년 이후의 민족과 민족주의》(서울: 창작과 비평사, 1994), p. 25.
12) 김동수, "평화번영을 위한 대북정책", 『통일로』, 안보문제연구원, 2005, p. 52.

정통성을 견지하고 있다.

그런 맥락에서 각 정권은 나름대로 통일정책과 관련된 제의나 노선을 표방하였는데, 박정희 정권의 경제건설 경쟁제의, 전두환 정권의 올림픽 초청작전, 노태우 정권의 북방정책, 김대중 정권의 햇볕정책, 노무현 정권의 평화번영정책, 이명박 정부의 비핵, 개방, 3000구상 등이 그것이다.

남한의 통일정책은 〈표 2-1〉과 같이 1970년대 이전 이승만 제1공화국 정부의 최초의 공식적 통일방안을 출발점으로 하여 남북한 인구비례에 의한 자유선거를 주장하고 북한 동포의 자발적 의사가 봉쇄될 시 무력 북진통일을 주장하다가 오히려 북한의 기습 남침공격을 받았고, 전세가 호전되자(1950년 7월 19일) 휴전반대와 더불어 단독 북진통일도 불사하겠다는 공식적 입장을 미국정부에 전달하기도 하였다. 그 후 장면 정부의 의지 없는 협상방안과 4.19 세대의 남북학생회담을 통한 중립화 통일론 등이 난무하다가 박정희 정부의 제3공화국이 들어서면서 '선 건설 후 통일' 이라는 장기적 흡수정책 개념인 실력배양을 통한 승공통일론으로 방향을 잡게 되었다. 이와 같은 맥락에서 국토통일원이 발족되기도 하였다.(1969. 3. 1)

대체로 1970년대 이전에는 국제 냉전질서의 확산, 남북한 간 치열한 체제경쟁으로 남과 북은 상대방 체제를 부정하고 자기 체제의 정당성을 강화하는 방향의 통일정책을 추진하였다. 1970 ~ 1980년대에는 69년 닉슨 독트린, 평화공존의 화해무드, 경제성장을 통한 남한 정부의 자신감으로 남한 정부는 기능주의적 입장에서 북한에 대한 기존 인식을 바꾸어 북한체제를 인정하고 대화상대로 받아들여 통일방안의 핵심이 '선 평화정착 후 통일론' 으로 정립되었다. 특히 1980년대 이후에는 사회주의 해체에 따른 탈냉전으로 남한의 통일방안이 보다 구체화 · 현실화되어 과도적 통일체제 개념이 상정되었고 통일과정을 단계적 · 점진적으로 바라보게 되었다. 김대중 정부에 들어서면서 소위 '햇볕정책' 으로 불리는 화해협력정책이 본격적으로 추진되었으며, 남북한 정상회담으로 연결되어 남북관계에 큰 전기를 마련하였으나, 노벨평화상 수상 등과 관련된 여러 정치적 문제로 국민적 합의 도출에 실패하여 '퍼주기식' 대북정책이며 북한에 주면서도 끌려 다니는 용공정책으로 비판받기도 하였다.

〈표 2-1〉 남한의 통일방안

구 분		시 기	대북인식	통일방안	특 징
70년대 이전 “UN 감시하 총선거”	이승만/장면	1948. 8. 15 대한민국 정부 수립	실체불인정, 실지회복의 대상	북한지역 자유총선거론	- 국제냉전의 확산, 남북한 치열한 체제경쟁과 함께 남북한이 상대방의 체제를 부정하는 가운데 치열한 대결로 일관했으나, 국제냉전이 조정기에 접어들면서 남북관계도 새로운 변화의 전기 마련
		1954. 4. 26 제네바 회담		남북한 자유총선거론	
	박정희	1961. 5. 16 군사쿠데타	실지회복의 대상	국토통일을 위한 실력 배양론	
		1963년 민정이양 제3공화국		선 건설, 후 통일론	
70년대 ~ 80년대 말 “선 평화, 후 통일론”		10월 유신 제4공화국	실체인정, 평화공존의 대상	평화통일 3대 기본원칙	- 기본적으로 체제경쟁에 주력 하면서 다른 한편으로 대화를 모색하였던 시기 - 경제성장을 통한 남한 정부 의 자신감과 평화공존, 화해 무드로 북한을 대화상대로 받아들임
	전두환	1981년 3월 5공화국		민족화합 민주통일방안	
80년대 말 이후 “통일의 과도적 중간단계 설정”	노태우	1988년 6공화국	상호체제 인정, 선의의 동반자	한민족 공동체 통일방안	- 국제적 냉전해체 분위기와 세계적 화해 · 협력 분위기에 부응한 대북정책 추진. - 정부가 독점하던 통일문제도 민주화 과정에 따라 국민 참여와 토론의 장이 마련되고, 정부가 통일문제를 정권안보를 위하여 활용[13]하기 어려워졌으며 오히려 국내정치적 압력이 통일 · 대북 정책을 규정하고 결정해 나가는 방향으로 변화
	김영삼	1993년 2월	상호체제 인정, 화해 · 협력 대상	민족공동체 통일방안	

13) 이승만대통령의 북진통일운동의 실질적인 목적이 무력북진을 통해 통일을 이루려고 했던 것은 아니었고, 실제로는 남북간 긴장을 고조시켜 대미 안전보장을 확보함과 동시에 대내적으로는 정적 제거 등 권력 공고화에 활용하기도 하였다.

구 분		시 기	대북인식	통일방안	특 징
80년대 말 이후 "통일의 과도적 중간단계 설정"	김대중	1998.2.25	상호체제 인정, 화해 · 협력 대상	화해협력 정책 (햇볕정책)	- 과거와 달리 통일에 대해 구체적으로 언급(통일방안이나 통일국가의 상을 제시)하지 않은 채 남북관계 개선에 강력한 의지 표명하여 한반도에 평화를 정착시키고 화해와 공존공영의 남북관계를 추구하려는 정책[14]으로 표방되었으나 정치적 목적이 지배. - 박애주의적 도덕성과 인도주의 존중원칙이 내포
	노무현	2003.2.25		평화번영 정책	- 과거 대북정책은 남북관계에 국한된 목표와 전략을 제시한 측면이 강했으나 평화번영 정책은 남북관계와 한반도 평화, 동북아 번영을 포괄하는 통일 · 외교 · 안보분야의 통합 전략

노무현 정부는 이른바 대북지향 코드에 맞추어 김대중 정부의 대북정책이 계승되어 실행되었으며 미국과의 대북한 공조체제에도 큰 불협화음을 일으켰다. 이명박 정부가 들어서면서 한미공조가 강화되는 가운데 북핵문제의 원칙적 해결이 전제되어야 남북한 공존과 번영이 보장될 수 있다는 정책이 표방되고 있다.

14) 김대중 정부의 대북포용정책이 역대정부의 대북정책과 다른 가장 큰 특징은 냉전적 사고에 입각한 대북 봉쇄정책에서 탈피해 탈냉전의 실사구시적 입장에서 대북포용정책을 일관되게 추진했다는 것이다. 동북아평화연구회, 《문답으로 풀어본 대북포용정책》, (서울 : 다나출판사, 1999), p. 30.

가. 1970년대 이전 : UN 감시하의 총선거

(1) 북한지역 자유총선거론

유엔 감시하의 남북한 자유총선거를 실시하여 통일정부 수립을 권고하였으나 북한의 거부로 1948년 5월 10일 남한에서만 자유총선거가 이루어져 8월 15일 대한민국 정부수립이 선포되었다. 1948년 12월 12일 제1회 국회 폐회식에서 이승만 대통령은 "이북에 자유총선거를 진행해서 100명 내외되는 이북의원들을 선출하여 국회의 비워둔 자리를 보충하도록 할 것" 이라고 발언하며 유엔 권고안에 대한 북한의 거부 이후 남한 정부의 최초 통일방안은 북한지역 자유총선거론을 중심으로 전개되었다.

(2) 남북 자유총선거론

1954년 4월 26일 개최된 제네바 정치회담을 계기로 북한에서만의 자유총선거론과 북진통일론이 후퇴하면서 남북한 자유총선거론으로 전환되었다. 당시 변영태 외무부장관은 6월 14일 14개항의 통일방안[15]을 제시하였으며 1954년 11월 11일 대한민국 정부가 유엔의 결의에 의해 수립되고 유엔에 의해 한반도 유일의 합법정부로 인정되었다는 전제하에 사실상 남북 자유총선거론을 폐기[16]하고 이후 자유당 정부에서 북진통일론을 고수하였다. 1960년 4.19혁명을 계기로 1공화국의 자유당 정부가 무너지고, 7.29선거에 의해 민주당 정부가 들어서는 등 많은 정당들이 등장하면서 다양한 통일방안이 제기되었다.

민주당 정부의 통일방안은 기본적으로 유엔 감시하의 남북 자유총선거[17]였

---

15) 그 요지는 "통일독립 민주한국을 수립할 목적으로 종전의 유엔 결의에 의거하여 유엔 감시하에 자유선거를 실시한다. 현재까지 자유선거가 불가능했던 북한에서, 그리고 남한에서 대한민국 헌법 절차에 의거하여 자유선거를 실시한다"는 것이었음. 통일부, 《통일방안에 대한 이해》, 2002, p. 136.

16) "유엔 감시하에 북한 전 지역에서 전 공산군이 철퇴한 후 선거를 실시하여 대한민국의 주권을 확충하는 것이 국시" 임을 천명. 통일부, 앞의 책, p. 136.

17) 1960년 8월 24일 당시 정일형 외무부장관은 '7개항의 외교정책성명' 에서 "북진정책 같은 무모하고 무계획적인 슬로건을 버리고 유엔의 결의를 존중하여 유엔감시하에 남북한 자유선거에 의한 통일정책을 수행한다." 통일부, 앞의 책, p. 137.

으나 정부의 입장과는 달리 혁신계 및 국내외에서 남북 교류론과 중립화 통일론 등이 주장[18]되자 1960년 11월 2일 장면 국무총리는 유엔 감시하의 남북 자유총선거론을 재확인[19] 하였다.

⑶ 국토통일을 위한 실력 배양론

1961년 5.16 군사 쿠데타 후 군사혁명위원회는 6개항의 혁명공약에서 통일의 기본방향으로 '반공체제의 재정비 강화' 와 '국토통일을 위한 실력배양' 을 제시하였다.

▶ 제1항 : "반공을 국시(國是)의 제일의(第一義)로 삼고 지금까지 형식적이고 구호에만 그친 반공태세를 재정비 강화한다."

▶ 제5항 : "민족적 숙원인 국토통일을 위하여 공산주의와 대결할 수 있는 실력배양에 전력을 기울인다."

이러한 통일의 기본방향에 입각한 통일방안은 민주당 정부와 마찬가지로 유엔 감시하의 남북한 자유총선거로 군사정부 초기의 통일정책은 민주당 정부와 크게 다르지 않았지만 통일논의의 활성화를 막았고 먼저 실력을 배양한 후에 통일을 추구하겠다는 입장이었다.

⑷ 선 건설, 후 통일론

1964년 1월 10일 대통령 연두교서에 나타난 제3공화국의 통일정책은 유엔을 통한 자유 민주주의 원칙에 의한 통일, 실지회복에 의한 통일이라는 원칙을 기초로 국회의 '국토 통일방안에 대한 결의안' [20]을 채택하였으며, 통일의 제반 문제에 대비하기 위한 연구와 태세의 정비를 위해 1969년 3월 1일 정부부처

---

18) 혁신계를 비롯한 일부 학생들의 통일논의와 운동은 중립화통일론, 남북협상론, 남북교류론 등의 형태로 전개되었으며, '민주자주통일 중앙협의회' , '중립화조국통일운동총연맹' , '민족통일연맹' , '민족통일전국학생연맹' 등의 혁신적 통일운동기구가 발족된 것도 이 시기였다. 통일부, 앞의 책, p. 138.

19) "유엔 감시하에 남북을 통한 총선거로서 자유, 민주, 통일하는 것만이 현하 한국정부가 취할 수 있는 유일한 통일방안이다." 통일부, 앞의 책, p. 138.

20) 1964년 11월 29일 국회는 "우리는 한국문제에 관한 유엔 결의를 존중하며, 유엔 감시하에 남북한 토착인구 비례에 따라 자유로운 선거를 실시하여 국토를 통일한다." 통일부, 앞의 책, p. 139.

의 하나로 국토통일원을 설치하였다. 또한 1965년 한일회담에 대한 반대시위와 통일논의가 활성화되자 공화당 정부는 통일에 대한 기존 입장과 '선 건설, 후 통일' 의 정책방향을 분명히 하였다.

> 박정희 대통령은 "우리의 지상명제는 바로 조국통일이다. 우리가 지향하는 조국 근대화야말로 남북통일을 위한 대전제요 중간목표이다. 통일의 꿈이 근대화에 있고 근대화의 길이 경제자립에 있는 것이라면 자립은 통일의 첫 단계가 된다."
>
> ―――――1966년 1월 18일 국회에 보낸 대통령 연두교서

나. 1970년대 ~ 1980년대 말 : 선 평화 후 통일론

1970년대 들어서 긴장완화와 평화공존의 기운이 급진전되면서 통일정책에 있어서도 획기적인 전기를 맞게 되었는데 바로 '평화통일 구상 선언' 이다.

> "북한이 무력에 의한 적화통일이나 폭력혁명에 의한 대한민국의 전복을 기도해 온 종전의 태도를 완전히 포기할 것을 전제로 남북한 간의 어느 체제가 국민을 더 잘 살게 할 수 있으며 더 잘 살 수 있는 여건을 가진 사회인가를 입증하는 개발과 건설과 창조의 경쟁에 나설 것……."
>
> ―――1970년 8월 15일 광복절 제25주년 대통령 축사

종래까지는 북한정권의 현실적 존재뿐만 아니라 북한과의 접촉이나 협상도 인정하지 않았으나 이 선언을 계기로 북한지역에도 공산정권이라는 '사실상의 정권'이 있다는 현실을 인정하였고 남북대화와 체제경쟁의 시대가 개막되어 남한의 통일방안도 '선 평화 후 통일론' 으로 변화하였다.

(1) 평화통일 3대 기본원칙

10월 유신으로 4공화국이 출범하였지만 통일정책은 기본적으로 3공화국을 이어받았다. '평화통일외교정책선언' (6.23선언)에서 남북한 간의 내정불간섭 및 불침략, 성실과 인내로 남북대화 계속, 조국의 평화적 통일을 위한 모든 노

력의 경주, 남북한 유엔 동시가입 불반대, 북한의 국제기구 참여 불반대 등을 선언하였으며, 1974년 1월 18일 '남북불가침협정 체결' 에서 무력 불침범 약속, 내정불간섭, 한반도의 평화와 안전을 위한 현행 휴전협정의 효력 존속 등을 체결하였다. 이러한 내정불간섭, 상호불가침, 유엔동시가입 주장 등은 분단 고착화라는 관점보다는 남북한 간 분단현실을 인정하고 그러한 인식하에서 남북평화공존을 강조한 것이다.

1974년 8월 15일 대통령 광복절 기념사를 통해 '평화통일 3대 기본원칙' 을 제시하였는데 이것은 평화통일을 위해서 한반도의 평화정착, 남북 간의 대화와 교류가 필수적 과정이라는 점, 남북한 총선거를 위해서 남북 간 물류개방과 상호신뢰가 촉진되어야 한다는 점을 강조하고 총선거 실시와 관련하여 기존의 '유엔 감시하' 라는 조건을 '공정한 선거관리와 감시' 로 변화시켰다는 점이 주요 특징이라 할 수 있다. 이로써 평화통일 3대 기본원칙은 종전의 '선 건설 후 통일론' 을 '선 평화 후 통일론' 으로 정책방향을 선회하는 계기가 되었으며 기능주의적 시각으로 통일을 바라볼 수 있도록 하였다.

⑵ 민족화합민주통일방안

5공화국 정부는 1981년 '남북한 당국 최고책임자 상호방문', '남북한 당국 최고책임자간 직접회담' 을 제의한데 이어 1982년 1월 22일 대통령 국정연설을 통해 '민족화합민주통일방안' 을 제시하였다. "통일은 민족자결의 원칙에 의거하여 겨레 전체의 의사가 골고루 반영되는 민주적 절차와 평화적 방법으로 성취되어야 한다"는 기본원칙에 입각하여 통일헌법의 제정으로부터 남북 총선거를 통한 통일 민주공화국 완성에 이르는 일련의 과정을 구체적으로 제시하였다. 이러한 민족화합민주통일방안의 특징은 평화통일의 원칙을 재확인하고 민족 · 민주 · 자유 · 복지라는 통일의 미래상을 제시하였다. 또한 종래의 단선적 통일관에서 벗어나 통일을 '과정' 으로 보고 제한적이나마 분단에서 통일의 완성에 이르는 과정을 제시하고 평화통일을 남북한 간의 민족적 화합으로부터 시작하도록 하였다.

아울러 남북한 총선거의 규범으로서 남북한 대표가 협의하여 제정하게 될 통일헌법 및 이 헌법에 따라 통일 민주국가를 완성시키는 과정과 절차를 구체적으로 제시했다고 할 수 있다.

다. 1980년대 말 이후 : 통일의 과도적 중간단계 설정

1987년 6공화국 헌법은 헌법에서 처음으로 분단현실을 인정하고 통일이 평화적으로 달성되어야 한다는 원칙을 규정함으로써 통일이 관념의 문제가 아닌 현실적 실천과제임을 확인하였다.

▶ 전문 : '조국의 평화적 통일의 사명' 을 천명

▶ 4조 : 통일의 지향과 자유민주적 질서에 입각한 평화적 통일정책의 수립과 추진을 명시

▶ 66조 3항 : 대통령이 조국의 평화적 통일을 위한 성실한 의무를 진다고 규정

(1) 한민족 공동체 통일방안

6공화국 정부는 과거와 다른 차원에서 새로운 남북관계의 정립을 위한 통일노력을 경주하였으며 그 결과 1988년 '민족자존과 통일번영을 위한 특별선언(7.7 선언)' 을 발표하였다. 이것은 국제적 탈냉전 분위기를 반영하여 북한을 대결상대가 아닌 선의의 동반자로 간주하고 함께 번영하는 민족공동체 관계를 발전시켜 나가는 것이 통일조국 실현의 지름길이라는 인식을 바탕으로 하였다. 이 선언을 계기로 남북한 간의 인적 · 물적 교류와 협력이 활발하게 진전되었고, 이를 제도적으로 보장하기 위해 1990년 8월 '남북교류협력에 관한 법률' 을 제정하게 되었다.

또한 1989년 9월 11일 국회에서 대통령 특별연설을 통해 7.7 선언을 계승한 '한민족공동체통일방안' 을 발표하였는데 이것은 남북 간의 불신과 대결의식, 이질화 등을 둔 채 일시에 통일을 이룩하는 것은 비현실적임을 전제하여 완전한 통일을 위해서는 남북 간의 교류와 협력을 통해 먼저 민족공동체를 회복 · 발전시키고 이를 바탕으로 정치적 통일이 이루어질 수 있는 상태를 만들어 나가야 한다는 내용을 담고 있다. 한민족공동체통일방안은 통일의 3원칙으로 자

주 · 평화 · 민주를 제시하고 있으며 자유와 인권이 보장되는 민주국가를 통일 국가의 미래상으로 상정하고 있다. 통일국가 수립절차는 남북대화로 신뢰 회복—정상회담을 통해 '민족공동체헌장' 채택—남북의 공동번영, 민족동질성 회복, 민족공동체 발전 등을 추구하는 과도적 통일체제인 남북연합—통일헌법이 정하는 바에 따라 통일국회 구성—완전한 통일국가인 통일 민주공화국 수립하는 과정을 거치도록 하고 있다.

한민족공동체통일방안은 한반도에 두개의 서로 다른 체제가 있다는 현실을 인정하고 이를 바탕으로 상호 공존공영하면서 민족공동체 회복, 민족사회의 동질화와 통합을 촉진해 나가는 정치적 결합체로서 과도적 통일체제인 남북연합을 설정했다는 특징이 있다.

(2) 민족공동체 통일방안

1994년 8.15 광복절 경축사를 통해 '한민족공동체 건설을 위한 3단계 통일방안' 을 제시되었는데, 이는 당시 동구사회주의권 붕괴, 한 · 러 및 한 · 중 수교, 북한의 경제난 등 사실상 남북 간의 체제경쟁이 종결되었다고 본 당시 시대상황을 반영한 것으로 민족공동체통일방안은 통일의 기본 철학, 원칙, 통일 조국의 미래상을 밝히고 북한에 대해 대남혁명 전략의 포기와 개혁 · 개방을 촉구하였다.

민족공동체 통일방안은 2대 지주를 명시하면서, 통일철학인 자유민주주의와 통일 접근 시각으로서 민족공동체 건설을 제시하였다. 통일과정은 점진적 · 단계적으로 하나의 민족공동체를 건설하는 방향으로 설정되었다. 화해협력 단계는 남북이 대립관계를 청산하고 분야별로 교류와 협력을 활성화하여 상호 신뢰를 쌓아가면서 화해협력을 구축해 나가는 단계로 현존 2체제와 2정부를 유지하면서 분단단계를 평화적으로 관리하는 단계이다. 남북연합 단계는 화해협력 단계에서 구축한 신뢰를 바탕으로 남북한이 공존공영하면서 평화공존을 제도화하고 남북한 간의 활발한 교류와 협력을 통해 경제 · 사회공동체를 형성 · 발전시킴으로써 정치적 통일여건을 성숙시켜 나가는 단계이다. 이는 남과 북이 서로 다른 체제와 정부하에서 통일지향적인 협력관계를 통해 통합과정을 관리해 나가는 단계라 할 수 있다.

마지막으로 통일국가 완성단계는 남북연합 단계에서 제정한 통일헌법에 따라 남북 자유총선거를 실시하여 통일국회를 구성하고 통일정부를 수립하여 통일국가를 완성하는 단계로, 통일국가는 "민족구성원 모두에게 정치적 · 경제적 자유가 보장되고 복지와 인간의 존엄성이 존중되는 국가"가 되는 것을 상정한 것이다.

(3) 민족공동체 통일방안의 계승과 화해협력 정책

국민의 정부 통일방안은 내용적으로는 1989년 9월 공식 통일방안으로 제시된 '한민족공동체 통일방안'과 1994년 이를 재확인한 '민족공동체 통일방안'을 계승하였다. 6.15 남북공동선언에 담긴 '연합제'는 한민족공동체 통일방안에서의 '남북연합'과 동일한 것으로, 남북연합(The Korean Commonwealth)은 통일로 가는 중간과정으로 남과 북이 상호협력과 공존공영의 관계를 도모하면서 통일기반을 조성해 나가는 '과도적 통일체제'로서 제시되고 있다. 남북연합은 그 자체가 통일된 국가의 최종형태가 아니며 어디까지나 과도적 통일 체제임을 뜻하는 것이므로 따라서 현존 2체제 2정부를 유지하면서 남북 정부 간 협력기구를 구성 · 운영하는 체계이자 그 과정을 포괄하는 개념이다.

'화해협력 정책'은 튼튼한 안보를 통해 평화를 유지하면서 다른 한편으로는 화해와 협력을 추구함으로써 북한이 스스로 변화의 길로 나올 수 있는 적합한 환경을 조성하고 한반도의 평화와 안정을 도모하자는 것이다. 1999년에는 대북포용정책의 국제적 확대로서 '한반도 냉전구조 해체를 위한 포괄적 접근방안', 2000년 남북경제 공동체 건설, 베를린 선언을 이끌어 내었다.

특히 남북경협을 통한 북한 경제회복 지원, 냉전종식과 평화정착, 이산가족 문제해결, 남북 당국 간 대화추진 등을 제안한 '베를린 선언' 이후 남북정상회담 개최 용의를 표명해옴으로써 남북정상회담 합의에 도달하게 되었다. 이러한 화해협력 정책은 "북한의 변화는 불가피하다"는 점과 "안보위협은 상존하고 있다"는 현실인식에 기초하고 있기 때문에 북한의 변화를 적극적으로 유도하면서 다른 한편으로는 안보위협을 억제하고 제거하는 방향으로 추진해야 한다는 데 초점을 맞추었는데, 이는 국내외적 상황요인 및 북한에 대한 현실적 인식에 밑바탕을 두었다고 할 수 있다. 이 정책은 남북관계 개선을 통해 평화공존 하는 것과 화해협력을 통해 북한이 개방하고 현대화할 수 있도록 여건과 환경을 만들어 주면서, 이 두 가지를 통해 법적인 통일에 앞서 사실상의 통일 상황을 실현하는 것을 목표로 하였다.

"정부는 현 단계에서 당장 통일을 이룩하는 데 주력하기보다 평화정착을 통해 남북간의 평화공존을 실현하는 것이 시급하다. 이러한 평화정착의 기반 위에서 남북간의 화해를 도모하고 협력을 추진해 나갈 것"이라고 하면서 대북정책의 목표를 "평화 · 화해 · 협력"을 통한 남북관계 개선에 두고 있어 한반도의 평화정착이 우선임을 분명히 하고 있다.[21]

또한 통일정책을 추진함에 있어 한반도 평화를 파괴하는 일체의 무력도발 불용, 일방적 흡수통일 배제, 남북간 화해협력의 적극추진을 '대북정책의 3원칙'으로 제시하였으며 이로써 2000년 정상회담을 통해 남북관계 발전의 전기를 마련한 뒤, 6.15 남북공동선언을 바탕으로 남북간 왕래와 교류를 실질적으로 활성화시키는 계기[22]를 마련하였다.

이후 남북간 교류 · 접촉의 증대, 북한에 대한 관심이 제고되었으나, 남북간 화해협력에 대한 국민적 공감대가 확산되는[23] 성과를 거두었다고 주장하는 데는 노벨평화상 수상을 위한 여러 바람직하지 못한 뒷거래설로 그 효과가 크게 감소했다고 할 수 있다. '정직이 최선의 정책이다'(Honesty is the best policy)

21) 최동혁, 「대북 포용정책의 성과와 한계—김대중 정부의 5년간을 중심으로」, 국방대학교 석사학위 논문, 2003, p. 21.

22) 김대중 정부 출범 이후 2003년 1월까지 남북정상회담 및 관련회담 12회, 남북장관급 회담 9회, 남북 경제분야 회담 21회, 남북 적십자회담 7회 등 남북대화가 총 76회 이루어졌으며, 정상회담 이전(1998년, 1999년)에 총 4회, 정상회담 이후(2000년~2003년 1월)에 총 72회가 이루어졌다. 6차례 이산가족방문단 교환과 1만 2천여 명 이상의 이산가족 생사 및 주소확인을 비롯하여 이산가족 면회소 설치 및 운영에 합의함으로써 제도적 해결의 기반을 마련하였다. 통일부, 《국민의 정부 5년 평화와 협력의 실천》(2003.2) p. 8.

23) 김대중 대통령 재임 중 총 24번의 여론조사 결과 대북정책에 대한 지지도는 최저 60% 이상 평균 80% 이상을 기록하고 있다. 통일부, 앞의 책.

라고 말한 링컨의 명언이 앞으로의 통일정책 수행에서 제대로 적용되어야 함을 시사한다.

(4) 평화번영 정책

2003년 2월 25일 출범한 참여정부는 '평화번영정책'(Policy of Peace & Prosperity)을 제시하였다.

이것은 구체적 통일정책이라기보다는 평화통일을 이루기 위한 접근방식을 중심으로 제시하였으며 '평화' process(표 2-2)에 관해 이야기하고 있으나 '통일' process에 관해서는 그 내용이 부족하다. 하지만 참여정부가 '남북기본합의서', '6.15공동선언'을 계승한다고 천명한 바탕에서 내용적으로 화해협력단계—남북연합단계—통일국가단계를 상정한다고 볼 수 있다.

라. 남한 통일방안의 평가

남한의 통일방안은 남북한이 화해협력을 통해 상호신뢰를 쌓고 민족공동체를 건설해 나가는 점진적 접근방법만이 통일을 가져올 수 있다는 전제하에 '선 평화정착, 후 평화통일'의 입장을 체계화한 것이다. 이것은 반세기 이상의 분단 상황하에서 형성된 상호간의 불신과 차이를 해소하고 이해하는 데 있어서 과도적 중간과정이 필요한 것은 분명하며, 그러한 맥락에서 볼 때 과도적 통일체제로서 남북연합의 단계를 설정한 것은 비교적 실현가능성이 높은 접근이라고 볼 수 있다.[24]

하지만 '남북연합' 단계에서 통일헌법을 제정하고 그에 기초하여 단일 정부, 단일 국회를 구성하여 최종적인 통일단계로 나아간다는 것은 북한이 민주화된다 해도 인구면에서 훨씬 불리한 상황에 있으므로 받아들일지 불확실하며 정치문화, 경제수준, 교육수준 등 많은 면에서 현격한 차이를 보이고 있기 때문에 단일화로의 급속한 통일은 많은 문제점을 야기할 수 있다. 또한 남북연합단계에서 정부간 협의기구가 아닌 주권을 이양 받아 전 민족적 입장에서 정

24) 김동수, "평화번영을 위한 대북정책", 『통일로』, 안보문제연구원, 2005, p. 72.

책을 입안·집행할 초국가적 기구의 창설을 고려하지 않고 있다. 따라서 양 정부의 합의하에 먼저 경제와 사회문화 등 비정치적인 분야에서 제한적이나마 독자적 권한을 갖는 초국가적 기구를 창설하고 점차적으로 그 기구의 권한을 증대시킴으로써 통합을 심화시키는 방향으로 나아가는 것이 현실적이고 합리적인 방안이라 할 수 있을 것이다.

〈표 2-2〉 참여정부의 평화 프로세스

<table>
<tr><td>개 념</td><td colspan="2">한반도 평화를 정착시키고 남북공동번영을 추구함으로써 평화통일의 기반 조성과 동북아 경제 중심국가로의 발전토대를 마련하고자 하는 대통령의 전략적 구상</td></tr>
<tr><td>배 경</td><td colspan="2">- 최근의 북한 핵문제를 계기로 한반도 평화는 민족적 과제로 부각
- 평화의 틀은 한반도 차원에서만 접근할 것이 아니라 국제적 차원에서 접근할 필요성이 제기
- 민족공동체 건설작업을 남북관계의 차원을 넘어 '동북아 속의 한반도' 라는 차원에서 운용해야 할 필요성</td></tr>
<tr><td>추진원칙</td><td colspan="2">- 대화를 통한 문제 해결
- 남북 당사자 원칙에 기초한 국제협력
- 상호 신뢰 우선과 호혜주의
- 국민과 함께하는 정책</td></tr>
<tr><td>달성목표</td><td colspan="2">- 평화증진
- 공동번영</td></tr>
<tr><td>추진전략</td><td colspan="2">- 북한 핵문제 해결(단기)
- 한반도 평화체제구축(중기)
- 동북아 경제중심국가 건설(중장기)</td></tr>
<tr><td rowspan="2">대량살상 무기해결 (WMD정책)</td><td>정책기조</td><td>- 북한이 핵, 미사일 문제를 평화적으로 해결할시 해결단계에 맞추어 대규모 대북경제협력 단행
- 한반도에서 군사적 긴장을 고조시키는 일체의 행위반대
- 군사뿐만 아니라 경제도 고려하는 포괄안보 지향</td></tr>
<tr><td>북한 핵문제 해결원칙</td><td>- 북한의 핵 불용
- 대화를 통한 평화적 해결
- 대한민국의 적극적 역할</td></tr>
</table>

2. 북한의 통일정책과 통일방안

북한의 통일정책 개념은 전국적 범위에서 민족해방과 인민민주주의 혁명과업을 완수하여 적화통일에 이르는 전략과 전술을 구사하는 것이다. 즉 정치적 강령을 수행하기 위한 노선인 전략과 이를 실천하기 위한 과업 및 방침인 전술을 어떻게 구사하느냐 하는 개념이며, 근본적으로 전략은 불변하되 전술은 가변적이다.

북한의 대남정책의 단기적 목표는 외적으로부터 북한 영토를 방위하고 북한 체제를 보존하여 생존을 확보하는 것이다. 중기적 목표는 북한의 국제적 지위와 군사적, 경제적 능력강화를 위한 정책목표를 달성하는 것이다. 장기적 목표는 남한에서 혁명을 통한 한반도를 공산화하여 통일하는 것이다.

북한의 대남전략은 대남적화를 위한 통일전선 전략 구사로 종국적으로 한반도 공산화 통일을 지향하는 북한의 통일정책을 구현하는 것이다.

북한의 통일정책을 실현시키기 위한 북한의 통일전선 전략의 속성을 살펴보면 다음과 같다.

먼저 남한에 비해 경제 및 군사적으로 우위시에는 남한을 흡수하기 위한 공세적 전략을 구사한다. 남한과 비슷할 시에는 공존지향적 전략을 택하면서 기회를 엿본다. 80년대 사회주의 체제 변혁상황에 직면해서는 '조선민족 제일주의' 를 내세우고 '민족대단결' 을 주장하면서 공존을 모색하였다. '붉은 기 사상' 으로 충격을 차단하면서 '우리식 사회주의' 를 표방하면서 김일성 사후를 '고난의 행군기간' 으로 선포하고 단결과 민심수습을 위한 상징조작에 급급하였다.

열세시에는 '벼랑끝 전술' 등 체제유지를 위한 긴장을 조성하는 전략을 구사한다. 1990년대 들어 '먹고 먹히우는 통일방식' 을 지양하고 남북한 사상과 제도를 인정하는 연방제를 강조하였다. 이는 열세를 만회할 때까지 상호 공존을 내세우면서 통일전선을 추구하는 이중성 전략을 추구하는 것이며, 10대 강령에 잘 나타나 있다.

통일전선 전략의 특징을 살펴보면 다음과 같다.

먼저 통일전선전략을 구사하여 북한이 추구하는 통일의 목표는 궁극적으로 북한식 이념과 체제를 한반도 전체에 확대하는 것이다. 이 목표 달성을 위한 기본전략 사상은 남한흡수와 해방이며 공존에 기초한 통일정책이 아니다.

해방은 소위 미제국주의로부터의 민족해방과 남한 권력 위정자로부터의 인민해방 두 가지 목표를 지향한다고 주장한다.

다음, 수단 측면에서 무력남침을 배제하지 않고 그 시기가 도래할 시 정규전과 비정규전의 배합을 기도한다. 혁명을 통한 통일은 혁명에 의해 수립된 남한의 새 정권과 북한정권의 합작내지는 연방의 통일형태, 즉 폭력의 단계인 혁명과 비폭력의 단계인 합작을 거쳐 최종적으로 흡수통일한다는 개념이다.

김대중 정부로부터 노무현 정부에 이르기까지 가히 혁명적이라고 할 만큼 유리한 상황이 전개되었으나 통일전선 전략 구사 측면에서 성공하지 못했다고 할 수 있다.

즉 통일전선 전략이 성공적으로 진행되어 남한내의 제 세력을 함께 묶어 혁명통일을 추구하기에는 역부족이었음을 실감한 것이다.

오히려 2000년대 들어 강성대국론과 선군사상을 강조하면서 남한정부의 화해협력정책을 최대로 이용, 위기에 빠진 체제를 수습하기 위해 안간힘을 썼다.

실제로 통일정책 추구보다 체제유지가 더 시급한 실정이었으며 이러한 수세적 난관을 공세적으로 전환하기 위해 강성대국론과 선군사상이 강조된 것이다. 강성대국론은 1998년 8월 김정일이 당 총비서직에 취임, 체제를 출발시키면서 선포되었다. '자주 자립 자위로 어떤 지배와 예속도 허용하지 않는 나라' 를 건설해 나가자는 김정일의 공식 지도이념이며, 미래비전과 통치이념이기도 하다.

이는 퇴색해 가는 주체사상을 대체하는 정치구호이자 대 실패를 허세와 강수로 수습하려는 몸부림으로써, 전 인민에게 맹목적 충성과 마취 상태를 지속하기 위한 것이다. 선군사상은 2003년 신년 공동사설에 처음 등장하였으며, 핵문제로 인한 미국의 대북봉쇄와 적대정책에 대비하여 '반미대결전' 을 위해 전사회적, 전국가적 차원의 전시동원체제를 유지하는 것과 같다. 체제보위를 효율적이고 조직적으로 하기 위해 실제 혁명적 군인정신을 발휘하고, 수령을 결사적으로 옹호하고 영웅적 희생정신을 발휘하는 것을 그 기본으로 한다는 것이다.

〈표 2-3〉 북한의 통일 방안

시 기	통일방안	특 징	대남정책
1950년대 (1949. 6 조국통일 민주주의전선 결성대회)	남북한 자주적 총선거	- 남북한 인구비례를 무시하고 북한 체제를 전제로 한 통일 방안	민주기지론
1960년대 (1960. 8. 14 8.15 15주년 경축대회)	과도적 연방제 후 자주적 총선거	- 최초의 연방제 주장이며 국가연합적 성격이 강함 - 순수한 의미의 연방제보다는 경제력에 대한 자신감을 바탕으로 남한의 붕괴 및 흡수통일을 유도하기 위해 제시된 것	남조선혁명론 (+민주기지론)
1970년대 (1973. 6. 23 조국통일 5대강령 발표)	고려연방공화국 통일방안	- 국가연합보다는 연방제로서의 성격이 강함	남조선혁명론 (+민주기지론)
1980년대 (1980년 10. 10 제6차 당대회)	고려연방공화국 창립방안	- 과도적 성격의 연방이 아닌 완성된 통일국가로서의 연방 제시 - 자주적 평화통일을 위한 선결조건은 남조선혁명과 군사력에 의해서 한반도 적화통일에 장애가 되는 조건의 제거를 목적으로 하고 있음	연방제 통일론 (+남조선혁명론)
1990년대 이후 (1991. 1 신년사)	느슨한 연방제 (단계적 연방제)	- 지역자치정부 강화론으로 전환 (국가연합적 성격으로 변화) - 흡수통일을 경계 - 통일정책의 현실적 목표가 남한체제의 전복과 한반도의 적화 통일에서 북한 내부의 결속 강화와 남한정부와의 타협을 통한 체제생존의 확보로 변화	체제유지론

이는 또한 통치이데올로기를 주체사상에서 선군사상으로 전환하면서 '당—국가체제' 에서 '수령—군체제' 로 작동시키고자 하였던 것이다.

이러한 노력에 힘입어 어느 정도 체제를 잡고난 후 이를 강화하는 전기를 마련하면서 내부적으로는 김정일 위상을 강화하고 밖으로는 남한의 경제적 지원을 획득할 목적으로 2001년 6월 남북정상회담이 열리게 되었던 것이다.

6.15 남북정상회담 직후 김정일은 '특별학습제강' 을 통해 무력통일 원칙을 강조하면서 사상교육을 강화한다. 그 내용을 정리하면 다음과 같다.

- 적에 대한 환상을 없애고 계급의 총창을 더욱 날카롭게 벼릴 때다. 제국주의자들과 계급적 원수들의 본성은 변하지 않는다.
- 적들이 평화의 너울을 쓰고 추파를 던지지만 협상에서도 강력한 군사력이 뒷받침되어야 한다.
- 평화 바람은 우리를 무덤 속으로 끌기 위한 모략이다. 지원물자와 경제협력 따위로 적에 대한 기대와 환상을 가지면 이는 곧 죽음이다
- 나의 통일관은 본질적으로 무력통일관이다.
- 당이 평화통일 구호를 높이 들수록 반미, 반일, 반괴뢰 구호 아래 싸움준비를 더욱 다그쳐야 한다.

가. 1950년대 : 남북한 자주적 총선거 안

1947년 제2차 미소공위가 결렬된 이후 1960년 8월 14일 과도적 연방제가 제시될 때까지 북한 권력층은 외세의 개입 없는 남북한 총선거를 통한 통일을 제안하였다. 북한은 남한의 단독정부 수립을 저지하기 위하여 북조선노동당을 중심으로 1948년 4월 '남북정당 사회단체 대표자연석회의' 를 개최하여 이후 남북한 총선거를 통해 조선의 중앙정부 수립을 결정하였다.

이후 1949년 6월 28일 조국통일민주주의전선 결성대회(북한정부의 수립 이후 첫 공식제안)[25]을 시작으로 계속적으로 남한에 대해 외국군 철수 후 남북한

25) 정창현, '4월 민중항쟁 전후 북한의 통일노선과 통일정책' , 한국역사연구회 4월 민중항쟁연구반, 《4.19와 남북관계》, 민연, 2000, p. 178.

'자주적' 총선거 통일방안 제시하였으며 이러한 북한의 남북한 총선거 안은 한국전쟁 이후 50년대 내내 지속적으로 제기되었다.

남북한 총선거 안은 외국군 철수, 남북한 군사력의 상호 감축 등을 전제로 하고 있으며 북한은 총선거를 실시할 경우 우세를 확보할 것이라 인식했으나[26] 남한이 이를 수용하지 않자 1960년대에 들어와 총선거안 대신 연방제를 새로운 통일방안으로 제시하였다. 북한의 대표적 통일방안으로 알려진 '연방제'는 1960년 8월 14일 8.15해방 15돌 경축대회에서 김일성이 최초로 제안한 이래, 역사적으로 변천해 왔다.

나. 1960년대 : 과도기적 연방제 안—과도적 연방제 후 자주적 총선거

외국의 간섭없는 자주적 남북한 총선거안을 남한이 수용하지 않자 통일국가로 가는 과도기적 단계로서 연방제 실시를 제안하였다.

> 만약 그래도 남조선 당국이 남조선이 다 공산주의화 될까 두려워서 아직은 자유로운 남북총선거를 받아들일 수 없다고 하면 먼저 민족적으로 긴급하게 나서는 문제부터 해결하기 위해 과도적인 대책이라도 세워야 할 것입니다.
>
> 우리는 이러한 대책으로서 남북조선의 연방제를 실시할 것을 제의합니다. …(중략)… 이러한 연방제의 실시는 남북의 접촉과 협상을 보장함으로써 호상 이해와 협조를 가능하게 할 것이며 호상간의 불신임도 없애게 될 것입니다. 그렇게 되었을 때 자유로운 남북총선거를 실시한다면 조국의 완전한 평화적 통일을 실현할 수 있으리라고 우리는 인정합니다.[27]

'과도기적 연방제' 제안은 남북한 두 국가가 바로 결합되는 방식의 연방제를 제기한 것이 아니며 당시 남북한 정치제도를 유지한 상태에서 두 정부의 대표로 구성되는 '최고민족위원회'를 통해 남북한간 경제·문화 교류를 확대하는 연방제를 의미하는 것이다. 이는 남북한의 자주적인 총선거안이 받아들여지지 않자 대안적인 성격을 가지는 것으로서 결국 이러한 연방제를 통해 남북

---

26) 정창현, 위의 책, p. 180.
27) 심지연, 《남북한 통일방안의 전개와 수렴》, 돌베개, 2001, pp. 247 ~ 248.

총선거로 나아가겠다는 의도라고 볼 수 있다.

이러한 북한의 과도기적 연방제 제안과 통일정책은 1960년대 초 60년 8.15 경축대회에서 김일성은 과도기적 연방제안을 처음으로 제시한 이후 계속하여 주장되었으며, 박정희 정부의 반공·'선 건설 후 통일', 한일회담 및 월남파병에 반대하여 경직된 태도로 무력공세에 치중하였다.

1970년대에 들어서 국제적인 데탕트 기류에 힘입어 1971년 남북한 적십자회담, 1972년 '7.4 남북공동성명' 합의문이 발표되었으나 1973년 남한이 6.23 선언을 통해 '2개의 한국' 정책을 추구하면서 남북대화가 결렬되고 7.4 공동성명에서 합의된 후속사업이 더 이상 진행되지 못하였다.

다. 1970년대 : 고려연방제 안—고려연방공화국 통일방안

1972년 유신체제 등장 후 남한 정부는 대외정책 기조에서 '두개의 한국'을 공인시키는 방향으로 나아감에 따라 남북한이 별도로 국제기구에 참여하고 유엔에 두 국가로 동시에 가입하자고 제의하였다. 이에 북한은 남한이 '두개의 조선'으로 영구분단을 책동하는 것이라 비판하고 6.23선언이 발표된 날, 김일성은 평양시 군중대회의 연설을 통해 그 이전까지 통일방안으로 제시된 '과도기적 연방제'를 수정한 '고려연방제'를 새로운 통일방안으로 제시하였다.

> 우리는 조성된 조선에서 대민족회의를 소집하고 민족적 단결을 이룩한 데 기초하여 북과 남에 현존하는 두 제도는 당분간 그대로 두고 남북련방제를 실시하는 것이 통일을 실현하기 위한 가장 합리적인 방도로 된다고 인정합니다. 남북련방제를 실시하는 경우 련방국가의 국호는 우리나라의 판도위에 존재하였던 통일국가로서 세계에 널리 알려진 이름을 살려 고려련방공화국이라고 하는 것이 좋을 것입니다. …(중략)… 고려련방공화국의 창설은 나라의 분열을 막고 북과 남 사이의 련계와 합작을 전면적으로 실현하며 완전한 통일을 앞당기는 길에서 결정적인 국면을 열어놓게 될 것입니다.[28)]

---

28) 박호성, '북한 통일정책연구의 쟁점', 북한연구학회 2004년 하계 학술회의 발표문, 2004. p. 204.

이것은 이전에 북한이 꾸준히 주장해 온 남북한 총선거로 인한 통일방안 대신 남북연방제를 주장한 것으로 허담의 8개 조항 중 통일방안으로 제시된 총선거와 과도기적 조치로서 남북연방제 실시 중 남북한 총선거안을 사실상 제외시킨 것이다. 이전 연방제 통일방안에서 사용되었던 '과도적' 이라는 표현이 사라지고, '현존하는 남북한의 두 제도를 당분간 그대로 두고' 라고 언급했으나, '당분간' 이라는 말에 통일방안의 실현과정에서 사실상 중간 단계를 설정하고 있으며 완전통일의 과도기 단계로서 연방제를 실시한다는 의미에서 이전의 연방제와 차이 없다는 것을 알 수 있다.

1975년 10월 노동당 창건 30주년 기념대회 연설을 통해 김일성은 민족대단결의 원칙에 의해서 전국적인 '민족통일전선' 의 형성을 주장하면서 남북연방제 실시는 민족적 단합을 이루고 조국의 자주적 통일을 위한 가장 합리적인 방도임을 역설하였다.

라. 1980년대 : 고려민주연방제 안—고려연방공화국 창립방안

북한은 완성된 통일정부의 형태로서 연방국가를 창립하는 방안으로 기존의 '과도기적 연방제' 와 '고려연방제' 안의 내용을 좀 더 체계화시켜 종합한 '고려민주연방공화국' 창립방안을 제시하면서 "북과 남이 서로 상대방에 존재하는 사상과 제도를 그대로 인정하고 용납하는 기초 위에서 북과 남이 동등하게 참가하는 민족통일정부를 내오고 그 밑에서 북과 남이 같은 권한과 의무를 지니고 각각 지역자치제를 실시하는 중립국인 연방공화국을 창립" 할 것을 주장하였다.

이에 대해 자주적 평화통일을 위한 전제조건으로서 남한의 군사통치를 청산하고 사회의 민주화를 실현할 것, 남한에서 미군이 조속히 철수하여 긴장상태를 완화하고 북한과 미국 사이에 체결된 정전협정을 평화협정으로 바꿀 것, 미국이 '2개의 조선' 조작책동을 중지하고 남한에 대한 내정간섭을 그만둘 것을 전제조건으로 제시하였다.

이 고려민주연방제 안을 이전의 연방제 안과의 비교해 보면, 이전의 연방제는 과도기적 통일방안인 반면에 고려민주연방제 통일방안은 현존 남북의 사상과 제도를 그대로 인정하면서 각기 지역자치제를 실시하는 남북한이 대등하게 참여하여 민족통일정부를 창립하는 '통일의 완결적 형태' 로서의 연방제라고 할 수 있다. 또한 통일정부의 운영과정과 연관하여 남북한 정부간 입장조정 기구가 1960년 과도기적 연방제에서는 최고민족위원회, 1973년 고려연방제에서는 대민족회의, 1980년 고려민주연방제에서는 최고민족연방회의로 변화한 것으로 보아 연방제 통일방안이 7 ~ 80년대를 거치면서 점차 구체화되고 있다는 것을 알 수 있다.

이 시기 남한에서 박정희 정부에 이어 전두환 정부가 출범하여 고려민주연방 제안에 대응하여 1982년 1월 '민족화합민주통일방안' 을 제안하였으나 북한이 이를 거부하였으며 더 나아가 남한 군사정권의 퇴진을 요구하며 정부차원에서 공식적인 대화를 일체 거부하였다. 또한 80년대 초 북한은 고려민주연방제 안을 제안하였지만 통일정책에서 특별한 성과를 이루지 못하고 1980년대 말 사회주의 체제가 붕괴되는 것과 함께 남한의 노태우 정부가 추진한 '북방정책' 등의 영향을 받아 북한의 통일정책은 새로운 전환점의 필요성이 증대되게 된다.

마. 1991년~2000년 6월 이전 : '수정된' 고려민주연방제— '느슨한 연방제' 안

1990년대 들어 북한은 대외정책과 통일정책에 상당한 변화를 시도하게 된다. 과거 교차승인 반대, 유엔 동시가입 반대 등 '하나의 조선 정책' 에서 탈피하여 남북한 유엔 동시가입, 한 · 러 및 한 · 중 수교, 미 · 일 과의 관계개선 필요성을 인정하고 남북 기본합의서 채택 등을 하게 되는데 이는 급변하는 세계질서와 정세변화에 대응하기 위함이었다. 동시에 동구 사회주의 국가의 붕괴, 서독의 동독 흡수통일, 남북 체제경쟁의 사실상 종식 등 수세적 경향을 보이면서 흡수통일에 대한 강한 경계심과 제도통일론에 강한 의혹을 제기하였다.

> 최근 다른 나라의 흡수통일방식에 현혹된 남조선 당국자들은 북방정책을 내걸고 청탁외교를 벌이면서 남의 힘을 빌어 우리나라에서도 그런 방식을 실현해 보려는 어리석은 꿈을 꾸고 있습니다. …우리나라에서 승공통일이란 어느 때도 실현될 수

없는 망상입니다. 하나의 국가, 하나의 제도에 의한 제도통일론을 주장하는 것은 나라의 분열을 끊임없이 희석시키자는 것이며 결국 통일을 하지 않자는 것이기 때문에 제도통일은 후대에 맡겨야 합니다. —1991년 김일성의 신년사[29]

그러면서 1980년의 '무단계론—연방정부의 지역정부에 대한 지도안' 대신 '단계론—지역정부 강화론' 을 주장하였다.

"우리는 고려민주연방공화국 창립방안에 대한 민족적 합의를 보다 쉽게 이루기 위하여 잠정적으로는 연방공화국의 지역적 자치정부에 더 많은 권한을 부여하며 장차로는 중앙정부의 기능을 더욱 더 높여 나가는 방향에서 연방제 통일을 점차적으로 완성하는 문제도 협의할 용의가 있다" ———1991년 김일성의 신년사

이러한 연방제 단계론은 1960 ~ 1970년대의 중간단계의 불가피성을 인정한 연방제를 보다 현실에 맞게 수정한 것으로, 통일국가 형태는 '1민족 1국가 2제도 2정부' 의 연방국가이며 제도통일은 후대에 일임한다는 입장으로 정리하고, 통일국가의 성격은 자주 · 평화 · 비동맹의 독립국가로 규정하였다.

하지만 1991년 신년사에서 '느슨한 연방제' 를 제의하였으나 이후 이를 다시 거론하거나 발전시키지 않아 1990년대 북한의 공식적 통일방안은 1980년 고려민주연방공화국 창립방안과 동일하다고 할 수 있으며, 1996년 말 김정일이 주장한 조국통일 3대원칙(자주, 평화, 민족 대단결 : 7.4 공동성명), 전민족대단결 10대 강령, 고려민주연방공화국 창립방안 등 조국통일 3대강령 등에도 '느슨한 연방제' 에 대한 설명이 없었다.

바. 2000년 6.15 공동선언 이후—현재 : 낮은 단계의 연방제

2000년 6월 15일 발표된 공동선언(6.15 공동선언)에서 북한의 통일방안으로서 '낮은 단계의 연방제' 라는 표현이 나타난다. 1991년 신년사에서 발표된

29) 김동수, "평화번영을 위한 대북정책", p. 80.

'수정된' 연방제로서 명확한 표현으로 중간단계를 설정하지는 않았지만, '남북한 지역정부에 자치권을 확대하여 점차적으로 통일정부를 지향하는 '고려민주연방제' 안을 지칭하는 표현이라고 해석할 수 있다.[30] '낮은 단계의 연방제'는 "하나의 민족, 하나의 국가, 두 개 제도, 두 개 정부 원칙에 기초하되 북과 남에 존재하는 두 개 정부가 정치, 군사, 외교권 등 현재의 기능과 권한을 그대로 갖게 하고 그 위에 민족통일 기구를 내오는 방법으로 북남관계를 민족공동의 이익에 맞게 조정해 나가는 것"으로 '높은 단계의 연방제 안'에서는 외교와 국방 등 대외문제에 관한 우월적 지위와 권한을 중앙 정부가 보유하지만, '낮은 단계의 연방제 안'에서는 외교와 국방 등에 관한 권한을 자치권을 지닌 지역정부가 보유한다.

6.15 남북정상회담 이후 북한은 대남 및 대미정책 측면에서 유연하게 대처하고자 하였는데, 이는 근본적 변화가 아닌 전술 전략적 변화로 정권안보 및 경제적 파국 탈출을 도모하기 위한 일종의 화해정책이라 할 수 있다. 경쟁적 공존에서 협력적 공존형태로 전략적 변화를 가져온 것이다. 아울러 정상회담으로 김정일 체제의 정당성을 강화하면서 공동선언 1항에 자주통일을 명시하면서, 주도권 장악과 민족기획전략[31]의 토대를 마련코자 하였다.

사. 북한 통일방안의 평가

북한은 통일명분을 내세워 체제유지 및 일당독재를 합리화하고 형식은 고려연방제를 표방하면서 남조선혁명을 기조로 한 통일방안과 대남전략을 교묘히 이용해 오다 80년대 후반 이후 동구권의 몰락 및 경제난 등으로 통일정책의 추진방향을 현실적으로 조정할 수밖에 없었을 것이다. 따라서 북한은 이면적으로는 여전히 적화통일을 목표로 하는 '하나의 조선' 논리를 고수하면서도 체제생존을 위해 표면적으로는 '남북공존'을 수용·이용해 온 것이라고 할 수 있다. 그러면서 북한은 남한 주도에 의한 흡수 통일을 배제하면서 통일주도권

30) 박호성, 앞의 책, p. 212.

31) 통일지향 및 민족정서를 자극하며, 남북이 우리끼리 해결할 수 있다는 심리를 고양시킴으로써 남조선 인민의 안보의식을 약화시키며, 동시에 미국의 한반도 문제개입 축소와 한·미간 이간을 노리는 북한의 대남 전략

을 장악하려 하며 '민족' 이라는 혈연적 동질성을 내세워 남한에 광범위한 통일전선조직을 구축하면서 반미자주화 투쟁을 선동하여 한·미간 안보협력체제를 약화시키는 전략을 구사해 왔다.

북한의 통일방안은 자기중심적이며 논리적 일관성이 결여되어 있고(남북의 사상과 제도를 그대로 두고 하나의 연방국가를 형성해 통일한다고 하면서 다른 한편으로는 남한제도가 바뀌는 것을 선결조건으로 요구하는 것 등), 논리적 취약성까지 드러내고 있을 뿐만 아니라 북한의 통일방식은 남북공통 가치나 행동양식에 기반을 둔 합리적 통일방안으로 볼 수 없다.

남조선혁명론과 민주기지론에 기초한 사회주의 체제하의 남북한 통일이라는 통일정책의 궁극적 목표는 거의 변하지 않았지만 북한 통일정책의 현재적인 목표는 큰 변화를 겪었던 것은(남한체제의 전복과 한반도 적화통일 → 북한 내부의 결속강화와 체제생존 확보) 사실이다. 하지만 현재에도 북한이 한반도 통일을 주도할 수 있는 능력을 갖지 못하기 때문에 사회주의 체제로의 통일이라는 북한의 궁극적 목표 달성은 불가능하다. 또한 북한의 연방제는 하나의 중앙정부와 서로 이념과 체제가 다른 남북 두 개의 지역정부로 구성되어 있는데, 현실적으로는 지역정부간 이념과 체제가 다른 경우에 연방이 성립된 사례가 없었으며 그 실현가능성도 극히 낮다.

남북 양측의 통일방안은 통일의 접근 방법과 통일국가의 미래상에 있어 큰 차이점을 나태내고 있으며 북한은 7.4 공동성명의 통일 3원칙도 자의적으로 해석하고 있다. 통일에 대한 북한의 이러한 태도는 주체사상에 따른 사회주의 체제에 의한 조국통일이라는 북한의 전략이 유지되는 한 쉽게 변화되기 어려울 것이다.

위의 내용을 종합해 볼 때 남한은 교류협력 증진과 동질성 회복을 통한 점진적 통일방안을 일관되게 추구해 왔으나 북한은 남한으로의 흡수통일을 두려워하여 기존의 연방제를 완화하여 기능주의적 요소를 가미한 통일방안을 새로이 제시하였음을 알 수 있다. 하지만 이것은 상황변화에 대응한 전략적인 수정일 뿐이며 기존의 연방제통일과 대남적화전략이 변화된 것은 아니다. 또한 최근 북한은 핵문제의 대두와 함께 소위 '민족공조' 의 의미를 '반미공조' 차원에서 이야기하고 있으며 2003년 신년 공동사설에서 한반도 정체를 '조선민족 대 미국의 대결' 로 규정[32]함으로써 민족적 감정을 부추기고 있어 남한의 냉철한 판단과 행동이 요구된다.

3. 남북한 통일방안의 비교 : 남한의 연합제와 북한의 낮은 단계의 연방제 비교

가. 이론적 개념

국가연합에 참여한 국가들이 초기에는 초국가적 연합기구에 주권의 일부만을 이양하지만 공동의 필요에 따라 외교나 국방 등 주권의 중요한 부분을 이양하게 되면(결합의 정도가 강해지면) 연방제로 발전하게 되므로 국가연합과 연방제는 친화성을 가지고 있다.

〈표 2-4〉 남북한 통일방안의 비교

구 분	남 한 '한민족공동체 통일방안'	북 한 '고려민주연방공화국 창립방안'
통일원칙	자주 · 평화 · 민주	자주 · 평화 · 민족대단결
전제조건	없음	국가보안법 폐지, 공산주의 활동 합법화, 주한미군 철수
과도체제	남북연합	없음
과도기구	남북정상회의(최고결정기관), 남북각료회의, 남북평의회	없음
통일절차	평의회 → 통일헌법 제정 → 민주적 총선거 → 단일국가/양원제	연석회의 방식으로 연방제 실현방법 협의, 결정
통일국가 기구	국회는 양원제	최고민족연방회의 연방상설위원회
통일국가	자유, 인권, 행복이 보장되는 민주국가	중립 · 비연합국가

32) 김동수, 앞의 책, p. 84.

〈표 2-5〉 연방제와 연합제 비교

	연방제(federalism)	연합제(confederation)
정 의	복수의 국가들이 필요에 따라 각국의 주권을 양도하여 연방을 구성할 목적으로 조약의 체결 혹은 헌법의 제정을 통해 결합한 정치공동체[33]	복수의 국가가 공동의 이익을 위하여 국제법상 독립국가의 자격을 보유하면서 조약에 의해 상호 대등한 지위에서 결합하고 공동의 기구를 통해 외교 등 기타 일정한 사항을 협의하여 그에 관한 기능을 공동으로 행사하는 국가결합 형태[34]
차이점	주권의 소재, 결합의 근거, 결합의 안정성, 국제법상 권리의무의 주체, 대내외적 통치권의 소재, 병력의 보유	
공통점	복수의 국가들이 결합하는 형태, 각 구성국들이 상호 종속적인 지위에 처하지 않고 대등한 입장에서 결합	

나. 차이점

남쪽의 연합은 완성된 통일에 이르는 하나의 단계 또는 가정적 상태인데 대해서, 북한의 연방안은 '상당수준' 의 통일단계를 생각하고 있다. 1980년 통일완성형의 최종적 국가형태에서 1991년 김일성의 신년사, 2000년 6.15 선언에서 '낮은 단계의 연방' 으로 바뀌어 완성형 통일상태는 아니지만 통일국가의 명칭이 '고려민주연방공화국' 으로 바뀌지 않는 것은 '권한배분' 을 제외하고는 거의 완성형 통일국가형을 생각하고 있는 것이다. 이에 반해 남쪽의 연합은 기본적으로 완전통일에 이르는 과정에 있을 수 있는 '협력통합기구' 와 같은 개념을 가지며 극히 통일의 초보적 형태 또는 부분적인 불완전 통일상태이다.

또한 연방과 연합의 수행 기능면에서도 차이가 있다. 남한은 연합을 과도기적 체제로 보기 때문에 완전통일을 위한 준비절차를 '연합' 의 주요기능의 하나로 생각하고 있다. 연합제에서 내놓은 연합의 통일준비기능과 절차는, 남북평의회에서 통일헌법기초→민주적 방법과 절차에 따라 확정 공포→통일헌법

33) 박호성, "북한 통일정책 연구의 쟁점", 북한연구학회 학술회의 발표문, 2004, p. 216.
34) 공용득, 「북한의 '연방제' 연구—중앙과 지방정부의 관계를 중심으로」, 한국외국어대학교 박사학위 논문, 2003, p. 8. ; 박호성, 위 논문에서 재인용, p. 216.

에 따라 민주적 총선거→통일국회와 통일정부구성 등의 절차를 밟게 되어 있으나 북한의 연방안에는 연방이 수행해야 할 기능 중 완전통일을 준비하는 대목이 없다.

최종 통일국가의 형태에 있어서도 남한은 1민족, 1국가, 1체제, 1정부 단일적 민주공화국 수립인데 반해 북한은 1민족, 1국가(연방국), 2제도, 2지역정부를 최종적 통일국가형태로 보고 있다. 이렇게 통일된 후의 통일국가의 국호문제에 있어서도 남한은 연합제에서 남북한이 각각 주권제로서 대한민국과 조선민주주의인민공화국의 별개 국호를 사용하자고 주장하고 있으나 북한은 단일국호로서 '고려민주연방공화국' 이라는 단일 국호를 제시하며 '낮은 단계의 연방' 이 외교권과 군사권을 지역정부에 주는 것이라고 시사했음에도 불구하고 연방 아래 UN에 단일적으로 가입할 것을 제안하고 있다.

통일지향적인 성격에 있어 남한은 남북한 민간교류의 활성화와 남북한 정부간 협의의 제도화를 기대(통일지향적)하고 있으나 북한은 현재처럼 당국이 민간교류를 통제하면서 당국간 협력을 주로 강화하는 형태의 느슨한 결합을 염두해 두고 있는(현상유지적) 차이점이 있다.

다. 유사점

남한의 연합제와 북한의 연방제의 유사점은 '느슨한' 통일이 현실적으로 불가피하다는 것을 전제(통일의 결과가 아닌 통일의 준비과정)하고 있다는 것이다. 남한은 '연합' 이라는 중간적 단계를 거쳐 서로가 이해하고 교류 · 협력하면서 공존하는 가운데 공동체구성의 기틀을 만들자는 구상으로 단일정부 창설을 위한 준비단계에 일어나는 현상으로 간주하고 있으며 북한 역시 1980년대 연방은 완성형 통일국가형태로 중간단계의 성격을 갖지 않았으나 '낮은 단계' 가 붙으면서는 북한의 연방안도 완성(높은 단계) 전에 이루어지는 '전단계' 의 통일형태로 간주하고 있다.

또한 이 두 방안은 사실상의 두 주권국을 전제로 하고 있다.[35] 남한의 연합안

35) 민병천, 앞의 책, p. 171.

에서 남과 북의 현존 정치체제는 모든 내외적 주권과 권한을 가지며(실질적인 2국가, 2정부, 2체제) 다만 '연합체'로 얽어져서 서로 협력하는 것이다. 낮은 단계의 연방안에서도 남한과 북한이 외교권 · 군사권 및 상당한 내치권을 갖는 것을 인정하는 것은 실제로 남과 북을 주권적 국가라는 정치실체로 인정하고 있다.

특히 북한이 낮은 단계의 연방제를 설명하면서 '중앙정부'라는 용어 대신 '민족통일기구'(연합제가 전제하고 있는 초국가적 기구에 부합)를 '지역자치정부'라는 표현 대신 '북과 남의 정부'라는 표현을 사용함으로써 북한의 연방이 연합의 의미와 유사해졌다. 남북 두개의 정부가 정치 · 군사 · 외교권 등의 기능과 권한을 그대로 갖는다는 설명은 '대내외적 통치권의 소재' 및 '병력의 보유'라는 기준에서 볼 때 연방보다는 국가연합에 훨씬 가깝다고 볼 수 있으며, '국제법의 주체'라는 기준에서도 남북한이 유엔에 독자적인 국가로서 각기 가입한 상태로 남북 두개의 정부가 외교권을 그대로 갖는다면 남북한이 '국제법의 주체'가 될 가능성이 크다. 결합의 근거로서 연방헌법의 채택에 대해 언급하고 있지 않으므로 남북한 사이에는 국가간 조약과 유사한 형태인 합의서가 조약의 근거로 작용할 가능성이 크다.

4. 통일 저해 요인과 대처방향

가. 통일의 저해 요인

무엇보다도 통일의 저해 요인 중 첫째는 변화를 뒤로하고 대남적화전략을 포기하지 않은 채 체제유지에만 급급한 북한 지도부의 태도를 들 수 있을 것이다. 통일은 어느 한쪽만의 노력으로는 매우 어렵고 한계가 있다는 점에서 통일에 대한 북한 당국의 태도 변화가 절실하다고 할 것이다.

둘째, 가까운 장래의 한반도 통일을 원하지 않고, 현 분단상태가 상당기간 지속되기를 바라고 있는 주변국들의 태도이다.

셋째, 우리사회 내부에 존재하고 있으며, 날로 늘어가는 통일에 대한 부정적인 인식문제이다. 분단 상황이 고착화되면서 우리 국민들이 분단 상황에 적응

함으로써 사실상 통일에 대한 절박한 감정이 많이 약화되었으며, 또한 통일과정에서 예상되는 통일 비용에 대한 잘못된 인식[36]도 큰 장애물이라고 할 수 있을 것이다. 하지만 통일비용은 우리가 치르고 있는 분단비용으로 상당부분 상쇄할 수 있으며 장기적으로 보면 분단에 따르는 고통과 비용보다 훨씬 적을 것이다.

- 통일비용이란 개략적으로 분단국의 통일과정에서 사회 경제적 발전수준이 낮은 지역의 경제를 높은 지역의 경제와 비교하여 일정한 수준으로까지 끌어올리고 또한 나뉘어져 있던 두 개의 지역경제를 하나의 국민경제로 통합하는 데 필요한 비용을 의미함
- 실제적으로 통일비용을 계산할 때는 경제학적 차원에서 비용(소모성 비용, 투자성 비용, 기회 비용 등)을 어떻게 정의할 것인가 따라 다양 → 학자들간에 큰 차이가 나타남
- 통일비용 연구결과 : 최소 2,000억 달러에서 최고 1조 8,600억 달러
  - 일본장기신용은행 종합연구소(1990) : 1,800억~2,000억 달러
  - N. Eberstadt 미 하버드대 교수(1991) : 2,500억~5,000억 달러(독일통일 비용 기준)
  - 영국 이코노미스트지 부설 정보 분석 자문기관(1992) : 1조 897억 달러(북한의 노동 생산성을 남한의 70% 수준으로 끌어올리는 비용)
  - 신창민 중앙대 교수(1992) : 1조 8,600억 달러(남북간 소득격차 해소비용)
  - 한국개발원(1993) : 통일정부 3,722억 달러/한국정부 2,855억 달러(독일식 흡수 통합시)
  - 한국산업은행(1994) : 1조 5,463억달러(남북간 소득격차 해소비용)
  - 박대규(1997, KDI) : 초기 5년 한국 GNP 8.67~11.29%/후기 5년 한국 GNP 7.47%
  - 미국 골드만삭스은행(2000) : 8,300억~2조 5,400억 달러

〈참고〉 통일비용 문제[37]

36) 독일의 통일 비용은 당초 추정치보다 200% 더 많은 1조5천억 유로(미화 1조8천200만 달러)로 잡혔다고 독일 베를린자유대학 클라우스 슈뢰더 연구원의 말을 인용해 보도했다. 연합뉴스 2004년 9월 21일.

37) 통일연구원, 《핵문제 해결과정에서 남북관계 및 북한 경제지원 시나리오》(서울: 통일연구원, 2003), pp. 139 ~ 154.

나. 대처방안

첫째, 우리 민족 내부역량 결집에 주력하면서 통일을 너무 조급히 생각하지 말고 신중하게 하나하나 이루어 나가려는 노력이 필요하다. 우리 내부적으로는 통일의 당위성, 통일 추진원칙과 방법, 통일과정에서의 고통과 희생의 분담, 통일한국의 미래상 등에 대한 국민적 합의를 이끌어내는 데 주안을 두어야 하며, 북한과는 섣부른 통일논의보다는 교류 협력을 통한 남북한 통합의 저변을 확장해 나가고, 대외적으로는 한반도의 평화와 통일을 성취시키기에 유리한 국제적 환경 조성에 역량을 기울이면서 주도적으로 이끄는 노력을 경주해야 한다.

둘째, 통일을 이루기 위해서는 무엇보다도 충분한 경제적인 역량을 비축하는 것이 중요하다. 경제력 없이는 아무리 좋은 기회가 도래한다 하여도 통일과정을 순조롭게 진행시켜 나갈 수 없으며, 경제력이야말로 북한의 개혁 · 개방 여건 마련을 위한 물질적 토대이며, 통일 후 남북이 원만하게 하나의 공동체를 형성해 갈 수 있는 핵심역량이다.

셋째, 통일은 자연히 되는 것이 아니라 우리 민족의 슬기와 힘으로 성취해야 할 과제임을 인식하고 통일정책에 대한 건전한 비판과 적극적인 참여의식이 무엇보다도 중요하다. 특히 통일에 대한 지나친 기대나 환상적인 태도를 가져서는 안 되며 아울러 너무 어려운 과제라는 부정적 시각을 지양하면서, 추상적인 문제가 아니라 현실의 문제임을 인식하고 실용적 자세로 접근하는 태도를 가져야 한다.

넷째, 북한의 통일전략에 대한 보다 냉철한 이해와 접근이 필요하다. 북한이 주장하고 있는 연방제 통일방안은 우리 정부의 소멸을 의미하는 은폐된 혁명론의 연장선에 있으며, 사상과 제도를 유지한 채 통일국가를 건설한다는 것은 모래 위에 집을 짓는 것과 같이 위험한 발상임을 명심해야 한다. 지금과 같은 남북의 군사적 역량이 건재한 상황에서 설령 연방이 성사된다 하더라도 이는 한 국가에 두 개의 연합군이 상주하는 것과 같은 모순된 것임을 간파하여야 한다.

마지막으로 통일정책과 각 부문별 연구 중에서도 군사통합 문제에 대한 연구가 보다 활성화되어야 할 것이다. 군사통합이 통일한국의 운명을 결정짓는 중요한 요소임에도 불구하고 연구가 절대 부족한 실정이다. 이제는 군사통합에 관한 연구가 더 이상 국방부와 군 관련 연구기관의 전유물이 되어서는 안 되며, 군사통합문제에 관한 보다 많은 전문가를 양성하고 국민들의 관심과 정책 결정자들의 이해를 증대시키기 위한 노력이 배가되어야 한다.

제3절. 북한 정권의 생존전략과 내구력

1. 북한 정권의 생존전략

북한체제가 지향하고 있는 이념으로서의 공산주의는 전 세계적으로 공산체제의 붕괴와 더불어 실험이 끝나고 파산되었다. 또한 북한체제내의 누적된 모순은 전체주의적 독재체제로서의 모순과 개발도상국에서 나타나는 모순이 혼재된 것으로, 공산주의의 이상과 현실과의 괴리, 사회동원 및 참여 민주주의 모방, 지식인 집단의 확대, 세대교체 등의 요소가 전체주의적 통제와의 총체적 마찰의 결과이다.[38] 결과적으로 북한은 정체성, 이념, 정통성, 경제 및 외교적 위기에 직면해 있는 것이다. 이를 타개하고자 사회근대화 및 공업화를 위해 전문 지식인을 대량으로 양산하고자 했으나 전문지식인 자체가 전체주의 체제와는 장기적으로 조화되기가 어려웠고, 6.25 미경험 세대가 사회중견층으로 등장하면서 혁명정신에 투철하지 못한 세대가 증가되어 세대교체에 따른 사회적 마찰이 불가피하게 되었다. 또한 1990년대 들어 한 · 러 수교, 한 · 중 수교 등의 변화는 북한의 외교 공간을 대폭 축소시켰으며, 남한과의 국력 격차가 점차 벌어지면서 흡수통일에 대한 우려감이 고조되고 있었다. 여기에 김일성의 사망에 따른 김정일의 권력승계와 핵문제가 북한으로 하여금 결정적인 전환을 모색하지 않으면 안 되는 상황으로 돌입하게 하였다.

38) 오관치, "김정일 정권의 전략상황과 남북관계 전망," 『국방논집』 1998년 봄, 제41호, pp. 149 ~ 160.

〈표 2-6〉 남북한 국민총소득(GNI) 및 경제성장률(1990 ~ 2006)[39]

년 도	명목GNI		1인당 GNI		경제성장률	
	남한(억달러)	북한(억달러)	남한(달러)	북한(달러)	남한(%)	북한(%)
1990	2,635	232	6,147	1,146	9.2	-3.7
1991	3,076	229	7,105	1,115	9.4	-3.5
1992	3,293	211	7,527	1,013	5.9	-6.0
1993	3,614	205	8,177	969	6.1	-4.2
1994	4,223	212	9,459	992	8.5	-2.1
1995	5,155	223	11,432	1,034	9.2	-4.1
1996	5,553	214	12,197	989	7.0	-3.6
1997	5,136	177	11,176	811	4.7	-6.3
1998	3,404	126	7,355	573	-6.9	-1.1
1999	4,400	158	9,438	714	9.5	6.2
2000	5,096	168	10,841	757	8.5	1.3
2001	4,811	157	10,159	706	3.8	3.7
2002	5,475	170	11,497	762	7.0	1.2
2003	6,086	184	12,717	818	3.1	1.8
2004	6,824	208	14,206	914	4.7	2.2
2005	7,901	242	16,413	1,056	4.2	3.8
2006	8,873	256	18,372	1,108	5.0	-1.1

이러한 대내외 어려운 상황 속에서 북한 지도부가 해결해야 할 과제는 다음과 같았다.

첫째, 소련의 해체와 동구 사회주의 국가의 붕괴에 따른 사회주의 이념의 정당성과 정체성의 위기를 극복하는 것이었다.

둘째, '김일성 없는 김정일 체제' 를 조기에 정착시키고 그의 권력을 공고히

39) http://www.kosis.kr 국가통계포털 남북한 경제사회상 비교

하면서 3난(식량난, 에너지난, 외화난) 등의 경제위기를 해결하고 핵·미사일 문제와 통일문제를 풀어나가야 하는 것이었다.

셋째, 사회주의 시장의 붕괴와 자본주의 세계경제의 범지구적인 확대에 따른 북한 사회주의 체제의 자본주의 세계체제로의 편입의 불가피성 등 대외경제협력 추구와 대미 관계개선이라는 선택을 함으로써 자본 축적을 시도하고 대외 생존의 '틀'을 만들어야 하는 것이라고 할 수 있다.[40]

이에 북한은 심각한 체제위기를 극복하기 위해 생존전략을 구사하였다. 이상의 논의를 보다 구체적으로 살펴보도록 하자.

가. 대내전략[41]

(1) 정치적 측면

북한은 정치 군사부문의 강점을 이용하여 현재의 경제적 위기가 다른 분야로 파급되어 전반적인 체제위기로 치닫는 것을 차단하려고 시도하고 있다. 그 대표적인 것이 김일성 사후의 군사국가의 제도화와 강성대국의 고창이다.

김정일은 군이 국방의 수호자의 수준을 넘어 '사회주의 북한'을 수호하고 난국을 개척하는 수문장, 개척자의 역할을 겸하게 함으로써, 정권안정을 위한 체제단속을 위해 전체사회에 일사불란한 명령체계를 주입시키고, 나아가 대중적 저항의식이 성장할 수 있는 사회분위기를 봉쇄하려 하였다. 군사국가 제도화의 징후는 선군정치라는 김정일 통치이론의 정립에서 두드러지고 나타나고 있으며, 이는 인민군대를 강화하는 데 최대의 힘을 넣고 인민군대의 위력에 의거하여 혁명과 건설의 전반사업을 힘 있게 밀고 나가는 것으로 규정된다. 결국 군대를 중심으로 사회주의를 이끌어간다는 것이다. 군사국가의 제도화는 다음과 같은 필요성에 의해 추구된 것으로 판단할 수 있다.

첫째, 대내적으로 경제난에 따른 주민 불만이나 동요를 막고 체제를 단속하

---

40) 백학순, "북한정권의 생존전략과 전망,"《남북한 체제비교와 통합모델의 모색》(세종연구소, 1995), pp. 47 ~ 48.

41) 함택영 외,《김정일체제의 역량과 생존전략》(서울: 경남대학교 국제문제연구소, 2000)

는 방법으로 즉, 군사주의의 강조를 통해서 현안의 '경제난' 이라는 문제 자체를 희석시키려 하는 경제난 회피담론으로 군사주의가 추구되고 있다.

둘째, 내부경제자원이 고갈되어 유일한 가용자원이 군대밖에 없는 상황에서 외부세계에 대해서 그들의 가치를 인정받기 위한 방편으로 군사주의를 활용하고 있다.

셋째, 군대를 중시해온 북한독재체제의 관성에 영향을 받고 있다.

넷째, 새로운 국가기구체계에서 김정일의 최고 위상을 보증하는 것이 국방위원장이며, 이에 따른 국방위원장을 국가수반으로 규정하면서 나타나는 현상이기도 하다.

그러나 군사 국가는 이미 북한에서 과대 성장한 군부와 군사력, 동원 구조에 바탕을 두고 정착된 것이기 때문에 군사력 강화나 사회체제의 동원화를 더욱 촉진시킬 것으로 보이지는 않는다. 이런 점에서 군사국가의 제도화는 북한이라는 국가의 내용적 변화를 의미한다기보다는 대외협상을 유리하게 이끌고 내부적으로 체재단속과 단결을 이끌어 내기 위한 위기관리 담론 틀의 재구성이라는 성격이 강하다.

강성대국 건설은 김정일 체제의 공식출범식과 함께 1998년 하반기부터 북한의 선전매체들에 의해서 선전되고 있다. 강성대국은 말 그대로 부강하고 융성한 나라라는 뜻으로서 "국력이 강한 나라, 그 어떤 침략자도 감히 범접할 수 없는 무적의 나라" 로 규정된다. 북한의 선전매체들은 이 강성대국 건설이 김정일의 "총적 목표이며 모든 사색과 활동의 출발점" 이라고 선전하며 강성대국이 되려면 "군사강국, 정치강국, 사상강국, 경제강국" 이 되어야 한다고 주장하였다. 그런데 이중에서 군사, 정치, 사상 면에서는 이미 강국을 이루었으나, 경제가 문제라며 이제 경제강국만 건설하면 강성대국이 된다는 것이다.

이는 비관적인 북한현실을 은폐하고 주민들에게 다시 한 번 허리띠를 졸라매며 경제난을 극복하자는 메시지로 제시된 것이라고 할 수 있다.

일부에서는 강성대국을 북한의 군사모험주의의 연장선에서 보기도 하나 강성대국론에는 군사를 강조해서 되지 않는 경제문제를 군사를 최대한 활용하면서 건설하겠다는 것으로써, 군사주의적 토대 위에서 경제건설에 대한 강한 열망을 나타낸 것이라고 할 수 있다.

정치면에서 북한지도부가 내놓은 또 다른 생존전략은 형식상의 국정운영의 책임분산이다. 북한은 1998년 9월 5일 헌법개정을 통해서 절대권력의 상징이었던 국가주석과 그 지휘하에 있는 중앙인민위원회를 폐지시키고 이 기관들이 지녔던 권한을 대부분 새로 신설된 최고인민회의 상임위원회 위원장과 내각에 배분시켰다. 이러한 권력구조의 개편은 내각과 최고주권기관이 양립하는 정통 사회주의적 국가권력 구조로 부분적으로 회귀했음을 의미하며, 내부적으로는 1948년에 제정된 헌법구도로 상당부분 복귀했음을 의미한다.

그러나 국정책임의 분산에도 불구하고 북한지도부는 김정일을 국방위원장에 재추대하면서 헌법내용에는 "일체 무력을 지휘통솔하며 국방사업 전반을 지도"하는 것으로만 규정되어 있는 이 자리를 "국가수반"으로 규정하였으며, 대대적인 김정일 개인숭배 캠페인을 벌임으로써 그의 유일권력을 재차 확인하였다.

결국 헌법개정을 통해서 김정일은 자신이 응당 맡아야 할 국가주석직을 폐지하는 대신에 정치와 군대를 확고하게 장악하고, 대신에 행정 · 경제 분야는 전문관료들에게 책임을 위임하여 형식적으로 국정책임분산을 도모하면서도, 실질적으로는 자신의 유일권력이 관철될 수 있는 구조를 마련하였다. 김정일은 1996년 12월 김일성종합대학을 방문한 뒤 관련 당 간부들과 한 담화에서 자신은 "당과 군대를 비롯한 중요부문을 틀어쥐어야지 경제실무사업까지 맡아보면 혁명과 건설에 돌이킬 수 없는 후과를 미칠 수 있다"는 발언을 하였으며, 김일성이 생전에 자신에게 "절대로 경제사업에 말려 들어가서는 안 된다"며 "경제사업에 말려들면 당사업도 못하고 군대사업도 할 수 없다"고 말했다고 하였다. 이는 결국 김정일이 국가주석을 맡지 않으면서 현재의 경제난국에 대해서 자신의 책임을 회피하며 계속 경제문제는 이를 담당하는 아랫사람들에게 그 부담을 전가하려 한다는 추정이 가능하다.

(2) 사상적 측면

북한은 경제난으로 인해 전반적인 체제에 대한 신뢰가 약해지면서 김정일에 대한 불신이 확산되고 있으며 주민들의 주체사상 신뢰도가 약화되고 있다. 따라서 북한지도부는 사상방면에서 동요하는 주민들의 사상의식을 다잡고, 나아가 사상강화를 통해 전체사회의 위기를 극복하려는 양대정책을 동시에 추구하고 있다.

무엇보다도 "김일성동지의 혁명사상"을 일컫는 김일성주의는 김정일 사상이론과의 연속성이라는 차원에서 여전히 강조하고 있으나, 다른 한편에서는 김정일의 "독창적인" 사상과 정책이 부각하고 있다. 즉 북한은 김정일 체제의 공식출범에 따른 김정일의 지도력 부각과 북한이 처해 있는 체제위기에의 사상적 대응이라는 두 차원에서 김정일의 사상과 정책을 강조하기 시작한 것이다.

김정일의 사상과 정책으로 부각되고 있는 대표적인 모토가 이미 설명한 강성대국이며, 선군정치 역시 김정일이 개척한 이론분야로 빈번하게 강조되고 있다. 북한이론가들은 1998년부터 김정일이 선군정치를 창조했다고 주장하였다. 군중시 사상을 반영한 국방위주의 정치라고 규정되고 있는 이 선군정치는 김정일체제 공식출범 후 김정일 영도의 '독창성'을 나타내는 중요한 도구로 선전되어 왔다.

한편 그동안 북한을 상징하던 주체사상은 북한경제가 심각한 위기에 직면한 1995년을 기점으로 강조 빈도가 현저히 낮아지기 시작하였다. 이 과정에서 주체사상의 내용면에서 민족성과 주체사상의 인도주의적 성격에 대한 측면이 강조되기 시작하였다. 그 동안 북한에서는 김정일에 의해서 1980년대 말부터 '조선민족제일주의'가 제창되는 등 과거 부정적인 시각에서 바라보던 민족에 대한 긍정적인 복권작업이 이루어져 왔다. 그 결과 민족, 민족성과 그 귀결인 '애국'이 주체사상의 중요한 구성부분으로 강조되고 있다.

주체사상에서 새롭게 강조되고 있는 또 다른 부분은 인도주의이다. 이 인도주의적 성격은 북한의 인권문제에 대한 국제사회의 비난에 대한 대응이라는 성격을 지녔다. 북한의 이론가들은 "사회주의를 훼방하여 벌리는 악랄한 반동적 사상공세는 인도주의에 대한 심히 왜곡된 이해를 전파시키고 있다"고 주장하며 주체사상이야말로 최고의 인도주의라고 주장하였다.

이렇듯 북한에서는 위기극복 방식의 일환, 즉 생존전략으로 사상분야에서는 김일성주의보다는 김정일의 사상이나 정책이 더 강조되기 시작하였다. 또한 기존의 김일성주의 담론 중에서도 공동운명체를 강조하거나 최고지도자에 대한 절대적인 숭배심을 요구하는 내용들은 지속적으로 강도 높게 제창되고 있는데, 북한지도부가 이러한 극단적인 주관주의적 기치를 강조하는 것은 그만큼 북한사회의 위기가 심화되어 있음을 반증하는 것으로 볼 수 있다.

(3) 경제적 측면

북한은 경제위기를 맞이하여 1990년대 들어서면서 왜곡된 투자순위를 부분적으로 정상화시키기 시작하였다. 그 결과 무모한 투자경향은 상당히 감소하였으며, 실용주의적 측면들을 보완하여 속도 중심의 사고에서 균형정책으로 선회하였다. 1994년 1월에는 1984년 9월에 제정된 합영법을 외국인 투자가 보다 유리하도록 개정하고 1991년 12월에 나진선봉지구를 경제특구(자유경제무역지대)로 지정하면서 각종 외국인 투자유치법안을 제정하는 등 외국기업과 자본 도입에 적극성을 보여왔다. 1998년 11월에 시작된 금강산 관광사업과 2003년 6월의 개성공단 착공은 경제난으로 인해서 북한의 개방의지가 상당히 높아졌음을 단적으로 보여주는 것이다.

그러나 북한의 개방은 중국처럼 전체사회의 구조개혁을 목표로 하는 것이 아니라, 제한된 지역이나 분야를 선택적으로 각각 고립시켜 개방함으로써, 개방이 체제 내부에 미칠 영향을 차단하는 양상으로 나타나고 있다. 즉, 개방의 필요성과 자본주의 '황색바람' 의 차단 필요성이라는 양립 불가능한 두 목표를 동시에 달성하기 위해 나진 · 선봉 특수경제지대, 금강산 관광구역, 개성공단 등과 같이 수도 평양에서 멀리 떨어져 있으며, 상호 고립적인(즉, 차단적인) 지역들을 내부와 차단시켜 개방하는 '점분산형(點分散形)' 개방을 지향하고 있다.

북한의 생존전략은 1992년 4월과 1998년 9월에 단행된 헌법개정에서 경제관련 조항들을 보다 실용주의적으로 바꾼 데에서도 드러나고 있다. 새로운 헌법에서는 경제조항에서 개인소유 영역의 확장과 처분권의 확대, 사회주의 경제이론 틀내에서도 주장이 가능한 경제운용의 합리성 강조, 경제회생에 목적을 둔 구조 재편 등 어느 정도 시장경제적 요소를 수용하는 수정이 있었을 뿐만 아니라 국가지도기관체계의 재편에서도 경제 중시적 성격이 드러났다. 또한 주민들 스스로 살아남기 위한 움직임도 활발해지고 있으며, 당국은 경제위기 관리차원에서 이를 상당부분 묵인하고 있는 실정이다. 북한당국은 모자라는 식량을 확보하기 위해서 주민들이 야산이나 하천변의 빈터나 황무지를 개간해서 경작하는 비사회주의적 경작을 묵인하기 시작하였으며, 전통적인 농민시장은 빠른 속도로 상설적인 시장으로 전환하면서 공적 경제부문에서 해결하지 못하는 물품의 수급기능을 상당부분 보완하고 있다.

나. 대남전략[42) 43)]

2008년 북한의 신년공동사설은 "우리 민족끼리 힘을 합쳐 자주통일, 평화번영의 새 시대를 열어나가자!" 고 강조했다. 우리 민족끼리, 즉 민족공조란 "민족의 공동문제를 해결하는 데 있어, 남과 북이 한민족, 하나의 덩어리가 되어 서로 돕자"는 것이다. 북한은 2000년 6월 평양 남북정상회담 이후, 줄곧 평양발 중앙통신과 노동신문을 통해 '민족공조' 라든가, '민족은 하나' 라는 슬로건을 내세우면서 대남선전에 부쩍 열을 올리고 있다. 게다가 '우리민족끼리' 라는 인터넷 사이트(www.uriminzokkiri.com)까지 동원해 '민족공조' 에 대한 대대적인 홍보전을 펼치고 있다.

문제는 북측이 주장하는 민족공조는 우리의 순수한 해석과는 전혀 다르다는 데 있다. 북한이 말하는 민족공조는 다름 아닌 '외세배격' 과 '선군정치 찬양' 이다. 여기서 외세배격은 주한미군 철수를 의미하며, 선군정치 찬양은 김일성과 김정일의 위대한 영도력을 칭송하는 것으로 그들 부자(父子)를 잘 모셔야 한다는 의미가 암암리에 내포되어 있다. 실제로 북한에서 '한민족' 개념은 '김일성 민족' 혹은 '김정일 민족' 과 동일시되고 있다.

한국의 우익세력들은, 북한식 민족공조는 핵개발을 원치 않는 미국 부시 행정부의 압박 포위망을 벗어나기 위한 북한측의 궁여지책이며, 결국은 남북한

---

42) 이주천, 「김정일의 인질이 된 대한민국 : 이주천의 미주리 칼럼」, (서울: 얼과 알, 2005)
43) www.dailynk.com 북한의 2006년 대남전략

의 '공멸(共滅)' 을 자초할 것이라고 경고하고 있으나 북측은 남한의 민족주의 정서와 친북세력들을 적절하게 이용하면서, 남북한이 합쳐 외세인 미 · 일에 저항하고, 자주적으로 민족의 문제를 해결하자고 주장하고 있다.

또한 친북반미세력의 확산은 북한이 오래 전부터 구상하고 추진해 온 대남 전략의 기본단계이다. 김정일 정권의 본래 계획은 이미 잘 길들여진 남한의 참여정부를 계승하는 남한정부의 탄생과 한나라당 집권 차단이었다. 이를 위해 지난 해 남한의 대통령 선거와 관련 "남조선이 각계각층 인민들은 반보수 대련합을 실현하여 올해의 '대통령 선거' 를 계기로 한나라당을 비롯한 친미반동보수세력을 결정적으로 매장해 버리기 위한 투쟁을 힘 있게 벌려나가야 한다." (2007. 1. 1 북한 신년공동사설)고 주장하면서 노골적으로 한나라당 집권 차단을 위한 각종 노력들을 경주하였다. 이명박 정부 출범 이후에는 "이 대통령 비핵 · 개방 3000 비현실적" (2008. 2. 29 조선신보), "보수집권세력의 극악한 망언" (2008. 3. 6 조평통), "NLL은 유령선" (2008. 3. 28 북한군부) 등이라고 언급하며 대남 벼랑 끝 전략전술들을 쏟아내고 있다.[44] 북한은 이처럼 현 정부의 비난과 북한인권과 민주화를 내건 '뉴라이트' 의 성장에 대해서도 철저한 경계를 늦추지 않고 친북반미세력의 대대적 확산을 꾀할 것이다.

다. 대외전략

대외전략은 크게 두 가지 방향으로 전개되었는데, 하나는 핵 · 미사일 개발과 전쟁 위협을 통한 경제지원 확보 및 미 · 일과의 관계개선을 통한 생존모색이었으며, 다른 하나는 대외경제 개방을 통한 자본주의 세계경제로의 편입을 모색하는 것이었다. 이 가운데 북한 지도부는 오랜 기간 대량살상무기 개발능력과 그 운반수단에 대한 능력을 가지고 있어, 핵 개발로 인해 야기될 수 있는 부정적인 측면에도 불구하고 점차 핵카드를 체제유지와 생존을 위한 가장 강력하고 효과적인 수단으로 인식하기 시작했다.

핵카드를 통한 북한의 생존전략을 살펴보면 〈표 2-7〉과 같다.

---

44) 송대성, 「김정일 정권, 이명박 정부 길 들이기 본격 가동」, 세종논평 No. 104(2008. 4. 2)

〈표 2-7〉 북한 핵문제의 경과[45]

구분	경 과
1차 핵위기 이전	o 1953. 3월, 북한 - 구소련간 「조 · 소 원자력 평화적 이용에 관한 협정」 체결 o 1962년 영변에 원자력 연구소 설치 o 1963. 6월, 구소련으로부터 소형 연구용 원자로(IRT-2000) 도입 o 1974. 9월, 국제원자력기구(IAEA) 가입 o 1977. 9월, IRT-2000에 대해 IAEA와 '부분 핵안전조치협정[46]' 체결 o 1985. 12. 12, 핵확산금지조약(NPT[47])에 가입
1차 핵위기	o 1989. 2월, 미 첩보위성/1989년 4월, 프랑스 상업위성, 영변 핵시설 사진 공개로 북한 핵개발에 대한 국제적 우려 증폭 o 1990. 2월, 북한은 IAEA 사찰에 대한 수용조건 제시 ① 핵보유국의 비핵국가에 대한 핵 위협 금지 ② 한반도 핵무기 철수 ③ 대북한 핵무기 불사용 법적 보장 o 1991. 12월, 한반도 비핵화공동선언 합의 o 1992. 1. 30, 북한 IAEA 안전조치협정에 서명 o 1992. 3 ~ 1993. 1월간 남북 핵통제 공동위원회(본회의 13회 등) 개최 → 북한내 군사시설(의심시설)에 대한 북한의 임의사찰[48] 거부로 합의 실패 o 1992. 5 ~ 1993. 2월간 IAEA는 6차례 대북 임시사찰 실시한 결과, 북한 핵활동에 대한 의심점을 발견(① 북한이 주장한 방사화학실험실을 사실상 재처리시설로 판명 ② 북측이 신고한 플루토늄 추출량(90g)과 IAEA 추정치(kg단위)간 중대한 불일치 발생) → 이후 불일치 규명을 위한 IAEA 특별사찰 문제가 최대 현안으로 부각

45) 외교통상부, 《한반도문제 주요현안 자료집》(서울: 외교통상부, 2004), pp. 3 ~ 38.

46) NPT(제 3조)는 핵무기 비보유 당사국에 대해 IAEA와 전면 안전조치협정을 체결할 의무를 부과하고 있으나, NPT 비당사국은 동 의무에 구속되지 않는 바, IAEA는 원자력의 평화적 이용을 위해 NPT 비가입국이나 핵보유 NPT 당사국을 대상으로 부분 안전조치협정을 맺고 사찰 등 안전조치를 실시한다.

47) 국제원자력기구(IAEA)는 원자력의 평화적 이용의 증진을 위한 기술지원 및 핵물질의 군사적 전용방지를 위한 검증임무를 수행하기 위해 1957년 창설되었으며, 핵확산금지조약(NPT)은 핵무기 확산방지 및 원자력의 평화적 이용을 증진할 목적으로 1970년 3월 발효된 국제협정이다.

48) IAEA 핵사찰의 종류에는 3가지가 있다. ① 임시사찰(ad hoc inspection) : IAEA와 핵안전조치협정을 체결한 당사국은 IAEA에 최초보고서를 제출하게 되어 있는데, 이 최초보고서의 내용이 실제와 같고 정확하고 완전한지를 확인하는 사찰이며, ②정기사찰(routine inspection) : 임시사찰 후 핵시설 · 핵물질 변동사항을 검증하는 사찰(원자력발전소 연 4회, 연구용 원자로 연 1회), ③ 특별사찰(special inspection) : 임시사찰이나 정기사찰을 통해 미진한 부분이나 의심스러울 때 IAEA와 당사국간 합의에 따라 시행되는 사찰을 말한다.

구분	경 과
2차 핵위기	o 1993. 3월, 북한 NPT 탈퇴 → 3차례 미북회담을 통해 제네바합의(1994.10) o 2002. 10. 3 ~ 5간 미 국무부 켈리차관보 방북시 강석주 부상은 농축 우라늄 개발 계획 시인 o 2002. 11월, KEDO집행이사회, 대북중유 지원 중단 o 2003. 1. 10 북한 NPT 탈퇴 선언 o 2003. 4월, 3자 회담 o 2003. 8 ~ 2005. 11월간 5차례 6자회담 개최 o 2005. 2. 10 북한의 핵무기 보유 선언 및 6자회담 참가 무기한 연기선언 o 2005. 4. 25 북 외무성, 미국이 핵문제 유엔안보리 상정시 선전포고 간주 공표 o 2005. 5. 31 부시 미 대통령 '북핵 외교 해결시도' 노력 언급 o 2005. 6. 17 김정일 국방위원장, 정 통일장관과 면담, '7월 6자회담 복귀 의지 표명' o 2005. 9. 13 ~ 19 제 4차 6자회담 베이징서 개최, 북한의 모든 핵무기와 현존 핵계획 포기 등 6개항 공동성명(9. 19 공동성명) 채택 o 2005. 9. 16 미 재무부 마카오 소재 방코 델타 아시아(BDA) 북한 돈세탁 등 불법자금 거래 혐의로 블랙리스트 등재(금융제재) o 2006. 1. 18 북 · 미 · 중, 6자회담 수석대표 베이징서 회동, 북, '선 금융제재 해제' 요구, 미, 기존입장 고수 o 2006. 7. 5 북한 대포동 2호 등 미사일 발사 o 2006. 10. 9 북한 조선중앙통신 '핵실험 성공적 실시' 발표 o 2006. 10. 16 유엔 안보리 대북제재 결의안 채택 o 2007. 2. 8 ~ 13 제 5차 6자회담 3단계 회의 베이징에서 개최. 북한이 60일내 영변 핵시설을 폐쇄하고 IAEA 사찰단 복귀를 수용할 경우, 중유 5만톤 상당의 에너지 지원하기로 합의. 이후 북한의 모든 핵시설에 대한 '불능화' 조치시, 중유 95만 톤 상당의 에너지를 지원하기로 합의 o 2007. 3. 19 북미, 마카오 BDA 은행에 동결된 북한자금 2천 5백만달러 전액 해제 합의 o 2007. 7. 14 ~ 31 북한, 2차 북핵 위기 이후 4년 7개월만에 영변 핵시설 가동중단 IAEA 감시검증단 방북, 북한의 5개 핵시설 폐쇄 확인 및 봉인작업 완료 o 2007. 11. 1 미국 북핵 불능화팀 방북, 북핵 불능화 착수 o 2008. 5. 8 ~ 10 미 국무부 대표단 방북, 북측으로부터 1986년 이후 영변 원자로 가동일지 등 만 8천쪽 분량 '북핵 자료' 받음

한국에게 북한이 보유한 핵능력은 군사안보적인 위협으로서 반드시 제거해야 할 대상이다. 따라서 국가안보의 증진과 북핵위기의 완전한 해결을 위해서는 북한의 핵능력에 대한 정확한 분석과 평가를 바탕으로 냉정하고 치밀한 대

북전략이 수행되어야 한다.

일반적으로 핵능력을 구성하는 4대 요소는 ① 핵물질 ② 핵장치의 설계 · 제조 및 고폭실험 ③ 핵실험 ④ 핵장치의 소형화·경량화를 들 수 있으며, 이러한 관점에서 북한의 핵능력을 평가해 보면 〈표 2-8〉과 같다.[49]

〈표 2-8〉 북한의 주요 요소별 북한의 핵능력[50] [51]

<table>
<tr><th colspan="4">핵물질(kg)</th><th rowspan="2">설계/제조/
고폭실험</th><th rowspan="2">핵실험</th><th rowspan="2">소형화/
경량화</th></tr>
<tr><th colspan="3">플루토늄</th><th>HEU</th></tr>
<tr><td colspan="2">IRT-200 원자로</td><td>2 ~ 4</td><td rowspan="5">소량의
HEU를
생산한
것으로
추정</td><td rowspan="5">• 제1기
(1983 ~ 1994)
• 제2기
(1997 ~ 2002)
에 각각 70여
회 등 모두
140여회 고폭
실험 실시</td><td rowspan="5">• 2006. 10. 9
실시
• 제조가능
핵무기
개수는
5 ~ 12개</td><td rowspan="5">• 소형화 능
력을 갖춤.
• 경량화에
기술적
장애가
있을 것으
로 예상</td></tr>
<tr><td rowspan="3">5MWe
원자로</td><td>1994년 이전</td><td>8 ~ 9</td></tr>
<tr><td>2003년
(94년 discharge
폐연료봉 추출</td><td>20 ~ 28</td></tr>
<tr><td>2005년
(discharge
폐연료봉 추출)</td><td>12 ~ 17</td></tr>
<tr><td colspan="3">재처리된 플루토늄 총량
46 ~ 64kg(2007. 2월 기준)</td></tr>
</table>

북한의 핵능력이 핵위협으로 구현되기 위해서는 핵장치와 방사능무기 및 관련물질을 북한이 원하는 시점과 장소에 투사할 수 있는 능력, 즉 운반능력이 확보되어야 한다. 핵장치 제조능력은 편의상 초급, 중급 및 고급으로 구분할 수 있다. 초급 기술은 1945년 일본에 투하된 제세대형 핵장치를 제조할 수 있는 정도의 능력이고, 고급 기술은 미국과 러시아가 보유한 것과 같이 오랜 경험과 최신 기술을 바탕으로 설계와 제조기법을 개량해서 핵장치의 첨단화, 경량화에 성공한 능력을 말한다. 중급기술은 초급과 고급의 중간단계의 능력으로 볼 수 있다.

49) 전송훈, 「북한의 핵능력과 핵위협 분석」, 국가전략 2005년 제 11권 1호(성남: 세종연구소)
50) 전송훈, 위 논문, p. 9.
51) 북한 핵무기 능력, 2007. 6. 5 스탠포드대 국제안보협력센타 발표

북한의 경우 초급기술을 보유하고 있다는 점에는 논란의 여지가 있을 수 없으며, 중급기술까지도 보유 가능한 것으로 추정된다.

〈표 2-9〉 북한이 보유 가능한 플루토늄 핵장치의 종류와 수

구 분		기술수준이 초급일 경우			기술수준이 중급일 경우		
파 괴 력		5kt	10kt	20kt	5kt	10kt	20kt
필요한 Pu양		4kg	5kg	6kg	2.5kg	3kg	3.5kg
보유가능한 핵장치의 수(개)	한 종류만 선택	6 ~ 10	5 ~ 8	4 ~ 7	10 ~ 16	8 ~ 13	7 ~ 11
	세가지 골고루 선택	3 ~ 7	1	1	5 ~ 11	2	2
	두가지만 선택	4 ~ 7	2		5 ~ 11	4	
			3 ~ 6	2		4 ~ 9	4
		3 ~ 7		2	4 ~ 10		4
보유가능한 핵장치 총괄(예상)		4 ~ 10			7 ~ 16		
		4 ~ 16					

비핵화 공동선언과 제네바 기본합의를 위반하면서 비밀리에 핵개발의 추진해 온 북한의 핵능력은 2002년 10월 이후 크게 강화되었으며, 복수의 핵장치를 보유하고 있는 것으로 판단된다. 현재는 2008년 5월 10일 미 국무부 방북 대표단이 북측으로부터 넘겨받은 1986년 이후 영변 원자로 가동일지 등 1만 8천 쪽 분량 '북핵 자료' 가 얼마나 충실한가가 관건이라고 할 수 있다. WMD 확산에 대한 국제적인 경계심과 이를 저지하기 위한 국제사회의 강력한 의지에도 불구하고, 이와 같은 핵개발을 자행하는 북한을 의도를 바라보는 시각에는 다음과 같은 것들이 있다.

첫째, 탈냉전에 따른 안보 위기의식 해소용이라는 시각이다. 북한 지도부는 핵무기를 보유하면 강대국이라도 북한을 마음대로 할 수 없으리라는 인식을 갖고 보복공격 능력을 갖춘 핵보유는 상대국가에게 핵전쟁 발발이라는 위험성을 증대시킴으로써 억지력을 발휘할 수 있다는 것이다. 이는 주한미군에 대한 핵무기 사용 가능성[52]과 핵무기 개발이 미국의 대북 적대시정책의 산물[53]이

라는 북한의 주장에서 잘 드러난다.

둘째, 군사 · 안보용뿐만 아니라 대내정치 선전용이라는 시각이다. 북한 지도부는 핵무기 보유국가 클럽에의 가입은 국제정치체제 내에서 국가적 지위와 위신 향상에 지대한 기여를 할 수 있을 것으로 믿고 있다. 특히 핵 보유의 상징성은 북한체제 위신을 고양시킴으로써 자주성을 강조하는 김정일 체제에 정당성을 부여[54] 할 수 있고, 국제적 고립과 경제난으로 체제에 대한 신뢰를 잃어 가고 있는 북한 주민들에게 체제의 굳건함과 군사력을 과시할 수 있다는 점이다. 북한 지도부는 이를 통해 핵무기가 비록 주민들의 식량난을 해결해 주지는 못할지라도 체제유지에 필수적인 충성심과 자존심을 지켜 줄 수 있다고 확신하고 있다는 것이다.

셋째, 한반도 군사력 균형용이라는 시각이다. 이는 북한 지도부가 탈냉전으로 냉전시기 소련의 핵우산이 더 이상 유효하지 않게 될 것임을 인식하고 북한의 취약한 경제적 기반을 감안할 때 첨단무기 경쟁보다는 핵무기 개발이 군사력 균형유지 면에서 비용이 덜 들 것으로 판단[55]한 데 기인한 것이라는 시각이다.

마지막으로 대외 협상용이라는 시각이다. 처음부터 협상용으로 추진한 것 같지는 않으나, 한국과의 '비핵화 공동선언' 및 미국과의 '제네바 핵합의' 에

52) 한반도 유사시 북한은 핵무기 사용을 위협함으로써 미국의 대한반도 증원군 전개를 억제시킬 수 있으며 주한미군을 전략표적으로 삼고 공격을 위협함으로써 주한미군을 인질로 삼을 수 있다. 한용섭, "북한 핵정책의 변화와 전망, "국방대 안보문제연구소, 《김정일 선군정치 10년의 평가와 전망》(국방대학교, 2005), p. 37.

53) "미국이 핵몽둥이를 휘두르면서 우리(북) 제도를 기어이 없애버리겠다는 기도를 명백히 드러낸 이상 우리 인민이 선택한 사상과 제도, 자유와 민주주의를 지키기 위해 핵무기고를 늘이기 위한 대책을 취할 것이다. 우리는 이미 부시행정부의 증대되는 대조선 고립압살정책에 맞서 핵무기 전파방지조약에서 단호히 탈퇴하였고 자위를 위해 핵무기를 만들었다." 북한 외무성대변인 성명(2005. 2. 10)

54) 북한은 핵무기 보유를 김정일 체제의 국가발전전략인 '강성대국' 건설의 필수적인 요소로 판단했다고 이해할 수 있으며 김정일은 "나라가 작아도 총대가 강하면 강성대국을 건설할 수 있다" 면서 선군정치의 중요성을 강조하고 있다. 최완규, "북한의 대미생존외교 전략," 박광희 편, 《21세기의 세계질서: 변혁시대의 적응논리》(서울: 오름, 2003), p. 533.

55) 조선중앙통신은 2003년 6월 9일 논평을 통해 남한과의 재래식 군비경쟁에서 불리해지자 핵억제력을 갖춤으로써 군사력 균형을 유리하게 유지하며, 절약된 군사비를 경제건설과 인민생활에 돌리기 위함이라고 발표하였다.

도달하는 과정에서 북한은 그들의 핵무기 개발을 그들의 안보는 물론 경제적 문제해결에 중요한 카드로 사용할 수 있음을 인식하였다는 것이다. 이는 1차 핵위기시 경수로 2기와 중유 50만 톤 등 체제존립에 필요한 자원을 확보한 것이 중요한 계기[56]가 된 것으로 보이며, 북한이 제네바합의를 외교적 승리라고 평가한 데서 잘 나타난다.

비단 북핵문제만이 아닌 북한의 대외정책은 강온양면(强溫兩面)의 요소가 혼재하고 있어 일관성이 부족해 보이나 김정일이 정책결정을 도맡아 하고 있으므로 당면목표에 따른 정책추진상의 우선순위와 차이로 설명될 수 있다. 최종목표는 주체사상에 의한 한반도 통일이지만 중간목표는 최종목표와 모순될 수도 있으며 특히 당면정책과제는 중간목표에 도달하기까지의 경과적 정책으로 미국과의 관계개선, 외국의 경제지원 수용, 일본으로부터의 식량지원, 4자회담 진행(6자회담 전) 등이 포함되어 있는 것이다.[57]

김정일의 정책은 외교와 군사를 교묘히 배합하면서 일국 대 일국 교섭 중시, 각국의 미묘한 정책차이의 이용, 교섭의 타결을 서두르지 않으면서 교섭 자료를 적절히 이용하는 테크닉, 강온 양면 전술 등을 잘 구사하여 현 상황을 극복해 나가는 특징을 가지고 있다. 북한의 군사력은 한국을 단시간 내에 공격하기는 가능하나 통일을 위한 장기전은 불가능하며 또 한국군의 근대화에 따라 북한의 군사력은 조금씩 열세로 바뀌고 있어 미사일 개발, 핵무기, 화학무기 등 대량 파괴무기 유지 및 개발로 통상무기 경쟁부문을 보완하고 있다. 북한경제는 1990년 이후 7년 동안 연속 마이너스 성장을 기록하고 있는데, 이는 경제체제의 비효율성과 경제정책의 경직성 등 구조적 요인과 함께 수출 및 외자유치 실패로 인한 외환부족으로 근원적 해결이 어렵다. 정권이나 체제의 붕괴는 정치・사회적 변수가 지배적이나 북한의 경우 경제적 측면은 근본적으로 자체

56) 북한은 1995년 1.1 신년사를 통해 "제네바합의는 핵문제 해결과 북미관계 발전을 위한 하나의 이정표이며 두 나라 수반들이 보증한 무게 있는 문건이며 미국이 합의문을 성실히 수행할 때 조미 사이의 적대관계는 해소되고 그것은 조선반도의 핵문제를 근원적으로 해결하고 이 지대의 비핵화를 실현하는 데로 이어질 것"이라고 주장하였다.

57) 다케사다 히데시, "북한의 외교국방정책," 《북한, 언제까지 버틸 수 있나》, 서울신문 국제포럼 (1997. 9. 26), pp. 47 ~ 53.

해결능력이 부족하여 경기침체가 장기화되는 경우 결국 정치적 안정도 어렵게 되는 것이다.

그러나 북한은 잠수함, 장사포는 물론 미사일을 생산 수출하고 있으며 100만이 넘는 군대를 보유하고 있는 나라이므로 북한 경제력은 일반주민의 생활수준이 시사하는 것보다 훨씬 높다고 평가할 수 있다. 북한의 식량난은 구조적인 것으로 근본적인 원인은 생산의욕을 고취시키지 못하는 집단농장의 체제적 모순에 있다고 할 수 있다.[58] 또한 농약 및 비료부족, 농기계 가동률 저하 등도 원인인 바, 북한식량문제 해결을 위해서 비료, 농약, 에너지 등 생산요소의 부족해소와 집단영농에서 개인영농으로의 농업개혁 등이 근본적으로 이루어져야 한다.

북한 에너지 문제도 전반적 개혁이 없는 한 단순한 공급확대만으로 해결은 어려울 것인데 송 · 배전시설의 대체, 에너지 절약형으로 산업구조조정, 합리적 가격체계의 도입 등이 필요하다. 북한의 식량난은 단기적으로는 식량수입, 중기적으로는 비료 · 농약 등 영농자재 수입으로 어느 정도 해결이 가능하나 전체적으로 일정량이 부족한 실정이며, 에너지난도 원유 및 석탄 수입으로 꾸려 나가고 있다. 이런 상황에서 북한 경제난의 관건은 외화가득 능력의 확대에 달려 있다고 할 수 있다.

이런 맥락에서 김정일은 외국자본을 유치하기 위해 미 · 일을 비롯한 선진국과의 관계개선을 도모하고 있으며 도입된 외자를 효율적으로 활용하기 위해서는 경제개혁 · 개방이 이루어져야 하는데, 장기목표는 뒤로 미루고 당면 중 · 단기 목표달성을 위한 전술적 변신을 적절한 속도로 계속해 나갈 것으로 본다. 향후 2 ~ 3년 내 기존정책 고수인가, 중국식의 개혁 · 개방인가, 개혁과 현상유지인가의 선택은 이제까지의 북한 지도층이 취한 '자본축적과 대외생존의 틀' 측면에서 볼 때 점진적으로 개혁 · 개방으로 방향을 잡을 것으로 보인다.

---

58) 북한 농민들의 개인 텃밭과 뙈기밭의 생산성은 집단농장의 3 ~ 5배에 달하고 중국의 경우도 1978 ~ 1984년 인민공사 해체 후 농업개혁으로 곡물생산량이 33.6%나 증가하였다. (전 북한농업과학연구원 리민복의 증언 및 FAO/WFP 보고)

북한체제의 생존전략에 가장 지배적 영향을 미칠 미국의 대북정책을 보는 시각은 통상 두 가지 견해로 압축된다. 즉, "북한에 대한 미국의 외교노력 결과 한반도는 대립과 전쟁의 위협으로부터 벗어나게 되었고 이 지역에 항구적인 평화와 안정을 이룩하는 데 필요한 분위기를 준비하게 되었으며 남북한간 접촉을 확대할 여건을 조성하게 되었다."(마크 민튼 미국무부 한국과장, 1996년 9월 12일 미 상원 외교관계 위원회)는 증언과 "한국과의 대화는 거부하면서, 북한의 지도자들은 여전히 전쟁준비에 몰두하고 있다. 지난 수십 년간 거대한 군사력을 구축하는 데 온 힘을 기울여온 북한은 그 군사력을 사용하는 것 이외에 다른 대안이 없다고 믿는 것으로 보인다."(황장엽, 1997년 4월 20일 서울 도착 시)는 성명이다. 황장엽의 시각은 이제까지 북한지도층이 추구해 오고 또 추구하고 있는 최종목표인 '대남적화무력통일'에 근거한 것이라면, 마크 민튼의 시각은 북한의 단기목표와 관련된 당면 정책과 맞물려 있는 현실적인 것이다.

비록 장기 목표가 있더라도 현실적으로 냉전은 끝났고, 총체적 위기에 처한 북한은 현실타개에 주안을 둔 정책전개가 예상된다. 현재와 같은 북한에 대한 빈약한 지원만으로는 북한 회생이 어려우므로 신뢰구축과 긴장완화를 이루는 데 꼭 필요한 조치를 자발적으로 취하는 데 확신이 갈 만한 조건부 적극적 지원을 제공하여 평화 추구 촉발, 북한주민 부담 경감과 생활고 해소뿐만 아니라 북한 내의 조직적인 개혁과 경제향상을 촉진시킬 수 있다는 것이다.[59] 결국 한반도 재통일을 위한 과정으로서 통일비용을 보다 덜 들게 만드는 길로 접근해 나가는 것으로 제5장 통일비용에서 다룬 바와 같이 나중에 지불하게 되면 더 큰 돈이 든다는 논리이다. 북한은 미국의 현 정책을 최대로 이용하며 미국을 "철천지 원수"에서 국제사회에서 '보증을 서주는' 후원자 역할로 바꾸면서 선진국들의 자본기술 도입의 길을 보장받고자 하였다.[60] 즉 대외경제협력과 대외관계의 대반전을 통해 이제까지의 자본축적 실패, 김일성 사망의 충격,

59) Dartl M. Plunk, "Countering the North Korean Threat and Coping with its Crisis: An American Perspective,: Review of International Studies Vol. 20, No, 3(July 1994), pp. 178 ~ 179.
60) 백학순, 앞의 책, pp. 29 ~ 51.

구소련 및 동구 사회주의 국가들의 붕괴현실을 뛰어넘으려는 정치기회구조[61]와 정책창문을 열어나가는 것 또한 절박하였다.

이러한 역사적 맥락에서 2000년 6월 남북정상회담은 큰 전환점이 되었다.

6.15 남북정상회담을 계기로 북한은 대남 및 대미정책을 보다 유연하게 전개하였다. 이는 물론 근본적 변화가 아닌 전략적 전술적 변화이면서 경쟁에서 협력으로 전환함을 표방하는 계기로 삼으면서 정책창문의 기회를 연 것이다.

이는 정권안보 및 경제적 파국 탈출을 도모하기 위한 화해정책의 추진을 의미하며, 경쟁적 공존에서 협력적 공존형태로의 전략적 변화를 뜻한다. 아울러 공동선언 1항에 자주통일을 명시하여 이념적 주도권 장악과 더불어 민족기획전략 전개의 토대를 마련함으로써 북한 내부적으로는 김정일 체제의 정당성을 강화하는 계기로 활용할 수 있었다.

그러나 부시 행정부가 북한을 악의 축(The Axis of Evel) 국가 범주에 포함시키자 북한 정권안보 차원에서 중대한 도전요소가 되었고 미 · 북관계는 긴장상태로 접어들었다. 이어 북한의 핵개발 시인 이후 미국과의 대립을 남한과의 전략적 제휴로 상쇄하고 국면을 전환하는 계기로 삼고자 민족 공조 강조로 소위 민족기획전략을 구사하면서 실리를 추구하는 정책을 전개하였다. 장관급회담, 남북경제협력 추진위원회, 남북개성공단 및 임진강 수해 방지 실무위원회 등 당국 간 대화와 합의 사항을 이행하는 데 적극성을 띠면서 충격을 희석시키려고 노력하였다.

이라크 전 이후 북한은 미국의 또 다른 군사행동의 1차 목표가 될 수 있다는 절박한 우려 때문에 미국과의 양자회담을 중국을 통해 적극 요구하였으며, 핵무기 개발포기 대신 미국의 대북정책 포기 및 북한체제의 안전보장을 요구하였다.

한편 핵 문제가 미국과 북한간의 쟁점이라는 구실로 관련된 회담에 남한의

---

61) 정치기회구조는 '정치행위자와 그 주위의 행위자들 사이에 힘의 배분과 힘의 행사에 있어서 규칙과 자원'을 의미한다. 브로케트는 정치기회구조를 "어떤 그룹이 정치적 요구를 주장하는 데 영향을 미치는 그 그룹의 정치적 환경에서의 힘이 배열"로 정의하고 있다.
Chales D. Brockett, "The Structure of Political Opportunitines and Peasant Mobilization in Central America," Comparative Politics, Vol.23, No.3(April 1991), p. 234.

참가를 철저히 봉쇄하면서 주도권을 유지하고 경제적 실리를 최대한 확보하려 하였다.

북한체제보장과 관련 북한의 주권과 내정을 원론적 차원에서 보장받기 위해 북한이 한국전쟁의 교전 상대이며, 불량국가로 분류된 북한에 대한 주권존중을 집요하게 요구하였고, 그 결과 북미공동선언문(2000. 10. 12)에서 종전에 발표된 북미공동발표문(1993. 6)에서 명시된 주권존중 원칙과 내정불간섭 원칙을 재확인하였다.

북미공동발표문에 이미 '핵무기를 포함한 무력불사용 및 불위협 보장' 이라는 구절이 명시되어 있으며 '북미제네바 합의문(1994. 10)' 에서 핵선제 불공격을 다시 보장한 바 있다. 북한은 이같이 체제의 안전을 보장받기 위해 양국간 모든 현안을 망라하여 포괄적인 형태의 '북미공동합의문' 을 채택, 북한이 무력도발 않는 한 재래식 군사력에 의한 불선제 공격과 테러국 해제 등을 요구하면서 주한 미군의 균형자적 역할까지도 인정하였다.

2006년 들어 북의 미사일 시험과 핵실험 성공은 미국의 이라크 전쟁 수행 부담과 중간선거 패배 등 부시의 지지율 약화와 더불어 대북유화정책으로 연계되었다. 6자회담에서 20007년 말로 정해졌던 신고일이 지켜지지 않았던 문제에 대하여 라이스 미 국무장관은 "늦어지기는 하나 염려하지 않는다" 면서 북한에 끈질기게 정보공개 요구를 계속할 것을 강조했는데, 부시 정권 초기에 북한을 '악의 축' 이라고 부르고 대화를 거부하던 태도와 비교하면 북한이 체제유지를 위한 주도권 장악 측면에서 성공적인 작전을 진행시켰던 것이라고 볼 수 있다.

이후 북한은 미국에 북핵자료를 전달[62] 하였으며, 현재 미국 워싱턴 외교가에서는 북한의 핵 프로그램 신고 문제를 해결할 수 있는 3가지 시나리오가 떠돌고 있다. 지난해 말까지 끝났어야 하는 북한 핵 프로그램의 완전한 신고를 둘러싼 북 · 미간의 시각차를 해소하기 위한 일종의 창조적 해법들이다.

첫 번째 시나리오는 신고 대상인 플루토늄과 우라늄농축프로그램(UEP), 핵

62) 2008. 5. 8 ~ 10일, 미 국무부 대표단은 방북하여 북측으로부터 1986년 이후 영변 원자로 가동일지 등 1만 8천쪽 분량의 '북핵자료' 를 넘겨받았다. KBS 북핵관련 뉴스.

확산 문제를 각각 분리해 별도의 문제로 다루자는 디바이드&룰(Divide and rule)로써, 북한이 사실 자체를 부인하는 UEP와 시리아로의 핵 확산 문제를 플루토늄 문제와 분리함으로써 일단 답보상태에 빠진 6자회담의 돌파구를 마련하자는 일종의 '실용주의'적 접근이다.

두 번째 시나리오는 비공개 고백성사식으로, 공식 제출하는 '신고서'에는 UEP 문제를 빼서 북한의 체면을 살려주되 북 · 미 양자만 앉은 자리에서 실체를 고백할 경우 인정해 주겠다는 것이다.[63]

세 번째 시나리오는 1972년 미국과 중국 사이에 체결했던 '상하이 공동 코뮈니케'[64] 방식을 원용해 해결하는 것이다. 즉 북한이 공개 방침을 밝힌 플루토늄 추출량 등은 공식 합의서에 담고, 우라늄과 시리아 핵협력 의혹문제는 비공개 양해각서에 담는다는 것이다. 이런 방식은 여전히 불씨가 남는다는 문제가 있지만, 북핵 해결이 다음 단계로 나아가기 위해 불가피한 측면도 있다고 본다. 완벽한 해결추구로 6자회담이 장기간 교착상태에 빠지는 것보다는 일정한 수준에서 행동 대 행동의 주고받기로 회담의 추동력을 살려나가는 것이 궁극적 해결에 도움이 될 수 있기 때문이다.[65]

이 세 가지 시나리오는 가시적인 성과를 내야 한다는 압박감을 느끼고 있는 크리스토퍼 힐 차관보에 의해 제시되었다는 관측이 많으며, 모두 미국 내 대북 강경파의 거센 반발을 사고 있다는 점에서 전개되기 어려울 것으로 전망되고 있다. 이러한 가운데 북한측이 핵 폐기 단계인 3단계에서 플루토늄 관련 시설만 해체할 것이라고 밝힌 것으로 알려져 본격적인 북핵 폐기 과정에 들어서기에 앞서 미북간 협상이 난항을 겪을 것으로 예상된다.[66]

---

63) 동아일보. 2008. 3. 14.

64) 1972년 2월 21 ~ 28일 닉슨은 미국 대통령으로서는 역사상 처음으로 중국을 방문, 마오쩌둥, 저우언라이와 회담하고 27일 미국 · 중국 공동성명을 발표하였다. 양국은 이 성명을 통해서 ① 평화 5원칙을 상호관계에 적용하며 ② 미국—중국관계의 정상화는 모든 나라에 이익이며 ③ 국제적인 군사분쟁의 위험을 줄이고 ④ 양국은 아시아, 태평양지역에서의 지배권을 갖지 않으며, 제3국의 지배권 확립에도 반대하며 ⑤ 양국은 제 3국을 대리하여 교섭을 하거나 협정을 체결하지 않는다는 데 의견 일치를 보았다.

65) 한국일보. 2008. 4. 8.

66) 데일리NK. 2008. 5. 30.

2. 북한체제의 내구력 분석

가. 김정일 체제의 진단

북한 사회주의 체제의 위기수준을 측정함에 있어서, 먼저 한 나라의 정치안정은 경제 발전뿐만 아니라 정치체제의 효율성(effectiveness)과 정통성(Legitimacy)에 달려 있다는 립세트(S.M.Liset)의 주장과, 공산주의 정권의 위기와 붕괴 가능성 문제를 다룬 위아다(Howard J. Wiada)의 7가지 변수를 원용할 수 있다.[67] 또한 보다 구체적으로 김정일 지도력, 통제력, 이념, 엘리트, 경제력, 외부지원 등 6개 분야로 구분하고 각 분야별로 몇 개의 자료를 설정하여 분석한 방안이 있다.[68] 여러 가지 관련요인 또는 변수 중 지배적 요소인 경제적 위기, 정권의 정통성과 효율성, 사회적 결속력 등이 체제유지에 안정적이냐 불안정적이냐 하는 측면에서 접근하여 진단해 보기로 한다.

첫째, 경제적 위기 문제이다. 이는 통제경제, 폐쇄경제를 바탕으로 한 산업 불균형 성장의 구조적 결과이자 김 부자가 권력 장악과정에서 국가경제와는 별도로 「당 경제」, 「개인경제」를 만들어 외화를 별도로 직접 관리하고 있고, 「군수경제」도 별도로 편성, 군수공장 2백여 개 50만 명을 별도로 관리함에 따라 전체적으로 효율적 국가경영을 기대할 수가 없으며 경제실패의 책임을 뒤집어 쓸 총리직을 모두 꺼리고 있는 실정이다.[69] 근본적으로 개혁과 개방을 통한 활로를 찾지 않고는 현상을 타개할 수 없는 지경에 이르고 있다.

둘째, 정권의 정통성 확보문제이다. 먼저, 통치이념의 약화이다. 기존사회들의 체제에서 후계자는 전임자와는 다른 정당화 이데올로기(legitimation ideology)를 창출하여 새로운 정권의 안정을 도모하고 자신의 집권을 정당화한다. 김일성 사후 김정일은 새로운 정책제시 대신 김일성의 노선견지 및 유훈

---

67) 위아다는 정권의 위기 정도를 1) 이데올로기의 위기, 2) 제도의 위기, 3) 사회의 위기, 4) 리더십의 위기, 5) 경제의 위기, 6) 국민사기의 위기, 7) 대외적 위기 등 7가지 변수로 제시: Howard J. Wiada, "Is Next Cuba?: Crisis of the Castro Regime," Problems of Communism,(Jan./April, 1991), pp. 84 ~ 93.

68) 송영대, "북한의 내구력—정밀분석,"《북한, 언제까지 버틸 수 있나》, 서울신문 국제포럼, (1997. 9. 6), pp. 91 ~ 111.

69) 황장엽, 평통 비공개 강연(1997. 11. 11).

관찰을 강조하는 등 김일성 통치 이데올로기를 계승하고 있다는 사실을 강조하고 있을 뿐이다. 그 핵심인 주체사상 또한 황장엽 망명사건에서 표출되듯이 도전 받고 있으며 김정일이 1995년 말 새 통치이념으로 내세운 붉은 사상, 붉은 기 철학과 고난의 행군정신은 아직 뚜렷한 해석이나 체계화된 이론을 제시하지 못하였다.[70] 이러한 상황들은 북한 주민들에게 김정일 통치이념의 혼선 내지는 부재로 비치기에 충분한 것이다.

이러한 상황을 타파하고자 강성대국론(1998. 8)과 선군정치(2003. 신년공동사설)를 표방하였다. 강성대국론은 주체사상을 대체하는 정치구호이면서 그간의 대 실패를 수습하면서 맹목적, 맹신적 충성을 지속시키려는 것이며, 선군정치는 핵문제로 인한 미국의 대북봉쇄와 적대시 정책에 대항하는 '반미 대결전' 이자 전 국가적 사회적 차원의 전시동원체제화를 의미하는 것이다. 이를 통해 '당—국가 체제' 에서 '수령—군 체제' 로 정권의 정통성을 강화하는 통치이데올로기로 삼고 있다.

셋째, 사회적 결속력 문제이다. 김정일은 이른바 '인덕정치' 및 '광폭정치' 를 내세워 김일성의 사망에 따른 '표류하는 민심' 을 수습하려 하나 50여년 간 북한을 지도하던 수령이 사망하면서 새로운 수령이 즉각적으로 대체되지 못하고 있다는 것이다. 주민들의 의식주 중 가장 기본적인 식량문제도 해결 못함으로써 주민에 대한 치밀한 통제가 어려워 사회적인 결속력이 약화되고 있다. 이러한 결과는 정치적 권력에 의한 동원과 집단주의를 사회의 원동력으로 삼고 있는 북한에게는 매우 치명적인 것이다. 최근 귀순자들의 증언에 의하면 그간 김일성, 김정일을 반대하는 사건이나 반체제 움직임이 간간이 발생했다는 것이다. 때문에 '김정일의 거세 가능성' 을 논하는 사람도 많다.[71] 이러한 반체제 사건들이 내륙지역으로 옮겨 점증하고 있으나 서로 연계되지 않고 있으며 당분간 조직적이고 광범위한 소요로 이어질 가능성은 적다.

넷째, 정권 효율성 문제다. 먼저 정치권력의 이완 조짐이 여러 곳에서 나타나고 있다. 특히 북한체제의 버팀목이라 할 만한 외교관, 국가보위부, 사회 안

70) 중앙일보, 1997. 1. 11.
71) 강인덕, "북한정권의 위기," 극동문제(1997. 8.)

전부 소속 탈북자가 늘어나는데 이는 북한 권력 핵심내부의 심각한 불안과 신뢰의 위기를 반영한 것이다. 다음으로 군사적 권위체계가 확립되지 않았다는 것이다. 권력 승계가 비제도화된 북한사회에서 군부의 지지를 확보하는 것은 승계체제의 안정을 위해 필수적인 요건이다. 김일성은 군을 장악하고 있지만 군의 자발적 지지까지는 못 얻고 있으므로 빨치산 계열 이후의 지지세력의 단결력 여부는 불확실하다[72]고 말하기도 한다. 또한 북한군의 전반적인 영양 상태와 열악한 병영환경으로 권위체계가 잘 확립되지 않고 있으며 1994년 발생했던 북한군 6군단 사건과 호위총국 반란기도 등은 북한군내 상당한 파문을 일으킨 사건[73]으로 김정일의 군사적 권위체계의 취약성을 시사하였다.

그러나 김정일에 의한 대대적인 군의 검증과 숙청이 수차례 단행되면서 군내부를 철저히 장악하여 체제를 강화하였고, 특히 선군정치 표방으로 군을 우대하고 군의 상대적 지위가 강화되었기 때문에 군으로부터의 조직적 체제 도전적 요소는 크게 고려할 수준이 아니다.

정권 효율성 저하를 촉진하는 마지막 부분이 대외관계 악화이다. 경제실용주의가 국제정치를 지배하는 탈냉전시대에서 혁명과 이념중심의 명분을 세우는 것은 시대착오적인 것이다. 김정일 정권이 당면한 실질적 과제는 북・미, 북・일간의 관계정상화와 한국과의 관계개선을 통해 공존체제를 이루는 것이나, 북한은 세계에서 가장 고립되고 피해망상에 사로잡혀 있는 나라이며, 방식이야 평화적이 될는지, 폭력적이 될는지 알 수 없지만 붕괴 가능성이 매우 높다[74]는 증언이 있었다.

미국정부의 각종 지원에도 불구하고 북한경제와 체제의 회생이 이루어지기 힘들다고 판단, 기존의 연착륙 전략을 수정해 북한 붕괴를 전제로 한 새로운 대북 전략을 마련, 경착륙 방식을 검토할 필요가 있으며 한반도에서의 긴장완화와 무력충돌방지를 전제로 북한의 붕괴과정을 관리해야 한다고 샌디 크리스토퍼 미 백악관 동아시아담당 선임보좌관이 말하기도 했다. 최근 주한미군

72) 이기택, 《한반도의 정치와 군사》(서울: 일신사, 1990), p. 342.
73) 「중앙일보」, 1996. 2. 12.
74) Kurt M. Campell, "U S Policy Toward the Korean Peninsular," 미하원 아세아태평양 소위청문회 (1997. 2. 26.)

이 북한체제붕괴 7단계 시나리오[75] 등에서 분석한 바 있지만 김정일 정권의 불안정성은 정통성 확보 부진, 효율성 저하, 경제적 위기 등의 총체적 결과이며 특히 심각한 식량 및 에너지 부족, 탈출자의 급증과 사회혼란 등을 고려할 때, 김정일 정권은 주변국들이 적극 돕거나 개혁 · 개방을 서두르는 등 획기적인 변신을 하지 않는 한, 수년 내에 붕괴될 가능성이 크다고 보았다.

김정일이 구축했다는 정치 · 군사 · 사회적 결속에 기초가 이완되기 시작하면 급격한 붕괴로 이루어질 가능성도 크다. 이러한 붕괴는 무서운 혼란, 분열, 폭력, 유혈폭동, 최후의 도발 등의 가능성을 내포하고 있다.

나. 존속가능성 진단

이제까지의 붕괴 가능성 주장에도 불구하고 북한이 생존전략을 적절히 구사하여 존속에는 문제가 없다는 주장이 만만찮다. 양 주장의 답을 가리기 위해 대내적으로 김정일 정권의 안정도[76]와, 대외적 여건을 다른 각도에서 분석해 볼 필요가 있다. 먼저 김정일 정권 정당성을 사전적 · 사후적[77]으로 크게 나누어 사전적 정당성부터 살펴보기로 한다. 사전적 정당성 확보 여부는 그 국가의 정치 문화적 전통에 따라 달라진다고 볼 수 있다.[78] 즉 정치문화가 신민적이냐 시민적이냐에 따라 특정국가의 정당성 획득 방법이 달라진다.

첫째, 북한의 수령 유일 지배체제 특성이다. 북한의 수령 개념은 단순히 당이나 국가의 최고지도자를 지칭하는 것이 아니고 전지전능한 신적 지도자를 의미한다. 수령의 유일적 영도체계는 사회정치적 생명체론에 의하여 강화되었는데 이 생명체의 생명활동을 통일적으로 지휘하는 중심이라고 강조하고

---

75) 〈북한하부구조 붕괴 유형〉 제목의 보고서에서 ①식량고갈 단계 ②대상선별공급 차별화 단계 ③ 지역별 생존 자구책을 위한 지역 독립 단계 ④ 중앙정부의 억압단계 ⑤ 내부 저항 단계 ⑥폭력을 수반한 균열 단계 ⑦권력 재편 단계로 구분하고 현재 북한은 2단계에서 3단계를 진입되고 있는 과정이라고 분석.

76) Theda Skocpol, *States and Social Revolutions*(New York: Cambridge University Press, 1979), p. 32. 정권안정도 평가방법중 정권의 정당성. 정권의 강제력 장악정도 등을 기준으로 삼음.

77) 原田鋼, 《政治學 原論》(東京: 朝倉書店, 1982), pp. 128 ~ 129.

78) Gabriel A. Almond and G. Bringham Powell, Jr., Comparative Politics(Boston: Little Brown and Cmpany, 1978), p. 30.

있다. 즉 '뇌수' 로서의 수령, 수령과 인민을 연결시키는 혈관으로서의 당, 그리고 '생명체' 로서의 인민대중을 연결시키는 일종의 사회유기체론을 의미하는 것이며 이 유기체의 중심이 수령인 것이다.[79] 따라서 수령의 존재는 절대적이며, 어떠한 가치도 양립될 수 없는 유일한 지배적 존재로 군림하는 것이다.

둘째, 김정일이 후계자가 된 정치적 정당성은 주체사상에 입각한 후계자론과 유일사상 체계 확립 10대 원칙 등을 통해 이미 기정사실화 되었고 전통적 지배의 순수형인 가부장제, 즉 막스 베버가 주장한 가산제(Patrimonialism)[80] 중 순수 가산제의 전형이 북한인 것이다. 고로 수령에 대한 무조건적 복종이 미덕이고 수령이 국가재산을 임의로 분배하고 국가권력도 가산처럼 세습될 수 있는 것이다. 결국 김정일도 전통적 지배사회에서의 권력획득 방법인 세습에 의해 정치권력을 획득하였고, 이것이 김정일의 정치적 정당성의 근거가 되어 있으며 후계자로서 자격획득을 위한 과정을 마무리한 상태이다. 특히 북한의 권력엘리트 간에는 그 충원원칙에 의해 일체성이 강하고 결속력이 단단하며 김정일의 세습정치를 당연시한다.[81]

다음, 김정일의 사후적(事後的) 정당성은 그의 도덕성, 군사적 위기관리능력, 경제 · 정치적 외교력 등과 관련해서 평가될 수 있을 것이다.

김정일의 도덕성의 경우 양극단으로 갈라진다. 특히 정확한 정보의 부족에다 도덕성 판단여부가 사실상 객체의 인식 문제임을 고려할 때 북한주민들의 폐쇄된 공간과 경험으로는 인덕정치가, 광폭정치가 등 사실과 전혀 다르게 인식될 수 있다는 것이 오늘 북한의 현실이다. 그러나 그가 저질러 온 객관적인 여러 활동, 즉 공산주의 혁명을 전제로 한 각종 테러를 진두지휘한 점, 체제유지를 위해 무자비한 인권탄압과 수십, 수백만의 기아와 아사자 양산 등 체제 조직적 범죄는 그의 도덕적 평가를 객관적으로 언급함에 있어 너무나 큰 기준

---

79) 심지연 · 최완규, "김정일 정권의 내구력과 북한정치체제의 변화전망", 『동북아연구』, 제1권(1995), pp. 9 ~ 10.

80) 박성환, "한국의 가산제 지배구조와 그 문화적 의의", 유석춘편, 《막스 베버와 동양사회》(서울: 나남, 1992), pp. 359 ~ 388.

81) 경남대 극동문제연구소, "김정일 권력승계와 북한의 대남 정책", 『통일전략 포름보고서』, 97-3, No.10(1997. 9), pp. 19 ~ 20.

의 차이가 있다.

군사적 위기관리 능력면에서는 약 20여 년간의 공직경험, 1976년 판문점 사건, 미국과의 핵 협상 등을 통해 국가 위기관리 능력을 인정하고 장군님으로 불리고 있고, '천백배 보복' 등을 지속적으로 강조하여 군사적 영도자임을 과시하여 지지를 획득하고 있는 것으로 보아야 할 것이다. 특히 미사일 실험과 핵실험과 관련된 시기와 방법 선택 등은 상당한 위기관리 능력을 발휘했다고 볼 수 있다.

경제적 치적과 외교능력은 사후적 정당성 문제와 관련 매우 중요하다.

주체사상에 의한 폐쇄정책과 김일성, 김정일의 잘못된 정책으로 1990년 이후 연속 6년간 마이너스 성장을 기록하고 그 결과로 식량난, 에너지난, 생필품난, 외화난, 원자재난 등 총체적 경제난을 겪고 있다. 그러나 문제는 북한 주민들이 경제난을 어떻게 인식하느냐 하는 문제이다. 주민들에게는 경제난의 원인을 미국과 남한의 대북 압살정책 및 북침준비 때문에 과다한 군사비 지출로 최악에 이르게 되었다고 선전하여 이를 믿게 하였다. 또한 가뭄, 홍수 등 인재가 아닌 천재이며 세계적으로 보편적 현상인 것처럼 선전하고 이를 대다수 받아들이고 있는 것으로 보인다.[82] 오히려 김정일이 적으로부터 군량미를 뺏어내는 지략을 가졌다고 생각하는 등 결국 경제난에도 불구하고 김정일의 사후적 정당성에는 큰 문제가 없으며 역경을 이겨내는 김정일의 능력에 대한 선전의 강도마저 높여 주는 측면도 있었다.

정치적 정당성 다음으로 중요한 것이 김정일의 강제력 장악이다. 당쪽으로는 최고의 권력을 쥐고 있는 비서국과 그 중의 핵인 조직지도부를 직접 장악,[83] 관장할 수 있도록 기구를 신설하고 간부사업이 진행되도록 하는 간부사업체계를 확립하였다. 김정일은 후계자 내정 이후 군권 장악에 총력을 기울였고 그 결과 북한군은 수령의 군대로서 후계자에 충성을 다하고 있다. 군에 대한 당의

82) 정세현, 김정일의 북한 붕괴냐, 존속이냐 , 국대원 안보문제 연구소 안보학술토론대회(97-1)

83) 당 · 군 · 국가에 대한 장악체계에서 가장 중요한 것은 조직지도부이며 김정일이 부장을 직접 맡아 사회통제 역량과 기능을 강화시켰고 모든 문건은 직접 승인하에 내려 보내 당사업 통제를 본격화 하였다. 김정일, "당 사업에서 낡은 틀을 바스고 새로운 전환을 일으킨 데 대하여," 주체혁명 위업의 완성을 위하여(평양: 로동당출판사, 1987), p. 512.

각종 통제장치도 당중앙군사위원회를 통해 정상적으로 가동되고 있는 것으로 보인다. 인민군뿐만 아니라 국가보위부, 사회안전부, 호위총국, 노농적위대, 붉은청년 근위대, 교도대 등 일체 무력과 정치공작 및 정보기구까지 확실하게 장악한 상태이다. 선군정치 표방 이후에는 군이 주도적 역할을 하고 있는 것으로 보이나 당과 군의 적절한 견제가 가능하도록 하여 양쪽 기구를 더 효율적으로 장악한 것으로 보인다.

종합적으로 김정일 정권의 존속가능성 전망을 전술한 붕괴의 각 조건에 비추어 정리해 본다.

첫째, 정치적 조건은 정권의 정당성 확보 여부에 달려 있으나 그보다 더 중요한 것은 사전적 · 사후적 정통성이 없는 경우라도 주민들의 결집된 행동이 수반되지 않으면 정권 붕괴는 어려울 것이라는 점이다. 따라서 붕괴와 관련하여 중요한 것은 강력한 반대파의 존재와 이들의 조직적이고 지속적인 정치적 저항 여부라 할 수 있다. 이러한 측면에서 신격화된 수령 1인이 세습을 하면서 절대권을 행사하는 것은 유교적 가부장제 맥락에서 막스 베버의 전통적 지배 개념에 의해 권력이 당연시되고 이것이 곧 김정일의 사전적 정통성 획득의 근거가 되고 있다.

사후적 정통성과 관련된 경제적 치적 문제[84]는 마이너스 성장과 극심한 식량난이 큰 도전 요인이며 김정일에 대한 부정적 태도가 확산되고 있다. 그러나 대다수 주민들은 운명론에 입각하여 경제난을 받아들이든가 아니면 '미제' 의 경제제재 및 북침에 대비한 전쟁준비 비용 때문으로 인식하고 있다.

둘째, 경제적 조건을 적용해 보면 북한은 대량의 아사자가 발생할 정도로 절대적 빈곤 상태에 있다. 절대적 빈곤은 저항보다는 살고 봐야 된다는 위기의식이 지배해 인간의 정치의식을 마비시킨다. 따라서 빈곤 그 자체가 정치적 행동으로 옮겨가지는 못한다. 또 경제적 불만이 심화되어야 하는데 여기에서 부익부 빈익빈의 상대적 박탈감이 커질 때 도출된다. 김정일을 비롯한 고위간부는

84) 북한경제는 1960 ~ 1975년까지는 비교적 빠르게 성장하였으나 1970년대 후반기부터 4% 수준으로 급격히 떨어졌고 1980년대 후반기에는 2%대로 떨어졌다. 1990년부터 1996년 사이는 GNP 증가율이 -1.7부터 -7.6% 사이를 맴도는 수준이었다. 남국영, 남북한 경제력 비교 평가(서울: 민족통일연구원, 1995)

호화롭게 살고 있으나 중견 간부와 일반 주민간의 경제 격차는 심하지 않다. 따라서 상대적 박탈감이 높지 않으며, 일부 개인적 경제활동으로 자본축적자가 등장하고 있으나 세력화할 가능성은 단기적으로 희박하다.

셋째, 사회적 조건면에서 시민사회의 발달정도도 문제이다. 북한의 정치문화는 신민적(臣民的)이라고 할 수 있어 자발적 투입은 없고 오직 타율적 명령만이 존재한다. 북한 주민은 타 체제의 경험이 없이 현 시대를 살고 있기 때문에 권력자를 절대시하고 정권에 대한 도전을 생각할 수 없을 정도로 정치의식은 매우 낮다. 뇌물을 비롯한 부정부패는 상호이익적 행위이기 때문에 주민의 집단행동을 촉발시키지는 않는다. 또한 각종 사회통제장치가 아직까지는 잘 작동된다고 봐야 할 것이다.

당권이 약화되었다고 하지만 군 · 국가안전보위부 · 사회안전부 · 인민반 · 각종임시 '구루빠' 등을 통한 사회통제는 아직까지 잘 되고 있어 식량난에도 불구하고 조직적인 민중폭동이 발생하지 않고 있다. 또한 북한은 1990년 초부터 정치사상교육을 강화하면서 내부결속을 지속 도모하는 한편, "사회생활의 모든 분야에서 모기장을 든든히 쳐야 한다"[85]면서 외부사조 유입을 경계해 왔으며, 최근에는 제한된 지역이나 분야에서 점분산형 개방정책을 추진하여 개방이 체제내부에 미칠 영향을 차단하고 있음을 볼 때 북한 당국의 주민에 대한 통제는 여전히 확보하다고 할 수 있다.

넷째, 군사적 조건을 적용해 보면 정권수립 시부터 북한군은 고도로 정치화되어 있었다. 군 고위 장성이 당 중앙위 상위서열에 배치되어 있었고 실제로 주요 국가정책 결정에 깊숙이 개입해 왔다. 군은 김일성과 국가를 동일시하고 있고 김정일에 대해서도 동일하다. 김일성이 철저히 수령의 군대[86]로 의식화시켰기 때문이다. 즉 수령에 대한 철저한 복종을 유도함으로써 공식개입 이외에는 어떤 형태로든 정치개입을 못하도록 하였다. 아울러 군의 자의적 정치 개입 방지를 위해 군사 분야, 정치 분야로 이원화하여 군의 독자적 이동을 원천적으로 봉쇄하고 있다. 군은 군 당위원회, 군 총정치국, 보위국 등을 통해 3중으로 감시

85) 1999년 6월 1일 「로동신문」 근로자 공동논설.

당하고 있다. 또한 군은 주민들을 우중으로 보고 폭동시 무자비하게 진압할 것이다. 우매한 인민대중은 국가나 지도자의 지시에 무조건 복종해야 되는 존재로 인식하고 있다. 김정일은 자신이 군 출신이 아님에도 불구하고 원수칭호를 보유하고 최고사령관 명의로 통치하면서 현역군인처럼 활동하고 자신과 군을 동일시함으로써 군을 포함한 북한 주민들도 자연스럽게 장군으로 호칭하고 있다. 결국 북한군이 쿠데타 등의 방식을 김정일을 제거할 가능성은 낮은 것으로 전망된다. 특히 선군정치 표방으로 군의 사기를 높이면서 군의 주요핵심 인사들을 확실하게 장악하여 공동운명체적 일체감을 조성하고 있으므로 김정일 체제의 붕괴는 곧 자신들의 파멸과 직결됨을 각인시키고 있는 것이다.

다섯 번째, 대외적 조건이다. 정권의 붕괴, 체제변화 등과 관련하여 대내적 조건 못지 않게 중요한 것이 대외적 조건이다. 특히 강대국이 적대적이냐 우호적이냐에 따라 체제 생존여부가 결정될 수도 있다. 중국은 김정일 정권의 운명에 결정적 영향력을 행사할 수 있는 국가이다. 전통적 우방국으로 현재까지 사회주의 국가라는 맥락에서 우호관계에 있는 것만은 부인하기 어렵다. 또 북한의 급격한 붕괴로 대량난민이 중국 영토로 유입되는 것을 바라지 않을 것이다. 이런 맥락에서 중국은 북한 생존에 최소한의 자원을 지속하는 등 김정일 붕괴정책을 채택하지는 않을 것으로 보인다. 즉, 중국은 정치, 군사적으로는 북한의 변함없는 맹방임을 강조하면서 사회주의 수호를 위한 공동협력을 다짐하는 가운데 양국 간의 전통적인 우호 · 협력관계의 불변을 강조해 나가는 이른바 대북한 체제유지 지원정책을 변함없이 천명하고 있는 것이다.[87]

미국은 세계 유일의 정치 · 경제 · 군사 강대국이라는 점에서 미국의 대북정책 또한 김정일 정권의 방향에 결정적 역할을 할 것이다. 미국은 과거 냉전시대와는 달리 북한의 연착륙 정책을 채택하고 있다. 따라서 미국이 북한을 무력으로 제압하거나 철저한 봉쇄를 통해 조기 붕괴를 유도할 것으로 보이지는

86) 북한군이 '수령의 군대'로 사병화에 가까운 바, 1980년 4월 25일 인민군 창건 기념일에 군총참모장 오극렬이 최초로 표명하였고(로동신문, 1980. 4. 25) 김일성 사후에도 김일성 사망 2주기 추도식(1996. 7. 8), 인민군 창건 65주년 기념식(1997. 4. 25) 등을 통해 김정일에 대한 충성을 맹세하였다.

87) 유영옥, "중국의 한반도 정책 변화와 추이 전망," 『극동문제』(1996. 11), pp. 28 ~ 31.

않는다. 이 외에도 한국도 평화통일정책 기조에 입각, 북한의 대남도발 가능성 내지는 정책변화 유도를 위해 대북 지원을 계속하고 있다. 일본 · 러시아도 한반도에서의 급격한 변화는 자국의 안정에 부정적 영향을 미칠 것으로 판단, 대화 및 지원을 계속하고 있다.

한편 강대국과 약소국 간의 전쟁이 반드시 약소국 정권 붕괴로 이어지지 않음은 한국전쟁, 월남전쟁 및 중 · 베트남전쟁, 걸프전쟁 등에서 볼 수 있다. 외부와의 갈등, 즉 한국과 미국의 대북 위협은 김정일 중심의 대내결속은 촉진시키는 요인이 될 수도 있다. 만일 대북 직접공격이 북한체제를 일거에 붕괴시키지 못할 경우 김정일 정권의 장기화를 보장해 주는 촉진제가 될 수도 있을 것이다.

마지막으로 최근 10년 동안(1986 ~ 1995)의 북한체제 위기수준을 측정하기 위해 브레진스키(Zvigniew Brezinski)가 사회주의 붕괴 직전에 발간한 Grand Failure 「대실정」에서 설정했던 10가지 지표적용 결과를 살펴보자. 기존 10가지 지표를 수정 보완하여, 이념, 엘리트, 경제, 통제, 대외관계 등 5개 분야에 걸친 15개 RINU 지표를 설정하여 판단한 결과[88]로는 현 북한지수의 위기가 20 기준 17을 상회하여 붕괴직전의 소련(15), 체코슬로바키아(16), 루마니아(18) 등의 수준과 근사함으로써 체제위기에 진입했음을 밝혔다. 북한 당국이 현재와 같은 위기수준 증가 추세를 억제하지 못한다면, 위기지수가 2001 ~ 2008년 사이에 체제변혁 임계점을 통과하게 될 것이며, 이 시기가 체제변혁의 예상연도로서 향후 5 ~ 12년에 해당된다는 것이다. 그러나 북한의 체제변혁이 총체적 체제붕괴로 이어지지 않을 수도 있으며 북한 당국의 조치 여하에 따라 전반적인 위기수준이 정체 내지는 감소하면서 점진적 개혁의 길로 들어설 가능성이 많다는 것이다.

종합적으로 요약해 보면 북한이 총체적 위기상황에 처해 있으나 체제전환이나 붕괴와 같은 급변상황은 초래되지 않을 것이며 김정일 정권도 군부활용의 위기관리 체제 과도기를 거치면서 상대적으로 안정되어 있는 것으로 파악

88) 김성철 외, 《북한 사회주의체제의 위기수준 평가 및 내구력 전망》(서울: 민족통일연구원, 1996) 참조.

된다. 따라서 김일성 생전과 비슷한 김정일 유일 지배체제가 존속할 것으로 판단되고 권력 구조 변화 요인인 주석직, 정치국 상무위원회와 국방위원회 향방 등이 있으나 본질적 변화 요인이라고 볼 수는 없다. 권력 구조의 본질적 변화가 없는 한 김정일이 종전의 보수적 기본 틀을 유지하면서 계속 정책결정 과정과 정책의 방향을 직접 주도할 것이다.[89)]

그러나 빈곤한 북한에서 독재체제를 유지하려면 소수 엘리트들의 정치—경제적 특권화와 절대 다수 대중의 궁핍화가 불가피하며, 이것은 더욱더 사회의 계층적 분화와 불평등 구조의 심화를 초래할 것이다. 그리고 불만을 품는 주민들에 대한 지배 방식으로서 폐쇄정책과 사상 주입교육과 동원체제도 그만큼 강화될 것이다. 또한 김일성의 권위를 그대로 김정일에게 계승시키는 것이 권위의 속성상 매우 어려우므로 오히려 세습체제의 수립과 강화 조치를 강구하는 가운데 주민의 불평, 불만을 고조시키는 상승 작용 현상이 일어나게 되는 것이다.[90)]

결국 북한에서의 체제변화는 변화 억압요인이 촉발요인의 심화를 효과적으로 제어하지 못하는 상황에서 발생할 것이다.[91)] 변화양상은 (1) 제한된 경제개방과 개혁조치, (2) 반동적 권위주의 체제나 자유민주주의 체제 혹은 사회민주주의 체제로의 이행, (3) 개도국에서 겪었던 억압적 발전주의 체제 내지 권위주의적 다원주의 체제로의 이행 등을 들 수 있다. 최초에는 첫 번째의 변화양상을 보일 가능성이 많으나 결국은 세 번째의 형태가 될 가능성이 많다.[92)]

결론적으로 북한이 현재 자본축적의 어려움으로 인해 정권과 체제의 유지, 발전에 큰 시련을 겪고 있으나, 대내적으로 김정일이 당과 국가기구, 물리적 강제력 기구, 선전선동기구를 장악하고 있고 자원배분을 통제하고 있기 때문에 어떤 대체 세력과의 경쟁위협에 처해 있지 않은 것으로 보인다.

89) 김구섭, 앞의 책, pp. 43 ~ 45.

90) 위의 책, pp. 98 ~ 99.

91) 변화를 억압할 수 있는 요인으로 주체사상, 분단상황과 체제위기의식, 폐쇄체제 등이 될 수 있으며 변화촉발요인으로 경제위기, 과업엘리트와 사회세력의 성장, 평화공존적 남북한관계 정립과 미국, 일본 수교 등을 들 수 있다. 심지연 · 최완규, 앞의 책, pp. 28 ~ 37.

92) 위의 책, p. 28.

대외적으로 주변 강대국들이 북한의 정권과 체제 붕괴보다는 북한의 회생이 자신들의 국가이익에 합당한 것으로 보고 있기 때문에 유리한 대외환경을 맞고 있다. 그러나 6자회담과 더불어 미국이 요구하고 있는 핵 불능화 및 핵 프로그램 신고가 불성실하면 미국과 주변국의 강경 대응을 불러일으킬 수 있으므로 개혁 개방을 위시한 정책적 선택이 결정적 변수가 될 것이다.

그동안 김정일 정권은 〈그림 2-1〉과 같이 핵, 미사일 개발을 매개로 한반도 긴장유발 → 협상돌입 → 경제원조 → 또 다른 긴장유발 → 협상돌입 → 경제원조의 패턴을 보이는 생존 사이클을 펼쳐 왔다. 이는 준비된 개혁개방 지도부와 마스터 플랜이 부재하고, 군사우선주의와 개혁개방이 충돌할 가능성이 높으며, 남한이라는 '대체세력' 존재에 대한 두려움 때문[93]이었다.

〈그림 2-1〉 김정일 정권의 생존 사이클

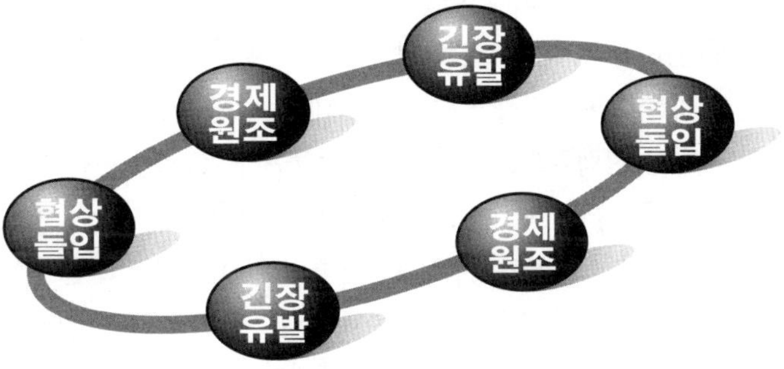

앞으로 김정일 정권의 운명은 어떻게 4강과 남북한 관계를 조성하고 새로운 대외 기회구조에서 오는 기회와 도전을 수용, 정치 · 경제체제 개혁으로 자본축적을 이루느냐에 북한 정권의 변화, 체제유지, 발전의 승패가 달려있다고 하겠다.

그러나 상당기간 변함없이 전진 배치된 재래식 군사력과 비대칭 전략무기(핵, 미사일)에 의한 공산화통일전략을 포기하지 않을 것이며, 이러한 기회조

93) 손광주, 《차기정부 대북정책 과제》

성을 위한 대남 정치심리전과 좌경 활동사주 등으로 전쟁의지를 약화시키고 전력증강과 연합방위체제의 약화를 도모할 것이다. 또한 과감한 개혁·개방보다는 북한식의 '신경제정책(New Economic Policy)'[94]을 도입, 적용하면서 경제문제를 해결해 나가려 할 것이므로 북한의 존속 및 체제경쟁은 계속될 것이다. 다시 말하면 '그럭저럭 해 나가는(muddle through)'[95] 가운데 북한식 '신경제정책'의 실험을 확장해 나가면서 유리한 여건을 조성하고, 최악의 국면을 돌파하기 위한 군사력에 의한 공산화 통일전략도 배제하지는 않을 것이다. 왜냐하면 국력과 전쟁수행력은 어떠한 상황에서 어떤 전략을 구사하여 주도권을 잡느냐 하는 것이 중요하기 때문에 꼭 비례해서 적용되지는 않기 때문이다.

그러나 2008년 1월 미국 국제전략문제연구소(CSIS)와 미국 평화연구소(USIS)가 베이징을 방문한 후 발간한 '제멋대로인 이웃에 대한 예의주시(Keeping an Eye on an Unruly Neighbor)'라는 보고서에 따르면, 2006년 북한의 핵실험에 대해 중국 수뇌부가 고이즈미 준이치로 전 일본 총리의 야스쿠니 신사 방문과 미국의 베오그라드 주재 중국대사관 폭격과 같은 공격적인 행위를 비판할 때에만 선택적으로 사용했던 '극악한(flagrantly)'이라는 거친 표현을 사용하고, 중국 연구기관 분석가들과 인민해방군 연구자들이 이전에 비해 보다 적극적으로 북한의 불안정 징후에 대해 논의하고 있다고 한다.[96] 따라서, 형제적 관계를 지속해 왔던 중국과의 관계 전환, 핵·미사일·인권문제를 둘러싼 미국과의 갈등 심화, 현재 추진중인 경제개혁·개방정책이 실패로 끝나는 경우 등으로 인해 자체 붕괴될 가능성도 배제할 수는 없다.

---

94) 북한의 '신경제정책'은 전략산업에 대해서는 국가통제를 하고 경공업부분은 시장기능을 허용하는 1921 ~ 1928년 사이의 구소련 신경제정책과 유사하다. Paul R. Gregory and Robert C. Stuart, Soviet Econmic Structure and Performance, 4th ed, (New York: Harper Collins Publishers, Inc, 1990), pp. 50 ~ 67.

95) Marcus Noland, "Why North Korea Will Muddle Through", Foreign Affairs, Vol. 76, No. 4(July/August 1997), pp. 105 ~ 118.

96) 『신동아』, 2008. 4. 17.

제3장. 통합의 이론적 고찰 및 사례분석

제3장. 통합의 이론적 고찰 및 사례분석

제1절. 통합 이론

1. 통합의 의미

통합을 논하기 전에 통일과 통합에 대한 일반적인 정의를 정리해 보면 통일은 '두 정치체제가 하나의 정치체제로 결합되는 국제법적 사건' 이며, 통합은 '각 분야의 이질성과 차별성을 해소하여 동질성을 높여 일체성을 추구' 하는 것이라 할 수 있다. 통합이론(integration theory)은 정치학 분야에서 오랜 역사를 지니고 있다.

그러나 린드버그(Leon Lindberg)와 세인골드(Stuart Scheingold)[97], 리버(Robert J. Lieber)[98]가 지적한 대로 통합이론은 "수많은 세월이 흘렀음에도 명확하게 정의를 내리지 못하고, 통합이론 자체가 통합되지 않고 있다." 고 서술하는 실정이다. 일반적으로 통합은 "부분들로써 전체를 형성하는 것" 이라고 정의되며 좀 더 전문적으로는 "개별적 단위로써 일관성 있는 체계(coherent system)를 형성함" 을 뜻한다. 즉, 통합되기 전의 개별 단위들이 통합 상태인 상호의존적 관계를 형성하여 체계특성을 만들어 내는 통합과정(integrative process)을 기술하는 데 사용되고 있다.[99] 그리고 적용측면에서 기능주의

97) Leon N. Lindberg and Stuart A. Scheingold, eds., Regional Intergration: Theory and Research (Cambridge, Mass.: Harvard University Press, 1971), p.xi.

98) Robert J. Lieber, The Theory and World Politics(Cambridge, Mass.: Winthrop Publishers Inc., 1972), p. 65.

99) 구영록, 《인간과 전쟁》(서울: 법문사, 1979), p. 316.

(functionalism)와 커뮤니케이션 접근법(communication approach)과 밀접히 관련되고 있다.

정치적 통합에 대한 정의를 와이너(Myron Weiner)는 다음 5가지로 들고 있다.[100] 첫째로 문화적으로 또는 사회적으로 분리된 집단들을 하나의 영토적 단위로 결합시키고 국민적 정체성을 확립시키는 과정이다. 둘째로 통합은 때로는 특이한 문화집단이나 또는 사회집단과 일치 또는 불일치하는 하위적 단위들 또는 지역들에 대한 국가의 중앙적 권위를 확립하는 문제와 관련된 의미에서 사용되기도 한다. 셋째로 통합은 정부와 피지배자들을 연계시키는 문제를 언급하는 데 사용된다. 넷째로 사회질서를 유지하는 데 필요한 최소한의 합의를 언급하는 데 사용된다. 다섯째 어떤 공통적 목표를 위해서 조직화하려는 사회에서의 국민의 능력을 언급하는 경우, 통합행태(integrative behavior)라는 표현을 하게 된다.

통합의 의미는 대개 세 가지 유형으로 분류될 수 있다. 통합의 시발점을 가장 낮은 계층적 차원에서 다루고 있는 칼 도이치(Karl W. Deutsch) 교수는 복합적 안전공동체의 유형을 제시하여 통합을 "어떤 영역내의 국민들 사이에 장기간에 걸쳐 평화적 변화의 믿을 수 있는 기대가 확약되는 매우 강하고 광범위한 공동사회 의식과 제도 및 실제의 달성이다"[101]라고 보고 있다. 도이치보다 차원을 높여서 통합 개념을 정의하고 있는 언스트 하스(Ernst B. Hass)는 통합이란 "전혀 다른 국가적 상황에서 정치행위자들이 기존의 민족국가에 대해서 관할권을 주장하거나 소유하는 새로운 중심부로 그들의 충성심과 기대 그리고 정치적 활동을 이전하는 과정이다"[102]라고 설명한다.

통합의 수준을 가장 높은 차원에서 본 아미타이 에치오니(Amitai Etzioni)는 정치적 공동사회의 개념을 도입하여 "통합된 공동체는 권력의 독점, 자원을 분배하고 보상할 수 있는 결정권, 다수의 정치적 식견을 가진 시민들로부터의

100) Myron Weiner, Political Development and Social Change(New York: John Willy & Sons Inc., 1966), p. 551.

101) Karl W. Deutsch et al., Political Community and the North Atlantic Area(Princeton: Princeton University Press, 1957), p. 5.

102) Ernst B. Hass, The Uniting of Europe(Stanford: Stanford University Press, 1958), p. 16.

지배권 인정을 갖추어야 한다" 고 주장하고 있다.[103] 요약하면 도이치는 통합을 안전공동체(security community)를 만들기 위한 과정으로 이해하고 있으며, 하스는 태도와 제도적 관점에서 정의된 정치공동체의 창조과정을 통합으로 보고 있다.

이에 반해 에치오니는 통합을 어느 시점까지 도달하는 하나의 과정으로 보기보다는 오히려 종착적인 조건으로 취급하고 있다. 통합의 공통적 의미를 지적한다면 어떤 공동목표를 추구하기 위하여 여러 국가들이 공동자원을 투입시켜 새로운 형태의 관계를 형성하는 과정으로 이해되며, 이와 같은 공동목표의 추구는 주권이나 혹은 결정권의 독립적 속성의 포기가 전제된다고 보아야 한다.[104] 통일과 통합은 구분된다. 통일(unification)은 일단 서로 다른 정치적 실체(political entity) 또는 국가들이 하나로 결합되는 정치적 국제법적 사건(event)으로 볼 수 있다. 반면, 통합(integration)은 민족 또는 국가내부의 다양한 구성 부문들 가운데 상호 등질적(等質的) 부문간의 조화와 융합의 과정(process)을 뜻한다.

예컨대, 경제통합, 제도통합, 사회통합 등이 그것이다. 그러나 남북통일의 경우 단순한 정치적 · 국제법적 사건에 그치는 것이 아니라, 그러한 정치적 · 국제법적 사건으로부터 그 후 제도적, 사회적, 문화적 부문 등 각 부문의 통합을 거쳐 궁극적으로 민족적 삶 자체가 하나로 되는 일련의 과정으로 파악될 수 있다. 따라서 통일은 모든 부문의 통합과정을 포괄하는 하나의 총체적 과정으로 이해할 수 있다.

이 같은 맥락에서 지역적 통합의 연구는 새로운 형태의 국가관계가 보다 높은 차원에서 형성됨으로써 새롭고 평화로운 인간 공동체의 창조를 가능케 하는 여건과 과정에 중점을 두게 되는 것이다. 넓은 의미에서 통합의 목적을 평화, 즉 국가 간의 갈등해소와 경제적 번영으로 구분할 수 있으나 일반적으로 갈등이나 분쟁 또는 전쟁의 방지와 경제적 교류 · 발전 · 번영의 문제를 구분하지 않고 정치와 경제의 상호 보완성을 강조하고 있다.

103) Etzioni, op. cit., pp. 4, 10.
104) 구영록, 앞의 책, p. 320.

2. 통합의 유형

통합의 유형은 통상, 문화적 통합, 사회적 통합, 의사소통적 통합, 정치적 통합, 경제적 통합 등으로 분류하고 있다. 란데커(Wearner S. Landecker)는 문화적, 규범적, 의사소통적, 기능적 통합 등 네 가지 유형으로 분류하기도 한다.[105)]

문화적 통합은 문화체계와 사회체계, 그들 상호침투성(interpenetration)의 문화적 속성들을 더 정확한 방법으로 다루기 위한 제반 협력과 관련이 있다. 여기에는 응집(coherence)과 조화(harmony)가 중요하며 아울러 유형의 본질, 함축적 상호 의존성, 논리적 일관성, 기능적 적합성 또는 형태적 적합성 등을 중요 요소로 간주하고 있다.[106)]

사회적 통합은 규범적 통합, 기능적 통합, 의사소통적 통합으로 구분되며, 규범적 통합은 문화체계의 중심적 요소들, 즉 사회의 공통적 가치들이 이중 구조적 요소들에서 제도화되는 경우에 성취되고 사회규모가 크고 복잡한 사회에는 더 어렵다고 가정하고 있다.[107)] 기능적 통합은 기계적 단합(mechanical solidarity)과 유기적 단합(organic solidarity)으로 구분하면서 규범적 통합과의 차이를 인정하면서도 상호 의존성 규범과 관련, 규범적 통합 아래서의 기계적 통합을 전제로 하고 있다.[108)]

의사소통적 통합의 중요성은 쉴즈(Edward Shils), 도이치 등 다수의 학자들에 의해 강조되었는데 민주정치에서 합의를 형성하는 데 대중매체가 수행하는 역할을 강조하였다. 커뮤니케이션은 규범적 통합과 기계적 통합의 이질적 개념을 결합시키는 데 유용하지만 사회적 통합 요건의 필요조건이지 충분조건은 될 수 없다는 것이다.

경제적 통합은 통합이론에서 능률과 소비가치의 극대화에 대한 중요성으로

---

105) Robert Cooley Angell, "Social Integration," David L. Sills, ed., International Encyclopedia of the Social Sciences, Vol. 7(New York: The Macmillan Company & The Free Press, 19), p. 381.
106) Donald N. Levine, "Cultural Integration," Sills, ed., op. cit., pp. 372 ~ 373.
107) Angell, op. cit., p. 380.
108) Talcott Parsons, A Collection of Essays with Translation and a Bibliograhpy(Columbus: Ohio State Univ. Press, 1960), pp. 118 ~ 153.

정치경제학파의 과제였다. 경제적 통합의 혜택을 평가하는 데 있어서 능률의 향상이 주요 관심사로 되며 경제적 통합은 정치적 통합의 잠재적 가능성을 전제로 논의되어야 한다.

정치적 통합은 동일한 정치적 실체 내에서 주민들 간의 공동체 관계를 의미한다. 정치적 통합의 문제는 문화적 · 사회적 및 경제적 통합과 분리해서 생각하기가 어려울 만큼 얽혀 있으므로, 규범적 및 가치 지향적, 공리적 및 복지적 측면 그리고 전체사회의 복합적 메커니즘의 맥락에서 다루어야 한다.[109)]

통합 연구의 접근 방법에서 볼 때 통합 유형은 연방주의 · 기능주의 · 신기능주의 · 다원주의 등 이론 중심으로 분류될 수 있으며, 이들의 기본 유형은 기능주의 이론이라 할 수 있다.

기능주의 이론의 사고와 체계적인 연구의 기본적 틀은 데이비드 미트라니(David Mitrany) 교수에 의해 제시되었다. 기능주의의 가장 근본적인 전제는 인간의 합리성에 대한 믿음이다. 즉 갈등보다는 조화를 추구하며 평화적인 세계에서만 그들의 욕구가 충족된다고 본다. 때문에 기능주의자들은 국가 간의 갈등을 유발시킬 수 있는 위험이 다분한 정치적 문제에서 떠나, 보다 낮은 차원의 비정치적 영역에서 협동의 대상과 시발점을 찾아 이를 점진적으로 확대하고 견고히 하는 방향에서 정치적 통합을 모색하고자 한다.[110)]

기능주의 이론에서 출발한 신기능주의는 기능주의의 탈을 쓴 연방주의로 표현되며 규범적 주장이나 체계적 통칙을 가급적 회피하고 행위자의 실용적인 사고를 장려하며 권력(power)과 복지(welfare)를 선명히 분리할 수 없다고 주장한다.

따라서 비교적 문제점이 적은 경제와 기술상의 필요에 의해서 비 논쟁적 부문의 활동과 협동을 의도적으로 택하는 기능주의와 차이가 있다. 나이(Joseph S. Nye) 교수는 통합전략을 연방주의 · 기능주의 · 신기능주의로 분류하여, 이 3개의 통합유형이 각각 다른 변수를 강조함으로써 서로 다른 통합전략을 추구

---

109) Leon Lindberg, The Political Dynamics of European Economic Integration(Stanford: Stanford Univ. Press, 1963), p. 5.

110) David Mitrany, A Working Price System(Chicago: Quadrangle Books, 1966), pp. 92 ~ 93.

하고 있다고 지적한다.[111)]

다원주의는 민족적 차원의 국가통합 과정에 관하여 국내적 능력과 국제적 환경에 대한 수용성 등 국가 능력을 강조하고 있으며 남북한 통합이론과 연계하여 다루고자 한다.

3. 통합의 조건과 변수

통합을 이룩하는 데 필요한 변수들은 무엇인가? 통합의 유형이 어떠하든 간에 이 분야의 전문가들은 통합에 관련된 상당수의 변수들은 필수적 혹은 부수적인 여건으로 다루고 있다.

일반적으로 통합에 영향을 주는 10개 변수로 (1) 지리적 근접성, (2) 동질성, (3) 개인 혹은 집단 간의 거래 및 상호작용, (4) 쌍방에 관한 지식이나 지각적 근접성, (5) 서로 참여할 수 있는 기능적 이익, (6) 집단의 공공동기와 성격의 패턴 형성 가능성, (7) 구조적 틀 혹은 권력체계와 정책 결정, (8) 참여단위의 주권에 공동체의 활동이 의존하는 정도, (9) 정비의 효율성, (10) 이전의 통합 경험 등이 제시되고 있다.[112)]

도이치 교수는 통합의 조건으로서, (1) 단위간의 상호연관성(mutual relevance), (2) 가치 및 약간의 실제적인 공동 보상(joint rewards), (3) 상호 공명성(共鳴性, mutual responsiveness), (4) 어느 정도 일반화된 공통적인 동일성(identity)이나 충성심(loyalty)을 들고 있다. 또한 통합의 수단은 (1) 가치의 생산, (2) 가치의 분배, (3) 강제, (4) 동일화로 구분하였다.[113)]

하스와 슈밋터는 통합과정의 조건으로 (1) 정책결정의 양식, (2) 거래의 정도, (3) 참여정부의 적응성 등을 제시하고 있으나, 유럽의 지역통합운동의 경험적 자료에 의존한 지역적 한정성을 지적한 나이 교수는 통합의 배경조건을

111) Joseph S. Nye, Peace in Parts: Integration and Conflict in Regional Organization(Boston: Little Brown and Co., 1971), pp. 51 ~ 52.
112) 구영록, 앞의 책, pp. 335 ~ 337.
113) Karl W. Deutsch, 구영록 역, 국제정치의 분석(서울: 법문사, 1972), pp. 319 ~ 320.

구조적 여건으로 처리하고 시간의 경과에 따라 통합의 여건 · 통합의 기제 · 행위자간의 상호작용에 의해 이루어지는 것으로 보고 있다.[114]

에치오니 교수는 통합의 최종단계를 지칭하는 통일(unification)이라는 용어를 쓰면서 4단계의 통일모델로 (1) 통일 이전의 상태, (2) 통일과정, 즉 통합하는 힘(integrating power), (3) 통일과정, 즉 통합영역(integrated sectors), (4) 통일종료 상태로 구분하고 있다. 또 통합과정에서 엘리트들이 통합을 주도하고 달성하기 위하여 적용할 수 있는 힘의 유형을 (1) 강제적 · 군사적 측면, (2) 공리적 · 경제적 측면, (3) 동일체적 · 선동적 측면으로 정립하였다.[115]

도이치 교수는 통합과정의 결정적 요인으로 통합에 참여하는 단위의 커뮤니케이션 능력을 들고 있다. 즉 통합은 통합에 참여하는 단위나 통합체계의 효과적인 커뮤니케이션 망에 의하여 통합단위나 통합체계의 자원이 힘으로 전환됨으로써 이룩된다는 것이다.[116] 커뮤니케이션 조직망을 분석하는 데 사용되는 핵심개념은 통로, 부담(load), 부담능력(load capacity), 충실도(fidelity) 등이며 이 개념을 이용하여 민족공동체의 형성을 연구하였다. 그는 민족통일의 필수적 조건으로서 공동체의 형성을 들고 공동체의 발전이야말로 민족적 갈등양상의 해소에 불가결한 조건이며 공동체의 형성이나 지속성 여부는 커뮤니케이션에 의한 동화와 동원의 정도에 달려 있다는 것이다.

또한 단일화된 안전공동체의 형성에 필수적인 상당수의 배경조건을 제시하면서, 통합의 형성과 유지는 순조롭고 고정된 단계를 통하여 이룩되는 것은 아니나, 통합 움직임의 정치적 조화과정을 지식층에 의한 리더십단계, 이익단체들의 보상적 정치타협단계, 대중운동과 대규모 엘리트정치의 출현단계로 연속된다고 하였다.

통합이론을 종합적으로 평가해 볼 때 통합의 달성수단을 정립한 기능주의가 그 핵심을 이루고 있다. 기능주의와 신기능주의 혹은 커뮤니케이션이론 등

114) Nye, op. cit., pp. 75, 83 ~ 86.

115) Etzioni, op. cit., pp. 38 ~ 40.

116) Karl W. Deutsch, Nationalism and Social Communication(Cambridge: M.I.T. Press, 1953), pp. 86 ~ 106.

어떠한 방법에 의하든 간에 통합연구의 종착점은 통합인 것이다. 따라서 성공적인 통합은 통합구성원들 사이에 (1) 폭력 없이 (2) 약자만의 양보 없이, 갈등과 분쟁 및 전쟁의 상황을 해결할 수 있는 능력의 증가에 의하여 이룩될 수 있다. 그렇다면 폭력이 동원되는 갈등, 즉 전쟁은 통합과는 정반대의 양상을 의미하며, 통합된 구성원 간에는 폭력적 상황이 존재하지 않는가 하는 문제들은 남북한 통합과 관련 통합 전·후 문제에서 많은 시사를 하고 있다. 또한 기능주의자들이 사회·경제적 문제와 정치적 문제를 분리시키고 있으나 사회문제나 경제문제가 정치와 관련되지 않고 독립적으로 존재할 수 없다. 정치문제를 유보한 사회·경제문제의 해결방식, 즉 선 사회·경제, 후 정치의 도식은 현실과 역행하는 접근이며 결국 정치문제가 해결될 때까지 근본적 문제는 미루어질 수밖에 없을 것으로 보고 있다.[117]

이런 점에서 신기능주의자들이 권력과 복지를 분리시켜 보지 않고, 권력의 존재를 인정하고 이를 목표달성의 시발점으로 본 것은 보다 현실적인 접근방법이라고 할 수 있다.

마지막으로 도이치의 커뮤니케이션이론에 의한 통합연구는 높은 정치통합연구의 기본모델을 제시해 주었으나 커뮤니케이션에 의해서 국가 간의 통합이 촉진될 것이라는 가정과는 반대로 현실은 이에 역행할 수 있다. 결국 통합변수에서 추출된 통합수준의 측정지표가 보편성 있는 통합이론을 정립하기에는 한계가 있으며 통합이론에서 취급하기 어렵거나 소홀히 다루어진 과제들도 통합과정에 결정적인 영향을 줄 수 있다는 것이다. 통합과정에서 통합이 이루어질 수 있는 전제조건의 규명과 함께 실제로 통합에 도움을 주는 요인과 저해하는 요인을 식별하는 작업이 중심연구과제이다.

지금까지의 통합이론은 주로 국가 간의 통합이나 지역협력, 지역통합에 주로 적용되었지만, 공동체를 형성하고자 하는 인간의 본성을 적극적으로 활용하여 평화질서를 이룩하려는 이론이라는 측면에서 일반국가간의 관계와는 다른, 특수한 남북관계에서의 통합이론 적용이 가능한 것이다.

117) Claude Ake, A Theory of Political Integration(Homewood, Ill.: Dorsey Press, 1967), p. 334.

제2절. 남북한 통합과 군사통합

1. 남북한 통합

앞에서 국제정치 통합에 관한 관련 이론을 살펴보았으나 어느 특정이론이 남북한 문제에 확연하게 적용될 수는 없다. 그러나 남북한 통합을 하나의 '과정의 연속' (process continuum) 측면에서 접근할 때 통합의 가능성을 높일 수 있는 인과변수들을 분석 적용하는 접근이 바람직하며 이 경우 다원주의 및 신기능주의가 한국적 상황에 비교적 부합될 수 있는 이론이라 하겠다.

다원주의 이론에 따르면 통합은 상이한 국민과 정치체제들 간의 상호작용과 커뮤니케이션의 증가를 통해 성취될 수 있다는 것이며,[118] 기능주의 통합론의 문제점을 보강한 신기능주의는 정치적으로 중대한 의미를 가진 기능분야를 의식적으로 선택하여 관계를 증진 심화하여 여타 분야에까지 확대한다는 것이다.[119] 남북한의 경우 정치적으로 중대한 기능분야 중의 하나가 경제분야인데, 이 분야의 확대를 보장하는 분야가 군사분야라 할 수 있다. 또한 민족적 차원의 통합과정이 국제체제에서 타국의 대외적 행위에 반응하고, 정책을 결정하는 데 필요한 정보를 조작하는 국가의 능력에 크게 의존한다고 주장한다.[120]

북미와 유럽에서 시도된 8가지의 통합을 분석한 도이치(Karl W. Deutsch)는 융합적 안전 공동체[121] 및 다원적 안전 공동체에 14가지 조건[122]을 제시하였는데 이러한 조건들은 남북한 통합의 미래를 고찰할 수 있는 요소란 관점에서 적

---

118) Deutsch, et al., op. cit., pp. 46 ~ 69.

119) 신기능주의는 제도화된 통합목표를 추구한다는 점에서 연방주의 내지는 포괄주의에 가까우며 1980년대의 민족화합 통일방안, 한민족공동체 통일방안의 이론적 기초라 할 수 있다. 이상철 외, "남북한 통일과 군 통합의 법적 문제," (서울 :화랑대연구소, 1995), pp. 104 ~ 105.

120) Charles Pentland, International Theory and European Integration(New York: Free Press, 1973) 참조.

121) 융합적 안전 공동체(Amalgamated Security Community): 두 개 혹은 그 이상의 독립적인 조직들이 융합 후에 어떤 공동정부의 형태를 지니는 공식적인 합병이나 통합. 다원적 안전 공동체(Pluralistic Security Community): 분리되어 있는 국가와 정부들이 그들의 합법적인 주권과 독립을 유지하는 것을 의미, 예로서 미국과 캐나다.

융합이 바람직하다.

이 요소 중 동족상잔의 전쟁도발에 대한 혐오와 외부로부터의 군사적 위협(outside military threat) 2개 요소는 통합을 증진 또는 저해시킨다는 측면과 남북한 통합에서 지배적 요소인 군사적 문제와 연관되므로 중점적으로 살펴볼 필요가 있다.

도이치에 의하면, 관련단위간의 전쟁수행에 대한 혐오감이 통합을 증진시킬 것이며, 그에 상응하여 융합적 안전 공동체와 다원적 안전 공동체가 추구·조성될 가능성이 높아진다는 것이다. 이는 정치 공동체의 형성이 군사적인 수단에 호소함이 없이 달성될 수 있다는 가정과, 통합이 충분히 성취될 때 국제 공동체에서의 평화와 안정을 유지할 가능성이 현저하게 증가한다는 논리에 근거하고 있다.

한반도에서는 여전히 전쟁이나 대규모적인 폭력의 가능성이 상존하고 있는데 그것은 북한이 필요하다면 군사적 수단을 포함하는 혁명적 수단의 사용을 강조하는 통일정책을 내세우고 있고 구조적으로 강경노선의 정책을 수정하기가 쉽지 않은 상황이기 때문이다. 또 다른 분쟁 가능성은 동북 아시아에 있어서의 주요 강대국들의 복잡한 국제 정세에서 찾을 수 있다. 4강의 세력균형이 완전 정착되지 않는 한 이 지역에서의 평화와 안보는 위협을 받을 것이며 만일 강대국 간의 분쟁이 일어날 경우 남북한 관계는 큰 충격과 변화를 가져오게 되는 것이다. 다음으로 외부로부터의 군사적 위협은 통합에 역기능으로 작용하게 되는데 한반도를 둘러싼 국제정세가 유동적이고 불확실하며 군사적 충돌의 가능성을 배제할 수 없을 경우 남북한 통합에 순기능일 수는 없다.

남북한 통합문제에 앞서 분단국 재통일 과정의 경험에서 도출된 이론들을 정리해 보면 다음과 같다.[123]

---

122) 14가지 조건 : 주요 가치의 일치, 상호수용, 독특한 생활 방식, 중심 지역과 그 역량, 고도의 경제 성장, 합동경제의 이득에 대한 기대감, 상호거래 범위의 다양화, 엘리트층의 확대, 지속적인 사회적 커뮤니케이션의 연계, 주민들의 이동성, '동족상잔'의 전쟁도발에 대한 혐오, 외부 군사 위협, 강력한 경제적 유대, 인종 및 언어의 동화.

123) 오관치, "분단국가의 재통일 과정에 관한 연구," 한국국방연구원 연구보고서, 1996, pp. 38 ~ 39.

첫째, 단일민족이면서도 인위적으로 분단된 국가는 그 분단이 장기간 평화적으로 유지될 수 없고, 단일민족 국가로서의 역사가 짧을수록 분단된 양국 관계는 불안정하고 경쟁적이다.

둘째, 단일국가에서 분단된 경우 안정적 양립이 불가하며 결국 국력이 강한 쪽에 유리한 형태로 귀착된다. 국력우열 구분이 애매할 때는 군사력 우세여부가 결정적 요소가 된다.

셋째, 국가정체성 및 정통성이 결여될수록 또는 국력의 열세를 만회하고자 군사력 우위를 확보하기 위해 우선적으로 자원을 배분하며 이로 인해 경제사정이 악화됨으로써 주민생활 수준이 떨어지고 국력 격차가 더 심화된다.

넷째, 군사력 외에 현저한 국력차가 나타나는 단계에 이르면 평화공존 정책으로의 정책전환이 쉽지 않게 되어 악순환을 거듭하게 된다.

다섯째, 악순환의 결과로 지도부 엘리트간의 공멸의 위기의식이 확산되어 개방 · 개혁을 통한 국제적인 경제협력이 불가결하게 된다. 따라서 실용주의적 정책이 추진되고 단계적으로 자유화, 민주화 조치를 취하여 시장경제 체제로의 체제변혁으로 연결되며, 점진적으로 재통일 과정에 대한 장애요인이 제거됨으로써 통합에의 인력이 강하게 작용된다.

다음으로 통합이론과 관련시켜 남북한 통합의 당위성을 살펴보면 다음과 같다.

첫째, 한민족은 단일민족으로 수천 년 동안 언어 · 종족 · 전통 등 역사적 · 문화적 동질성을 지녀왔으므로 변화와 벽이 더 커지기 전에 민족사적 정통성을 고양하는 방향으로 통합이 이루어져야 한다.[124)]

둘째, 정치 · 경제적 안정 논리로서, 분단이 지속되는 한 한반도의 긴장과 불안정은 계속되므로 과도기적인 상태를 거쳐 궁극적으로 하나로 통일되어야 한다는 의지는 남북한이 공통으로 가지고 있다. 또한 주변국의 국제적 요인과 복합되어 분단 상태 해소만이 근원적으로 긴장을 완화하고 한반도를 안정시킬 수 있다. 경제적 측면에서도 남한의 기술자원과 북한의 천연자원이 결합되

124) 신명순 외, 《남북한 기능통합론》(서울: 신유, 1995), p. 150.

었을 시 그 발전이 가속화되고 한반도 전체의 재도약을 창출케 한다.

셋째, 인도주의적 측면에서 6.25 남침 이후 1천만 이산가족의 비극은 한반도 문제가 아닌 인류애와 인도주의적 측면의 세계사적 요청이라 할 수 있다.

넷째, 문화적 측면에서 한민족이 수천 년간 단일문화를 유지시켜 왔던 만큼, 남북한 분단으로 인한 이질문화 형성과 쌍방 정통성 주장의 잘못됨을 극복하고 우리 민족 고유의 전통문화를 계승 발전시켜 세계적인 보편문화에 기여해야 한다.

다섯째, 국가 · 안보적 측면에서 남북한은 협소한 지역에 대규모의 군대와 무기를 보유하여 무력 경쟁이 심화되고 있는데, 이처럼 무력증강이 계속되면 생산적 자원고갈로 인한 국제경쟁력 상실로 민족 전체가 큰 피해를 입게 된다.

남북한 통합은 남북한 갈등구조의 전환과 기능적 통합을 전제로 한다. 오랜 기간에 걸쳐서 이질화된 남북의 두 사회가 일시에 전면적으로 통합하기란 물리적으로나 의식적으로 불가능하다. 민족통합이나 통일의 과제를 목표와 수단의 연계적 차원에서 보다 현실주의적 시각에서 재인식할 필요가 있고 이는 남북체제가 갖고 있는 현실적 여건을 전제로 해서 다루어 나가야 할 것이다.

우리의 염원은 민족이 공생 공영하는 통일국가 건설에 있다. 이 통일은 민족의 자주적 역량에 바탕을 두고 민주주의적 방법에 의해 실현되어야 한다. 아무리 민족의 통일이 민족지상의 과제라 하더라도 그 실현방법이 비민주적이거나 비합리적이라면 그것은 민족구성원이 받아들일 수 없는 것이다. 따라서 민족의 통합 또는 통일은 점진적으로, 단계적으로 추진하되 민족구성원 모두가 합의하는 민주적 방법에 의해 실현되어야 한다. 점진적 · 단계적 통합에의 가능성은 무엇보다도 남북한의 관계가 상호 의존적으로 발전되고 또한 기능적 통합의 점진적 가능성이 열려짐으로써 적어도 응집과 조화를 통한 문화적 통합, 규범적 · 기능적 · 경제적 통합, 그리고 끝으로 정치적 · 군사적 통합에의 길이 착실히 추구될 수 있다.[125)]

남북한 통합을 추구함에 있어 독일 등 분단국 재통일 과정에서 얻은 교훈을

---

125) 이용필, "기능통합의 제이론과 적용문제," 민병천 편, 전환기의 통일문제 (서울: 대왕사, 1990), p. 33.

정책적으로 잘 적용시켜 나가야 할 것이다. 그것은 통일이 만병통치약이 아니라는 것이다. '공산동독인' 이 '2등 국민' 이라는 새로운 열등의식과 자기비하에서 헤어나지 못하는 것은 40년이 넘는 동독의 황폐화된 정치 · 경제 · 사회구조와 그 속에서 살아온 동독인의 정신과 심리상태의 개조가 어렵다는 것이다. 독일통일 실현 뒤 독일도 '오스트리아 방안(the Austrian Solution)' 즉 같은 독일인이면서 독일과 오스트리아는 두 개의 국가로 병존 · 협력하고 있는 데서 동 · 서독도 '두 국가론' 을 포기하지 않는 국가연합형 통일이 가능할 수 있다는 논의가 많았던 것이다. 남북한은 사실상 두 국가체제를 견지하고 있는데 독일통일이 단기적으로나마 겪고 있는 난관과 진통은 남북통합이 오스트리아 방식의 영구적 형태는 아니더라도 적어도 5년 내지 10년 기간 동안 두 국가 평화공존 협력체제를 유지해야 할 것이라는 상식적이고 현실적인 이유가 제기된다. 이 기간 동안 남북은 현재 독일이 안고 있는 많은 난제들과 후유증을 해결할 수 있는 결정적인 장점을 가지고 있다. 통일의 궁극적 목표가 한 핏줄 · 한 겨레의 삶의 질을 높이는 데 있다면 남북한 재통합의 형태는 국가연합이든 단일국가형이든 부차적인 수단일 수도 있다는 것이다. 따라서 가장 바람직하고 현실적인 남북한 통합에의 접근은 향후 5 ~ 10년 또는 더 많은 시간이 소요된다 해도 지난 50여 년 동안 극히 상극적으로 지탱 · 유지해 온 정치 · 경제 · 사회 · 군사 · 문화제도의 개혁 · 개선을 각 부문별로 시도하고 해결해 나가는 것이라 할 수 있다.

통합의 의미를 총체적으로 '문화적 · 사회적으로 분리된 집단을 하나의 영토적 단위로 결합시키고 국민적 정체성을 확립시키는 과정이며 국민통합은 종속적인 편협한 충성심을 압도하는 영토적 국민의식을 만들어 내는 과정' 이라고 정의할 수 있다. 따라서 남북한 통합은 '영토적 단위결합에 앞서 편협한 충성심을 뛰어넘는 진정한 남북한 국민 대통합' 을 이루어 나가야 할 것이다.

2. 군사통합

현실적 측면과 기능적 측면에서 군사통합은 통일전망에 가장 큰 비중을 점유하고 있다. 즉 스탠리 호프만(Stanley Hoffmann)이 지적한 바와 같이 '저차원의 정치(low politics)', 즉 복지와 경제는 순조롭다 하더라도, '고차원의 정치(high politics)', 즉 군사적 통합과 군사력의 역할과 같은 문제는 심한 견해차와 이익 상충을 가져오며 나아가서는 통합과정을 위기로 몰아넣을 수 있다.[126] 군사통합이 제대로 이루어지지 않으면 제반분야의 기능적 통합 내지는 전체적 통합 또는 통일자체가 수포로 돌아갈 위험성이 크다는 것이다.

군사통합과 관련하여 유사 개념으로 통합, 합동, 연합 등을 생각해 볼 수 있다. 사전적 정의에 따르면 통합이란 '단일의 전투력을 창출하기 위하여 다수의 군사력과 이들의 군사활동을 배열하는 것' 이며, 합동은 '동일 국가의 2개군 이상의 부대가 동일 목적으로 참가하는 각종 활동, 작전편성을 지칭한다' 고 되어 있고, 연합은 '공동임무를 수행할 목적으로 2개국 이상의 국가 또는 그 군대 혹은 기관이 서로 협력하는 것' 이라고 되어 있다.[127]

이를 통해 볼 때, 군사통합은 군사합동이나 군사연합과는 명백한 차이를 보이고 있음을 알 수 있으며, 군사통합이란 '군사 분야의 제반기능과 조직 체제를 하나의 공동기능 및 조직체제로 결합시키는 과정' 이라고 할 수 있다. 특히 이는 군내 · 군부의 결합과 국가간의 통합을 총괄한 개념이라 할 수 있다. 따라서 남북한 군사통합이란 '한국과 북한의 군사 조직체제를 한 데 묶어서 통일한국의 새로운 군사 조직체제로 구성하는 국가간의 군사통합 작업' 이라 할 수 있다. 즉 군사통합의 본질은 쌍방 군대의 단순한 가감적 의미가 아닌 일원화체제의 보강적 의미에서 통합 주도측의 기득권을 인정한 일방적 흡수통합의 형태로 추진된다는 것이라 할 수 있다.[128]

독일 · 베트남 · 예멘의 군사통합을 종합해 보면, 군사통합의 유형은 형태적으로는 강제적 흡수통합 · 합의적 흡수통합 · 대등적 합병통합으로 구분할 수 있으며, 과정적으로는 일방적 흡수통합과 보완적 흡수통합의 형태로 나눌 수

126) Stanley Hoffmann, Gulliver' s Troubles, or the Steeing of American Foreign Policy(New York: McGraw-Hill, 1968), pp. 387 ~ 458.

127) 합동참모본부, 연합 · 합동 군사용어사전, 합동참고교범 10-2, 2007.

128) 장홍기 · 이량 · 이만종, "남북 군사통합 방안," 한국국방연구원 정책보고서, 1994, pp. 50 ~ 89.

있다.[129)]

먼저 형태적 군사통합의 특성을 살펴보면 다음과 같다.

첫째, 강제적 흡수통합은 상대방의 의사에 무관하게 강한 일방에 의해서 통합되는 유형이다. 이 유형에서는 베트남의 군사통합처럼 전쟁 또는 무력개입에 의한 통일하에서 피합병국의 무조건적 군제의 폐기 및 관련자산에 대한 보상이 고려되지 않는다.

둘째, 합의적 흡수통합은 합의의 형태를 거치면서도 강한 일방의 주도에 의해 통합되는 유형이다. 이 유형은 피합병국의 군사통합이라는 합의적 면에서는 강제적 흡수통합과 같으나, 독일 군사통합에서 나타난 것처럼 피합병국 군제의 가용성 및 군사자산에 대한 보상을 고려한다는 면에서 차이가 있다.

셋째, 대등적 합병통합은 예멘의 군사통합처럼 합의에 의한 대등적 합병상황에서 당사국간 대등한 군사통합조건에 합의한 유형이다. 이 유형은 당사국 군제 혼성형의 군사합병을 하되, 'unification' 이라기보다는 'integration' 의 의미의 군사통합이라 할 수 있으며, 무력 갈등요인이 제도적으로 내재하고 있다는 특징이 있다.

과정별 군사통합의 형태로 일방적 흡수통합은 피합병국 군제의 전면 폐기를 통해 주도적 군제위주 일반형 군사통합이며, 이는 강제적 · 합의적 통합에 기초한 급진적 유형이라 할 수 있다. 보완적 흡수통합은 피합병국 군제의 장점을 일부 수용하여 주도록 군제를 보완하는 형태의 군사통합이며, 이는 합의적 · 대등적 통합에 기초한 점진적 유형이라고 볼 수 있다.

독일과 베트남의 경우처럼 일방군대의 무조건적 굴복과 해체가 실질적 군사통합을 가능하게 한다고 할 때, 남북한 군사통합 과정은 합의에 의해 점진적으로 이루어지더라도 최종적 결과는 조직과 지휘체계가 일원화된 확실한 통합 형태라야 진정한 의미에서 군통합이 이루어졌다고 할 수 있다. 이러한 개념에 의해 군사통합을 성공적으로 이루기 위해서는 군사적 정당성, 안정성, 효율성이 추구되어야 한다.

129) 위의 글, pp. 92 ~ 93.

'군사적 정당성' 이란 군사통합의 본질이 단순히 '하나로 끌어 모은다' 는 의미(integration)보다는 '체제를 일원화시킨다' 는 것(unification)이어야 하며, 통합 전후의 군대의 정통성과 목표성을 가져야 한다는 것이다.[130)]

'군사적 안정성' 이란 통합후의 무력갈등 요인을 근원적으로 배제하기 위해 북한군 잔존세력을 조직적으로 제거하고 이념 지향적 무장 세력형성을 차단함과 아울러 통합군사력이 장차의 국가위협에 충분히 대처할 수 있는 전력성을 유지해야 한다는 것이다. 북한 노동당의 무장세력으로서 유일 체제 수호의 선봉적 기수의 지위를 유지하고 있는 북한 군대의 잔존세력이 조직적 붕당화 내지는 무장 세력화 하지 않을 것인가, 북한 군대를 해체할 경우 전체 군 인력의 사회적 수용이 가능할 것인가 등의 문제점은 필수적으로 고려되어야 할 요소이다.

'군사적 효율성' 을 기하기 위해서는 군사지휘통제의 일원화 및 군사 활동의 일관성이 유지되어야 하고, 군사통합에 따른 군제 및 조직변화를 최소화함으로써 혼란을 방지해야 하며, 군사통합의 마찰요소를 감소시켜 군사통합의 합의 가능성 및 용이성을 증대시켜야 하고, 통합기간에 있어서 이를 단기화 시켜야 하는 군사통합의 시간성을 가져야 한다.

그러나 군사통합은 군 내부의 독자적인 구상으로 수행될 수 있는 것이 아니며, 통일과정에서 종합적인 국가통합 구상의 일부로서 정치 · 경제 · 사회 등 제 분야의 통합과 연계되어 상호 보완적으로 이루어져야 한다.

특히 군사통합은 정치 종속적이어서 통일협상 형태 및 과정이 어떤 형태로 전개되느냐에 따라 그 방법도 정해질 수밖에 없다. 그러나 군사통합은 정치적 통일합의가 이루어진 후 실질적인 남북통일을 위한 통일과정의 최종단계이자 통일전체의 성공여부를 가늠하는 통합작업 과정에 속한다.

남북한 군사통합이 물리적 방법보다 평화적 방법을 통한 점진적 흡수통합을 추구해야 한다고 볼 때 그에 선행되는 정치적 조건은 북한 대남 적화전략의 포기 유도로 인한 평화체제 구축이다. 또한 이러한 북한 대남 전략을 변화시키

130) 위의 글, pp. 95 ~ 97.

기 위한 남북 경제교류의 확대 및 남북한 신뢰구축 조치가 뒤따라야 한다.

아울러 주변 4강을 포함한 주요 국가들과의 다자간 협력체제 및 연대를 강화하여 대남 적화전략을 포기하도록 작용되어야 한다. 북한이 국정목표를 경제건설에 두게 되면 개혁과 개방이 불가피하게 되고 개혁과 개방은 통일 또는 각 분야와 연계되면서 군사문제의 협상 · 조정이 가능해지는 것이다.

남북간의 관계가 대치국면에서 점진적으로 협력적 평화공존을 거쳐 통일로 지향된다고 볼 때 통일 환경은 북한의 내구력이 결정적인 요소가 된다. 북한에 급변상황이 발생할 경우에는 과도기적 집권세력이 등장하게 되고 그들의 능력과 성향에 따라 통일양상이 달라진다. 강제적 통일 혹은 합의적 통일 등 통일방법이 정해지면 그에 따른 적절한 군사통합 방안이 적용될 것이다.

북한의 체제가 김정일 체제로 안정되어 갈 경우에는 상호인정을 바탕으로 한 장기적 평화관리체제에 따른 단계적 점진적 군사통합 형태로 발전될 것이다.

여하간에 남북한 군사통합의 형태와 방안은 남북한 통일유형과 연관시켜 발전시켜야 한다는 것과, 통합의 수준과 갈등의 수준이 반비례할 것이라는 관념적 편견에서 탈피하여 군사적 갈등이 군사통합을 촉진할 수도 있다는 점을 유념할 필요가 있다.[131]

총체적으로 군사통합의 의미를 정리해 보면 '상이한 지휘계통하에서 독자적으로 작용하고 있는 개별적 기능조직 체계를 한 데 묶어서 하나로 통일된 단일 지휘계통하의 공동기능조직체로 통합시키는 과정' 이며 남북 군사통합은 '한국과 북한의 군사조직체를 하나로 결합하여 현대적 독립국가인 통일국군의 새로운 군사조직체로 군정 · 군령을 일원화하는 국가간의 통합 행위' 라 할 수 있다.

131) 구영록, 앞의 책, p. 362.

제3절. 분단국 통일과 군사통합 사례분석

1. 베트남

가. 분단과정

베트남의 분단구조는 한반도나 독일과는 달리 프랑스 식민통치하의 독립운동 과정에서 지역적 · 계층적으로 심화되어 온 베트남 사회의 갈등구조가 바탕이 되었고, 결국 민족해방전선에서 야기된 사태를 수습하기 위해 관계 국가간의 국제회의에서 이루어진 합의에 의하여 분단되었다.[132)]

베트남은 19세기 이래 약 80년간 프랑스 식민지였고, 1940년 2차대전중 일본군이 진주하여 5년간 식민통치 후 다시 프랑스가 베트남을 식민통치하게 되자 8년에 걸친 프랑스와의 전쟁(1946 ~ 1954)을 하게 되었다. 1954년 7월 21일 제네바 회담에서 인지주재(印支駐在) 프랑스군 사령관과 하노이의 베트민(Vietminh) 사령관 사이에 제네바 휴전협정이 체결되어 베트민군은 17도 이북으로, 프랑스군은 17도 이남으로 철수하였다.

이어 자유총선거를 실시할 예정이었으나 북베트남은 이미 1954년 10월경부터 강력한 통치권을 확립하여 호치민이 이끄는 공산정권이 수립되었다. 이에 남베트남은 1955년 10월 국민투표를 실시하여 헌법을 제정 · 선포하고 총선거를 통해 남베트남 정부를 수립하게 되었다. 그리고 미국과 프랑스의 협상에 따라 남베트남에서 프랑스군이 완전 철수하고 이 지역에서 미군이 남베트남의 지원을 맡게 되었다.

베트남의 분단구조는 정치적 측면에서 지역적 차별성을 강조한 프랑스 식민통치의 결과에 기인된 것으로 베트남인의 독립투쟁 양상이 지역적으로 달라 지역간 차별성이 심화되었고, 베트남인의 정치참여가 제한되어 정치적 자율성이 미미하였다.

경제면에서는 지역간 · 산업간 불균형적 발전과 불평등한 부의 분배로 수직

132) 장석은, 분단국의 통일과 교훈(서울: 통일연수원, 1993), pp. 5 ~ 8.

적 계층분화가 심화되었다.[133] 사회적으로는 전통사회의 지역공동체 통합성을 약화시키고 계층분화 현상 및 종교운동을 확산시켰다. 이념적 갈등구조도 프랑스 식민통치의 결과였는데 반외세 독립투쟁을 대표하는 공산주의 이념이 베트남 민족주의로 인식되어 온 반면, 민족주의 개념은 프랑스 식민정부와 결탁한 봉건지배 세력에 의한 반공산주의 개념으로 사용되었다.

결국 반민족적이고 비민주적이었던 남베트남 정부는 정치적으로 잦은 군부쿠데타와 반정부 세력의 저항에 직면하여 안정적 위상을 확보할 수 없었으며, 경제 및 사회 · 문화적으로도 어려운 상황에 직면하였다.

반면 북베트남 지역에서는 사회주의를 통치이념으로 채택, 호치민의 리더십 아래 전쟁승리의 주체이자 반외세 민족주의 이념을 표방함으로써 주민들로부터 정통성을 확보하여 장기간에 걸친 베트남 전쟁을 수행할 수 있었다.

나. 통일과정

호치민은 1956년부터 군사적 공세로부터 남베트남 내부에서의 테러행위와 게릴라전 위주로 전법을 바꾸어 대(對) 남베트남 침공을 본격화하였다.

고딘 디엠정권의 실정과 붕괴의 과정 속에서 재야 저항세력이 결집, 1960년 남베트남 민족해방전선(Viet-cong)이 결성되었고 남베트남의 정치 · 군사투쟁에 일체의 책임을 지는 조직체계를 갖추게 되었다.[134] 1964년에 이르러서는 베트남 농촌지역의 2/3를 장악하게 되었고[135] 동년 8월 통킹만사건[136]이 발생하자 미지상군이 본격적으로 베트남 전쟁에 참전하게 되었다. 1965년 4월 북베트남은 '평화협상 4개항'을 내놓았고,[137] 미국은 14개항[138]으로 집약된 미국 기본입

133) Malanie Benesford, Vietnam: Politics, Economics and Society(New York: Printer Publishers, 1988), pp. 56 ~ 57.

134) 이영희, 《베트남 전쟁》(서울: 두레신서, 1985), p. 58.

135) Douglas Pike, History of Vietnamese Communism 1925 ~ 1976(Stanford: Hoover Institution Press, 1978), p. 172.

136) 통킹만 사건은 통킹만에 정박 중이던 미국 첩보선 2척을 1964년 8월 2일에 북베트남 초계함이 습격한 사건을 말함.

137) 평화협상 4개항 : 미국의 베트남 철수 및 전쟁행위 중단, 베트남 외국군 주둔 및 군사동맹 금지, 민족해방전선 강령에 따른 베트남 문제해결, 베트남 통일은 외세 간섭 없는 베트남인 스스로 해결.

장으로 맞서 팽팽한 대결을 계속하였다.

미국의 '북폭' 이 본격화되었던 1966년 말에는 주월 미군이 40만명이 넘게 되었다. 1967년 존슨대통령의 '북폭의 부분중지' 발표와 더불어 북베트남과 파리회담 예비회의가 열리고 1969년 1월 25일 파리회담 본 회의가 열리게 되었으나 곧 교착상태에 빠졌다. 1969년 호치민의 사망으로 1970년 2월 키신저는 레둑토와 4차 비밀접촉을 갖는 한편 소련과 중국을 통한 압력작전을 성공시켜 1972년 7월 18일 베트남 평화협상을 끝을 맺었다. 이 파리협정은 1973년 6월 13일 조인되었으며, 협정 2장의 '군사 조항' 에 미국 및 그 동맹국 군대는 전쟁행위 중지 발효일로부터 60일 이내에 군사 · 준군사요원 및 무기 · 탄약을 남베트남에서 전면 철수 · 철거하며, 그 후에는 남베트남의 두 당사자(남베트남 정부, 남베트남 임시혁명 정부)가 현지 상태에서 협정이 규정한 모든 군사적 · 정치적 해결의 주체가 된다라고 규정하였다. 즉 미군 철수 후에 남베트남에 두 개의 실체를 사실상 승인한 결과를 가져왔던 것이다. 파리협정의 남북베트남 당사자로 구성된 휴전감시 기구는 유명무실해지면서 전투는 그치지 않고 계속되었다. 북베트남은 1년간 군사력을 보강하여 1974년 12월부터 남베트남의 무력적화통일이라는 본래의 의도대로 1975년 4월 30일 사이공을 함락시키면서 공산화통일을 이룩하였다. 이러한 전쟁결과를 가져온 결정적 요인은 베트남 공산주의 세력이 명분과 실리를 동시 추구한 복합적 전략 · 전술을 잘 구사하였고, 주민의 반정부적 저항성향을 최대로 이용했다는 점을 들 수 있다.

다. 통일 이후 통합과정

통일 이후 베트남의 국민통합 과정은 통일정부의 권위획득 과정, 계획경제체제로의 개편 및 수정과정, 가치통합 과정으로 대별될 수 있으며, 전반적으로 성공하지 못한 것으로 평가되고 있다. 먼저 통일정부는 권위획득을 위한 정

138) 미국기본입장 14개항 : 제네바 협정에 기초하여 협상, 대화의 환영, 북베트남 제안 4개항 토의 환영, 베트남인 의사존중, 미국의 동남아 경제 재건 지원, 북베트남 침략행위 중지시 베트콩 협상 참여 및 북폭중지 용의 등의 내용.

책수행에서 기여한 결과를 획득하지 못하였는데 그 원인은 정통사회주의 이념과는 다른 과학적 사회주의 추진에 따른 체제정체성 위기, 북부지역 군인과 당료들 중심으로 구성된 지도자와 대중과의 괴리 확대, 관료들의 지식과 경험의 결핍 및 부패, 정치적 비전문성 및 정치조직의 비효율성으로 인한 사회 불안정과 그 대응책의 부재, 주민들의 대정부 저항에 대한 효과적인 대응책 미비 등이었다.

경제개혁 과정상의 문제점으로는 남부지역 경제현실과 동떨어진 정책결정과 집행, 사회주의 경제체제의 구조적 약점과 열악한 경제기반, 경제개혁 내용 및 기간의 불균형 등을 들 수 있다.

가치통합 과정상의 문제점으로는 가치통합의 주체가 당과 정부로 제한되어 주민들이 비협조적이었고 특히 공포 분위기의 사회재교육, 대중매체의 국가독점, 종교탄압 등 급속한 정책추진에 남부 주민들이 저항하였다. 또한 사회주의 체제가 갖는 구조적 약점으로 인하여 남부지역 사회에 신지배계급이 발생하였고, 사회주의 이념과 종교생활이 상호배치됨으로써 사회가치의 통합을 어렵게 만들었다.

라. 군사통합과정

북베트남은 북부정규군을 이용 남부의 전 시가를 접수 해방하고, 남베트남군을 무장 해제시켜 군대를 해체시켰으며, 모든 저항을 철저히 분쇄할 것을 지시하였다. 또한 남베트남 전역에 각급 군사위원회(Military Management Committee)를 설치하고 남베트남의 군정업무를 통할(統轄)하였다. 하부 행정구역에는 인민행정위원회(People′s Revolutionary Committee)를 설치하여 지방행정을 담당하였고, 남베트남 관리를 위해서 50,000명 정도의 북베트남 간부를 파견하였으며 관리인력 부족시에는 북베트남 정규군 병력을 사용하였다.[139] 그러나 남베트남의 인민해방전선(베트콩) 요원은 철저히 배격하였다.

군사관리 측면에서도 북부정규군을 남베트남 전역에 배치하고 북부정규군

139) 고성윤, 효율적인 군사작전을 위한 수복지역의 주민통제 · 동화방안, 합참민사심리전 참모부 주관 정책발전세미나 발표논문(1995년 9월 24일), p. 19.

이 이동시에는 지방 베트콩군이 병참지원 및 보조역할을 담당하였다. 남부 베트콩군을 북부정규군 휘하에 통합하여 반혁명세력 진압시에는 남부 베트콩군을 최대로 활용하였다. 반면 남부베트콩 휘하에는 정규군을 두지 않았고, 베트콩 간부는 지휘체계에서 철저히 소외시켰다.[140] 월맹 정규군 위주 지휘체제를 단일화함으로써 체제도전 요소를 원천적으로 봉쇄했던 것이다. 치안도 군대(북베트남 정규군) 헌병 인민보안대를 통해 강제력에 의해 유지하였으며, 보안조직은 북베트남에서 파견된 간부가 장악하였다. 혁명정부에 반항하는 세력의 근원을 발본색원하여, 혁명정권에 적대적인 인사(관리, 군인 등) 등을 조사 · 분류 후 재교육(약 150만명)을 시키고, 약 15만명에 대해서는 3 ~ 5년간 격리 수용하였으며, 약 6만여 명이 처형되었다. 이러한 요소들로 쌍방간의 불신 및 적대감이 팽배하여 정신적 융합에 오랜 시일이 걸리게 하였고,[141] 제 분야에 걸쳐 주민들의 비협조적 태도를 유발하여 국가적 통합과 발전을 저해하였다.

베트남 군사통합은 남베트남 군대의 무조건적 굴복과 해체를 통해 월맹군 중심의 군제와 편성, 군사운용으로 대치되는 과정이었다. 이런 와중에서 베트남식의 군사통합은 일원화되고 기준이 명료하며 시간을 단축, 구베트남군의 조직을 완전 와해시켜 월맹군의 완전한 주도로 조기 종결함으로써 통일 후 구 베트남 지역에서의 군사적 위협과 체제도전적 불안요인을 원천적으로 봉쇄하였던 것이다.

그러나 비인도적인 만행과 더불어 통합과정중 방법상의 시행착오로 막대한 희생을 내어 복합적으로 갈등요인을 증폭시켰고 군사통합의 중요한 전제조건인 군의 정당성과 안정성 획득에 큰 장애요소가 되었다. 결과적으로 실질적인 군 통합이 오히려 장기화됨으로써 통합의 효율성은 저하되었던 것이다. 통일 후 군사력 규모는 기존의 북베트남군 수준을 유지하면서 남베트남군을 완전 해체시켰다.

140) 장홍기 · 이량 · 이만종, 《남북 군사통합 방안 연구》(한국국방연구원, 1994), p. 44.
141) 전태영 · 김수영, "독일통일의 교훈과 한반도통일," 『국방논총』, 제20호(1992), p. 25.

2. 예멘

가. 분단 과정

고대 아랍문명의 근원지로서 기원전 110년 전에 히미아왕조가 오늘날 예멘 지역을 통일하여 지배하기 시작하였으나, 기독교 박해와 관련 525년 아비시니아에 의해 멸망되었다. 반세기후 페르시아왕조가 되었다가 7세기 초 아랍제국의 영토가 되었고 12세기 이집트 아이브유 왕조의 영토를 거쳐 1229 ~ 1451년간에는 라술왕조의 지배하에 들어갔으며 그 후 북예멘을 타이로왕조가 통치하였다.[142)]

1517년 오스만터키에게 점령되어 그 지배를 받게 된 이후 이민족의 식민통치를 벗어나는 과정에서 분단되었다. 오스만터키의 지배하에 들어간 예멘은 현지의 토후세력들이 할거한 상태에서도 이슬람교에 의한 민족의 일체성을 유지해 왔다. 제1차 세계대전으로 인하여 오스만터키가 붕괴되자 남예멘지역을 제외한 북예멘이 독립하게 되었다. 북예멘은 아랍부족사회의 전통이 강한 보수적인 나라이다. 1950 ~ 1970년대 다섯 차례의 쿠데타 시도와 최고지도자의 암살을 거쳐 알리압둘라 살레대통령에 이르러 중앙집권적 체제가 공고해졌고 자본주의 시장경제를 견지하여 왔다. 남북예멘의 분단은 동·서독이나 남·북한 경우처럼 제2차 대전 이후 공간적으로나 시간적으로 단번에 이루어진 분단이 아니다.

통일 전 남예멘의 영토는 비아랍·비회교국인 영국이 1839년 아덴항을 강점한 이래 오랜 세월을 통해 주변의 토호들을 회유하여 야금야금 확장함으로써 형성된 것이다. 1839년부터 1967년까지 128년간 영국의 식민지였던 남예멘의 독립은 영국의 자의가 아닌 남예멘의 치열한 반영테러와 폭동, UN총회결의(1963.12) 등 국내외적 압력에 기인한 것이었다. 1967년 마르크스주의를 표방하는 민족해방전선이 남예멘인민공화국을 건설하였고 친소련 정책을 펴며 사회주의 노선을 추종하였다. 1980년대에는 내전을 방불케 하는 권력투쟁이

---

142) Robin Bidwell, The Two Yemens(Boulder: Westview Press, 1983) 참조.

있었으며 막대한 석유매장량을 가지고 있으면서도 이를 개발할 의지도 능력도 없었다.

나. 통일 과정

예멘과 사우디아라비아간의 국경은 지난 60여년간 분쟁의 대상이 되어 왔던 부분을 제외하고는 사막을 관통하고 있기 때문에 국경선 설정(delimitation of the boundary)과 국경선 표지(demarcation of the boundary)는커녕 측량마저 되어 있지 않았다.[143] 이러한 사우디가 경제원조와 산악지역 부족들에 대한 지원을 적절히 이용하여 예멘통일 정책에 간섭한 것은 통일예멘정부가 이슬람국가 성격보다는 공산혁명 세력이 될 것으로 우려했기 때문이었다. 경제적으로 후진적인 예멘의 유일한 희망은 석유개발이며, 남북예멘 총 97억5천만 베럴의 석유개발은 통일정책을 통해서만 개발할 수 있는 자원인데, 이는 사우디가 경계심과 우려를 보이는 또 하나의 이유였다. 1989년 구소련의 경제원조 중단으로 남예멘 경제는 악화되었고 150만명에 달하는 해외거주 예멘인들이 보내는 송금이 급감하여 더욱 경제가 심각하게 되자 석유개발을 위한 통일정책의 필요성이 절실하게 되었다.[144]

예멘의 통일과정은 1972년 트리폴리선언과 1979년 쿠웨이트 협정이라는 정치적 협상기간을 거쳐서 1980년대의 실무 통일 협상기간에 세분화, 구체화되었다.[145]

한순간의 정치협상에 의한 흡수통일이 아니라 23년간이라는 통일준비기간이 있었으며, 서로 접근하기 위한 국내 권력투쟁 뿐만 아니라 남북예멘간의 무력충돌이 두 번((1972, 1979년)이나 있었다. 그러한 와중에서도 협상은 지속되어 왔으며, 결국 탈냉전 시대에 이르러 사회주의 실험이 실패했다는 것을 자각한 남예멘 지도층은 국방, 내무, 정보부처의 반대에도 불구하고 통일정부 관

143) Nabil Adway, Boundary and Boundary Disputes in South Arabia(London: Gulf Centre for Strategic Studies, Monograph 6, May 1990), pp. 4 ~ 8.

144) 홍순남, "완전한 합의통일의 모델 예멘," 『통일한국』(1992. 5.)

145) 쿠웨이트 협정 이후 남북예멘은 1980년 5월 아덴정상회담을 시작으로 1990년 5월 22일 통일예멘공화국을 선포할 때까지 10년간 통일준비가 진행되었다.

료조직을 동등 분배한다는 원칙에 동의하였다.[146] 결국 소련 대외정책의 변화, 국경지대의 유전개발 필요성과 남북예멘 정치지도자들의 과단성 있는 결단에 힘입어 1990년 4월 19일 통일에 합의하게 되었다.

다. 통일 후 통합실패로 인한 무력재통일 과정

1990년 5월 25일 발표된 통일예멘의 국가조직은 통일헌법에 의하여 대통령 평의회, 의회, 국무원으로 분립되었다. 통일예멘의 권력구조는 합의통일 형식을 취하였는데, 실질적인 통일작업에서 형식적으로는 조직을 해체하여 통일하는 방법을 취하였지만, 결과적으로는 모든 기구를 존속시키면서 중앙기구만 만들어 통일해 가는 부피만 키운 방법을 택하였다.

남북예멘을 비교해 보면 면적은 남예멘이 북예멘보다 크지만(1.3배), 인구는 북예멘이 927만, 남예멘이 235만으로 거의 4배에 달하고, GNP도 북예멘이 남예멘에 비하여 5.5배가 되며 연간 군사비도 2.6배, 병력은 1.4배로 우세한 상황이었다.[147] 그럼에도 남북예멘은 거의 대등한 상태로 통일을 이루었다. 그러나 이질적인 사회체제 위에 선정치통합의 수순을 무리하게 진행시킴으로써 통일예멘의 군대는 물론 경찰, 정보조직과 일반 행정조직 등에서 실질적인 통합을 이루지 못하였다. 사실상 2개의 국가가 국경만 없애고 독자적인 국가경영을 해온 셈이다. 통합 후 걸프전 등의 계속되는 마이너스 성장과 높은 인플레이션으로 예멘경제는 막대한 타격을 입었고 석유생산을 둘러싼 이권다툼 등으로 양측 갈등이 고조되어 통일 4년 만에 내전상태로 돌입했다. 동족상잔의 내전은 북측의 일방적 승리로 끝나고 남예멘의 수도 아덴함락과 더불어 1994년 7월 7일에 종결되었다.

통일에서 통합실패 후 재통일 과정을 종합해 보면, 예멘의 통일이 가능했던 것은 구소련과 사우디아라비아가 쿠웨이트에 대한 이라크 침공사태를 계기로 반대 입장이 약해진 국제환경의 상황변화를 잘 포착하였고, 양측의 기득권을

---

146) Charles Dunbar, "The Unification of Yemen: Process, Politics and Prospects," The Middle East Journal, Vol.46. No.3(1992), p. 466.

147) 장홍기 · 이량 · 이만종, 앞의 책, p. 44.

상호 최대한 보호, 존중하는 방향으로 재빨리 타협에 도달할 수 있었던 점 등이 될 것이다. 50 : 50의 권력 안배 원칙 아래 북부지역에 편중되어 있는 이슬람 부족세력을 과도기의 연정에서 배제하기로 남예멘측과 결정하였던 것은 과감한 정치적 결단이었다고 할 수 있다.[148] 4년 후에 발생한 재분열 위기의 원인은 남북예멘 지도자간의 통일협상 과정 자체에 문제가 있었다고 보기보다는 통일 후의 과도단계에서 정치, 경제, 사회, 군사적 통합과정의 실패에 있었다고 보는 것이 타당한 평가가 될 것이다. 예멘의 통일과정을 통일협상 단계에서부터 두 분단국의 병합 그리고 3년간의 통일과도기를 거쳐 통합과정에 이르는 단계까지 종합적으로 고려한다면 1990년의 예멘통일을 두 국가가 병합되었으나 통합되지 않은 이른바 융합—비통합형(amalgamated, non-integrated type)으로 분류하기도 한다.[149]

예멘의 어렵고 복잡한 통합과정을 간과하고 분단국의 평화통일을 양국 정부기구와 제도의 단순통합(amalgamation)과 동일시하는 통념에서 벗어나, 철저한 준비를 바탕으로 점진적으로 추진해야 하는 기능주의적 통일방식의 중요성을 인식하는 계기가 되고 있다.

라. 군사통합과정

남북예멘의 군사통합은 타분야와 마찬가지로 1 : 1 대등 통합의 원칙하에 이루어졌다. 남북예멘 인구비, GNP 차이 등을 무시하고 권력의 반분을 수용한 정치적 대등 통합방식의 영향으로 군 최고통수권자는 북예멘의 대통령이 맡고, 국방장관은 남예멘의 국방장관이 계승하는 식의 기계적 합병이 이루어진 것이다.

특히 야전군 통합면에서 남북예멘 병력에 대하여 효과적인 재배치 혹은 재편을 이루지 못함으로써 기능적인 통합 달성에 실패하였다. 대부분의 야전지휘관 또한 기존 위치에서 기존의 명령계통에 따라 운영됨으로써 군의 지휘체

148) 유지호, 《예멘의 남북통일》(서울: 서문당, 1997), pp. 325 ~ 326.

149) Michel Hudson, "Bipolarity, Rational Calculation and War in Yemen," Arab Studies Journal, Vol. III, No. 1(Spring 1995), p. 10.

계 단일화에 심각한 한계를 드러냈다. 사실 군통합 문제는 남예멘측이 우세한 군사력을 이용하여 국력의 전반적 열세에도 불구하고 대등한 정치적 지위를 확보하려는 의도와 급여수준 평준화를 위한 재원확보 문제 등 경제적 요인 등이 사태를 더 나쁘게 만들었다.

결국 남예멘 정치세력들이 남예멘군에 대한 통제권을 놓지 않으면서 형식적이고 기계적인 통합에 그쳐 단일지휘체계 형성에 실패, 군사적 충돌은 시간문제였고 정치적 열세보다는 분리를 택한 남예멘 정치권의 의도대로 남북예멘군이 충돌, 2개월간의 내전 끝에 1994년 7월 북군의 승리로 재통일을 이룩하였다.

남북예멘의 군사통합 과정을 분석해 보려면 먼저 양쪽이 장기간 분단상태를 유지하며 전쟁과 타협을 반복하게 된 분단상황의 특수성을 간과해서는 안된다.

그 첫째가 우선 남북예멘은 군사력이 취약하여 어느 한쪽도 일방적 승리에 의한 무력통일을 이룩할 능력이 없었고 장기전을 수행할 능력도 결여되어 있었다. 남예멘 3만명, 북예멘 3만 6천명 정도로 이를 지원하는 소련과 사우디아라비아는 남북 예멘군이 세력균형을 이루는 한도내에서 군사지원을 계속하였다.

둘째, 소수의 군대이기 때문에 방대한 국경선 통제가 용이치 않았으며 따라서 비공식적 교류는 남북 예멘인들의 생활양식과 사고방식이 적대적으로 이질화되는 것을 방지하였다.

셋째, 군대의 특성이 정치적으로 예속되어 있어 군대 자체가 하나의 정치적 협상의 수단으로 가치를 발휘하는 것이었다. 그러므로 과도기간 중 군통수권이 일원화되지 못하고 정치권의 영향력을 계속 받게 된 것이다.

총선거 후 예멘사회당이 국민의회당과 이슬람 개혁당으로부터 군사통합의 압력을 받게 되자, 부족사회의 사병제 폐지, 군 인사의 공정성 확보, 군 처우개선 정책 등 군사개혁안을 살레 대통령에게 전제조건으로 제시하여 연정체제가 다시 위기 국면을 맞이하게 되고 결국은 예멘사회당이 군통합을 중단시키고 남예멘 야전군에 대한 사회당 통제체제를 부활시켰던 것이다. 군사통합이 효과적으로 이루어지지 않으면 여타 부분의 통합 내지는 체제 전체 통합이 수포로 돌아가게 되는 것이다.

3. 독일

가. 분단 과정

제2차 세계대전이 막바지에 달하면서 1945년 4월 30일 히틀러가 자살하고 이어 5월 8일에 독일은 무조건 항복을 선언하였다. 1945년 8월 연합국의 포츠담 전승 4개국(미 · 영 · 불 · 소) 협정에 따라 독일은 비무장화, 전범처형, 민주주의, 나치청산 등 네 가지 원칙하에 개혁이 단행되었다. 두 번이나 세계대전의 진원지가 된 독일의 군국주의를 뿌리 뽑고 주변국가들의 안전보장을 정착시키는 것이 가장 중요한 관심사였기 때문이다.[150]

독일은 완전히 무장해제되었고, 동프로이센으로부터 동쪽지방은 소련에 귀속되고 에데르 · 나이제강의 동쪽은 폴란드에 흡수되었다. 또한 동 · 서독으로 분할되어 서쪽은 미국이, 동쪽은 소련이 분할 점령하게 되었다. 이로 인하여 전후의 독일 영토는 1937년에 비하여 4분의 3으로 줄어들게 되었다.[151] 1948년 6월 7일 독일연방공화국의 창설이 추진되었고, 이어 통화개혁을 실시하였다. 이 통화개혁에 반발한 소련은 베를린을 봉쇄하였고 서측은 공수로 위기를 극복하는 과정에서 동서독의 분단은 결정적인 국면으로 치닫게 되었다.[152]

미국 · 영국 · 프랑스의 점령지구인 서독측은 1949년 5월 23일에 독일연방공화국 기본법을 제정하였고, 이에 따라 연방회의가 소집되고 대통령, 수상 선출과 더불어 1949년 9월 20일 조각을 완료하였다. 동독측은 소련 점령당국에 의해 신속하게 분단정권의 기반을 조성하였다. 1946년 4월 21일 독일통일사회당을 만들고, 1948년 3월 인민평의회가 설치되었다. 인민평의회는 1949년 5월 15일과 16일에 전 독일 총선거를 실시하고 헌법초안을 작성, 10월 7일 임

---

150) 박사면, 《전환기의 분단국 문제》(사회과학연구소, 1991), p. 189.
151) 백경남, 《독일, 분단에서 통일까지》(서울: 강권, 1991), p. 47.
152) 위의 책, pp. 56 ~ 57.

시 인민회의로서 독일민주공화국 헌법을 선포하였다. 이로써 독일은 1990년 재통일을 이룰 때까지 분단되고 말았다.

나. 통일 과정

1969년 빌리 브란트 수상이 집권하면서 동방정책이 바탕이 되는 정책기조를 발표하였다. 브란트는 동구제국을 대상으로 하는 '동방정책'과 병행하여 동독과의 관계개선을 목표로 한 '독일정책'을 동시에 추진하여, 당장 실현되기 어려운 통일은 뒤로 미루고 교류협력을 실현함으로써 동서독의 공동번영과 민족화합을 도모하여 독일민족의 공동체 의식을 확산시켜 나가야겠다는 정책을 추진하였다. 이 같은 노력의 결과로 1970년 8월 12일 모스크바에서 독・소 불가침조약[153]이 체결되고, 1972년 12월 21일 동서독 기본조약[154]이 체결되었다.

동서독 기본조약 체결 이후, 다방면의 교류협력이 이루어졌으며 1987년에는 약 1천만 명이 상호방문을 실시하였고 1981년 체결된 이주협정에 따라 1983년부터 통일 이전까지 매년 약 3만 명의 이주자가 서독으로 이주해 왔다.

경제교류는 역내교역으로 규정하고 무관세 원칙을 적용하여 활발한 교류를 추진하였으며, 통신・문화・언론 및 방송 교류 등은 양독간의 동질성을 회복하는 데 크게 기여하였다.

1989년 6월부터 동독시민 탈주자가 급증하면서 통일논의가 고조되기 시작했고 고르바초프가 동독을 방문하여 호네커로 하여금 페레스트로이카에 참여하여 사회주의 국가들의 공동번영을 도모할 것을 제의하였으나 거절되었다. 개혁과 개방・민주화를 요구하는 시위가 점점 확산되었고 마침내 1989년 10월 18일 호네커가 사임하였고 내각이 총사퇴하였다. 1990년 3월 18일 동독은 최초의 자유총선거에서 우파연합인 독일연맹이 가능한 빠른 통일방법을 위하

---

153) 「독・소 불가침조약 5개항」: 유럽평화유지, 분쟁의 평화적 해결, 무력행사 포기, 「오데르・나이제선」을 포함한 현 국경선 존중, 독일민족자결권에 의한 통일의사 존중.

154) 「동서독 기본조약」이 체결되기까지 '정상회담 2회, 장차관 회담 70회, 실국장급회담 200회' 등 모두 2년간 272회의 회담 끝에 이루어진 결실이었음.

여 동서독의 화폐통합과 국영기업의 민영화를 선거공약으로 내세워 압승을 거두었다. 1990년 5월 18일 동서독은 통화 · 경제 · 사회보장 동맹에 관한 조약을 체결하여 실생활과 밀접한 내용에 대해 합의를 보았고, 동 · 서독과 미 · 영 · 불 · 소가 독일통일의 대외관계를 매듭짓는 2+4협정이 1990년 9월 12일 4차 회담을 마지막으로 체결되었다. 1990년 8월 31일 동서독은 '제2 국가조약'이라 불리우는 정치조약을 체결하여 통일 이전에 법적 구속력을 갖는 문서를 만들었고, 1990년 10월 3일 동독의회에서 '서독의 기본법 제23조에 따라 동독이 서독에 흡수된다' 는 결의를 함으로써 재통일을 이룩하였다.

독일 통일은 소련의 개혁 · 개방 정책에 따른 국제적 상황변화, 즉 유럽의 통합과정과 경제적 이익을 더욱 중시하는 국제적 분위기 속에서 이루어진 세력의 재편성 과정의 성공작이었다. 아울러 장기간의 교류와 협력을 통해 형성된 독일 민족의 동질성과 정치지도자 및 지식인층의 적극적인 노력 등이 여론을 수렴하고 공감대를 형성하여 통일 독일의 비전을 제시, 구심점을 형성하여 통일을 가능하게 하였다.[155)]

독일의 통일에 있어서 군사력은 주목받을 만한 역할을 하지 않았으나 군사적인 문제의 해결은 통일문제 해결의 주요 열쇠였으며, 이를 해결하기 위한 당사국 및 주변국간의 협의와 노력은 통일문제 해결의 핵심과제였다. 또한 통독 이후 여러 가지 사회, 경제적 문제점이 존재하는 것은 사실이지만, 통일과정이 평화적으로 일사분란하게 전개될 수 있었던 것은 신속하고도 성공적인 군사통합에 있다고 보아도 과언이 아니다.

다. 군사통합과정

서독의 군사통합을 위한 노력은 주변국 사전 정지작업과 독일군 자체통합

---

155) 이용필 외, 《남북한 기능 통합론》, (서울: 신유, 1995), pp. 130 ~ 134.
독일통일의 성공배경을 '통일의 고삐' 를 잡을 수 있었던 동서독 지도자들의 비전과 확신, 예견 축적된 법적 제도적 장치, 빌리브란트의 동방정책에 의한 '두 국가 하나의 민족' 틀 형성, 모든 분야의 경쟁에서의 승리 등을 들고 있다. 특히 브란트 정부의 ① 전 독일국민의 자결권 ② 유럽 평화 질서 속의 국가통일과 자유의 추구, ③ 전 독일과 베를린에서의 연합국의 권리와 책임의 인정 등 3가지 기본 입장의 '틀' 에 의한 외적 사슬을 잘 풀어 나갔음.

과정으로 요약될 수 있다. 통일을 위한 주변국관계에서 서독 통일외교의 핵심은 관련국들의 통독에 대한 안보 불안감을 제거하는 것이었다. 전승 4개국(미 · 영 · 불 · 소) 점령 체제의 공식적 종결, 동독 흡수통합과 통일 독일의 NATO 잔류에 대한 소련의 동의, 통일 동독의 군사적 위상, 독일 · 폴란드 국경문제, 외국군 철수 문제 등이 주요 과제였고, 2+4 회담과 영수회담을 병행하여 추진하였다.

1990년 2+4 회담을 설치하고 '국가연합적 구조' 에서 '연방형태' 2단계를 거쳐 통일국가를 형성하는 통독방안에 대한 합의 후, 동년 5월부터 9월까지 4차에 걸쳐 전술한 주요과제들에 대한 합의를 끌어내어 통일의 환경을 조성하는 데 성공하였다. 특히 동독 지역에서의 소련군 철수에 필요한 비용 등 소련에 대한 실제적이고 포괄적인 경제지원을 약속하고, 통일독일의 NATO 잔류에 대한 소련측의 양보를 받아냈다.[156)]

아울러 동 · 서독군 자체에 대한 통합노력도 병행되었다. 통합 준비기와 통합 실시기로 구분하였으며, 준비시기의 가장 큰 고민은 축소된 규모라도 독자적 군대로 남기를 바라는 동독군부를 어떻게 기존 서독 연방군으로 일원화시키느냐 하는 문제였다.

1990년 7월 15일 서독의 콜 수상과 소련의 고르바초프 대통령과의 정상회담에서 통일 독일군 규모를 37만으로 하며 1994년까지 소련군 철수 및 통일 독일군의 NATO 잔류 등이 합의된 후, 서독 정부는 통독시 동독군을 완전 해체시키되 동독 인민군 5만 여명을 연방군에 편입시키면서 동부지역 사령부 설치 계획을 발표하였다(1990년 7월. 8월). 또한 연방국방부 산하에 통합대비단을 설치(1990. 8. 17~1990. 10. 3)하여 동독국방부와의 접촉을 통해 주요 결정사항 준비, 현황파악과 아울러 지휘권 인수를 준비시켰다. 아울러 신설 예정 동부지역 사령관을 임명(1990. 8. 25)하여 동독 군부대의 지휘와 해체 및 편입을 총괄

156) 4차 회담의 주요 내용: 제1차회담(1990. 5. 5 본)은 독일민족의 자결권 인정, 제2차회담(1990. 6. 22 동베를린)은 통독 후 외국군 단계적 철수논의, 제3차회담(1990. 7. 17 파리)은 독일 · 폴란드 국경선 확정 및 통일 독일 NATO 잔류 결정, 제4차회담(1990. 9. 13 모스크바)은 통독문제 최종합의서 채택 등임.

하는 임무를 부여하였으며, 동독 인민군에 대한 법적 지위와 급료문제를 발표(1990. 8. 29)하고, 쌍방간 총 37만명(동독군 5만 포함)으로 통합군을 형성한다는 조약을 최종 타결(1990. 8. 31)하여 준비를 마쳤다.

1990년 10월 3일 통독이 선포되면서 연방군 동부지역사령부는 기존 동독인민군의 모든 명령지휘권을 접수하고 주된 임무인 동독인민군의 해체 및 개편에 착수하여 1991년 6월 30일부로 독일연방군 육 · 해 · 공군 지휘체계로 편입시켰다. 연방군 동부지역 사령부는 200명의 서독 연방군 장병과 300명의 구동독군 출신 장병으로 혼합 편성되어 동 · 서독 군사통합 과도기의 지역 군사행정관할, 구동독 인민군의 해체 및 개편, 구동독 인민군의 장비, 탄약, 시설 인수 및 관리, 동독 주둔 소련군의 철수지원 및 협조 임무를 성공적으로 수행하였다.[157)]

독일 군사통합 과정은 남북한 군사통합을 상정시 통합 형태나 규모 등 여러 면에서 유사점이 많은 것이므로 각 부분별로 정리해 본다.

첫째, 총병력 규모 및 인원 조정 부분이다. 통일 당시 총병력은 동 · 서독 합하여 521,000명이었고 이중 동독 인민군은 17만 명이었다. 1990년 10월 21일을 기해 구동독군의 모든 장성 및 제독, 그리고 50세 이상의 간부와 정치 장교 전원이 퇴역 조치되었고, 자진 전역한 직업장교 및 하사관을 포함 총 111,000명이 퇴역하였다. 1994년 기준으로 볼 때 34만 명의 유지병력 중 20%인 6만여 명이 동독군 출신으로서 결국 통일과 함께 서독군도 21만 명이 퇴역하였다. 통일 연방군으로 계속 근무하게 된 동독군 출신 장교는 당초의 1/6인 5,000명 선이었다. 청년층인 사병들은 8만여 명이 제대하고 55,000명이 남았다.

둘째, 동독군 흡수 및 부대 재편성[158)] 부분이다. 동부지역 사령부는 구동독의 국방부, 고급사령부, 사관학교를 비롯한 각급 군사학교를 해체하였다. 아울러

157) 동부사령부 기능 및 업무수행에 관해서는 당시 동부사령관을 역임하고 독일 국방차관으로 재직한 J. 쉔 보움 장군의 저서 참조: 쉔 보움, 이한홍 번역 두 개의 군과 하나의 조국(대전: 육군본부, 1994), pp. 46 ~ 47.

158) 부대인수 및 해체 작업 전반과 사단급 이상 전투 및 지원부대 지휘관, 참모편성 등의 상세한 사항은 다음 책을 참조 : 하정열, 《한반도 통일 후 군사통합 방안》(서울: 팔복원, 1996), pp. 150 ~ 156.

동독인민군으로부터 인수된 육군 2개 군사지역을 2개 방어지역사령부로, 6개 사단을 6개 여단으로, 해군 3개 전단을 3개 전대로, 공군 2개 사단을 1개 비행 사단으로 개편하였다.

각 여단은 2개의 기갑대대, 2개 기계화 보병대대 및 지원포병, 공병, 병참부대로 편성되었다. 독일연방군 2천여 명을 동독지역에 파견하여 구동독군 부대의 지휘관 및 참모로 배치하였고, 100여개 훈련소에 175개의 교관팀을 파견, 입영하는 병사들의 교육지원을 담당하게 하였다. 향토방위를 위하여 구동독 잔여 인원을 15개 지역방위대와 45개 지구방위대로 편성하여 지역방위사령부에 예속시켰다.[159] 전반적인 부대 재편 계획은 서독이 1994년부터 추진하고자 했던 2천년대 연방군 개편안' 에 의해 해체 및 존속 여부를 결정하였다.

셋째, 장비 및 물자처리 분야이다. 독일연방군은 장비와 물자 유지 여부를 결정함에 있어서 그 장비의 필요성과 군수지원 및 경제적 측면에서의 효용성, 독일과 소련의 안전기준의 상이함에서 오는 추가적 비용발생 등을 기준하여 영구적 혹은 한시적으로 사용 가능한 장비 및 물자, 잠정사용 후 추후 판단해야 할 장비 및 물자, 전혀 사용할 필요가 없는 물자 등의 세 범주로 분류하였다.

동서독군 보유 장비를 합칠 경우 전차의 41%, 장갑차의 61%, 야포의 42%, 전투기의 14%를 감축해야 했는데, 이는 1990년 11월에 CSCE(Conference on Security and Cooperation in Europe : 유럽안보협조위원회)에서 합의된 CFE(Conventional Forces in Europe : 유럽재래식군비협정)를 준수하는 틀내에서 이루어졌다. 탄약은 20 ~ 30만 톤 가량으로 12만 4천 톤은 소련측에 반납되었고, 나머지는 폐기 또는 판매되었다. 그 외 2,280건의 병영, 군용막사, 저장고, 훈련장, 항만, 비행장 등과 같은 각종 군용 부동산도 인수했는데 3/4은 연방군에 불필요한 것으로 가처분후 연방정부, 신탁청, 지방자치단체 등 민간사용 목적의 일반 기준 재산으로 전환하였다.

넷째, 동 · 서독군 내적 통합을 위한 재교육 분야이다. 동 · 서독군 통합에서

159) Joseph S. Gordon, “German Unification and the Bundeswehr,” Military Review, Vol.I, No.11(Nov. 1991), p. 22.

독일연방군이 가장 역점을 두고 있는 분야가 군내부적 통합 즉 동질성을 회복하는 것이다. 가장 적대적이었던 집단을 하나로 융화시킨다는 것은 통일작업 중 가장 어려운 작업이기 때문이다.[160)]

제복을 입은 시민 즉 민주 시민군으로 체질을 바꾸기 위해 동독군 장교들의 재교육이 핵심적 과제가 되었는데, 통일이전 1,000명 이상의 동독장교가 3주간 재교육을 받았고, 통일 이후에는 사단 및 연대급 부대단위에 정규과정을 설정하여 교육을 하였다. 교육내용은 민주적 국가의 가치, 국가기구 및 기능, 군의 임무와 국가 및 사회에서의 군의 역할, NATO 연방군의 관계 등이었으며, 지휘통솔과 군법, 교육훈련, 예규 등에 대한 차이점도 포함하였다. 아울러 43년간의 분단과 단절에 따르는 언어의 이질성 극복을 위해 독일에 11만 단어를 수록하는 전 독일 사전을 1992년까지 출판하였는데, 군사용어 통일도 동일 범주에 포함된다.[161)]

또한 양개 군이 공유하고 있던 공통의 군사적 전통을 살리려는 노력, 예를 들면 샤른호르스트에 대한 존경, 히틀러 암살사건의 긍정적 평가 등도 병행하였다.

이러한 노력에도 불구하고 과도기적 경제 · 사회현상으로 인한 갈등 심화, 구서독군의 동독지역 근무기피, 구동독군 출신 장교/하사관의 지휘능력이나 상황대처능력의 미흡으로 인하여 구동독군의 효과적인 동화와 '하나의 군대' 육성이라는 숙제를 해결하는 데에는 아직도 많은 어려움이 남아 있다.

또한 군복무기간을 단축(구동독군 : 18개월에서 12개월로, 구서독군 : 15개월에서 12개월로)했음에도 불구하고 병역 기피자는 계속 증가하고 있으며 군복무기간 단축으로 인한 상비전력의 약화 등이 여전히 문제점으로 남아 있다.

다섯째, 동독인민군 장기복무자 처리, 편입 후 대우 및 전역자 관리 분야이다. 서독연방군의 동독인민군 장기복무자 처리 방침은, 모든 장성들과 50세 이상 된 장교들과 정치 장교들은 전역 조치하고, 그 외 전역 희망자는 연금지급

160) 손기웅, "통일이후 사회통합과정에서 통일 국군의 역할," 합참민사심리전 참모부, 「민사심리전 정책발전 방향」(제5회 정책발전 세미나, 1995.9.29), pp. 43 ~ 64 참조.
161) 이용필 외, 《남북한 기능 통합론》(서울: 신유, 1995), p. 141 참조.

후 전역 조치하며, 연방군에 복무하기를 희망하는 장기 복무자는 부대해체 및 존속계획과 연계하여 필요 요원을 2년간의 실무 근무기간을 거쳐 선발하도록 하였다.[162]

통일 후 연방군에 잔류한 동독군 장기 복무자들(주로 장교)은 최소한 1계급씩 강등되었는데 그 이유는 서독군의 진급이 동독군보다 늦었기 때문이다. 봉급도 서독군의 2/3씩으로 감봉되었는데 이는 동 · 서독간의 경제적 불균형에서 비롯되었다. 전반적으로 인민군 장교들의 급료, 의료혜택, 전 · 퇴역금 등은 서독군 출신장교의 75% 수준이었다. 또한 동독군에게는 영외 출퇴근 제도가 없어 숙박시설이 매우 부족했고 문화적인 혜택도 서독 지역에 비해 열악했다. 이로 인해 동독군 장병들은 상대적인 열등감과 피해의식을 갖게 되었다. 독일정부는 동독군 장병들에 대한 법적 지위보장과 복지를 위해 1990년 11월부터 일반병의 급료를 동 · 서독 출신장병에 동일하게 적용했으며 1991년 7월 1일부터 전역금 및 크리스마스 상여금을 동일하게 지급했다. 또한 연방고용청과의 협조로 전역군인들에게 민간인 직능을 부여하고 직업교육을 강화하였으며 사관학교 등에서 직업훈련 과정을 개설했다.

4. 분단국 군사통합 방안 비교와 교훈

통합은 '국가통합' 과 '국가간 통합' 으로 나눌 수 있다. 과거 레바논통합, 남북전쟁직후 미국의 통합 등이 국가통합에 해당되고, 이스라엘에 대적하기 위해서 결성한 이집트—시리아의 통합, 오스트리아—헝가리 제국의 형성, 독일제국의 형성 등이 국가 간 통합의 예라 하겠다. 본래 단일국가를 형성하고 있다가 상당 기간 동안 분리되어 지낸 후 다시 통합된 베트남, 독일, 예멘 등의 통일은 두 가지 성격을 공유하고 있다고 할 수 있다. 두 가지 성격을 모두 가진 경우도 여러 가지 이론적 특성상 국가간 통합의 경우에 포함될 수 있다고 볼 때, 국가간 통합은 통합 당사자들의 사회 · 경제적 체제의 동질성 여부에 따라

162) 하정열, 앞의 책, p. 160.

동질체제간의 통합과 이질체제간의 통합으로 분류될 수 있고, 이들은 통합의 방식에 따라 각각 평화적 통합과 폭력적 통합으로 분류될 수 있다. 1989년의 독일 통일과 1990년의 제1차 예멘통일이 이질체제간의 평화적 통합으로 분류될 수 있고, 베트남의 통일과 1994년 예멘의 제2차 통일이 이질체제간의 폭력적 통합으로 분류될 수 있으며, 이집트—시리아의 통합이 동일체제간의 평화적 통일로 분류될 수 있다. 동질체제간의 폭력적 통일의 예는 근대사에서 찾아보기 어렵다. 이질체제간 국가간 통합의 경우, 통합 당사자중 어떤 체제가 통합에 주도적이었는가와 통합방법의 폭력성 여부에 따라, 자본주의체제 주도의 평화적 통합과 폭력적 통합, 사회주의체제 주도의 평화적 통합과 폭력적 통합을 들 수 있다. 이질체제간의 통합의 예인 독일, 예멘, 베트남 통일을 종합적으로 분류하자면, 독일은 자본주의 체제 주도의 이질체제간 평화적 통합의 예이고, 예멘의 제1차 통일은 이질체제간 협상을 통하여 이룩한 대등한 평화적 통합이다. 예멘의 제2차 통일은 자본주의 체제 주도의 이질체제간 폭력적 통합의 예이며, 베트남 통일은 사회주의 체제 주도의 이질체제간 폭력통합의 예이다. 다만 이질체제간에 사회주의체제 주도하에 평화적으로 이루어진 통일의 예는 아직까지 없다. 우리의 입장에서 폭력적인 통일과 사회주의 주도의 통일을 배제할 때, 이질체제간의 통합의 전례로서 협상에 의한 동등한 평화통일인 예멘의 제1차 통일과 자본주의체제 주도의 평화적 흡수통일인 독일 통일이 우리의 통일에 참고되고 바람직하며 실현가능성이 높은 사례들이다.[163)]

베트남, 예멘, 독일 등 분단국의 군사통합 방식을 비교해 보면 다음과 같은 점을 발견할 수 있다.

첫째, 통합 방식면에서 베트남과 독일은 무력통합과 평화적 흡수라는 면에서는 다르나 일방이 타방을 흡수통합한 공통점이 있다.

---

163) 예멘의 경우 통일 체제에 내재한 미비점과 결함으로 통일이 실패하고 궁극적으로 전쟁을 거쳐 재통일되었음을 볼 때 이상적인 통일 모델이라고 보기는 어렵다. 그러나 조선일보(1995. 8. 15)가 광복 50주년을 맞이하여 실시한 여론조사에 의하면, 남한과 북한의 사회체제를 혼합한 사회체제를 통합사회체제로 원하고 있는 국민의 비율(36%)이 남한식의 사회체제로 흡수통일되어야 한다는 국민의 비율(37.1%)과 거의 동등한 것을 볼 때, 예멘의 제1차 통일과 독일 통일 모델을 참고함은 적절하다고 할 수 있다.

둘째, 베트남과 독일의 경우 흡수통합으로 인해 통합 정도가 높으며, 속도 또한 신속했다고 볼 수 있다. 반면 예멘은 통합 속도가 늦었고 통합 정도도 낮았다고 할 수 있다.

셋째, 통합비용 측면에서 베트남과 예멘은 통합비용이 적게 들었으나 독일은 상대적으로 통합비용이 많이 들었다.

결과적으로 베트남과 독일의 경우 모두 신속한 흡수통합으로 통일이후 체계의 안정성을 높인 반면, 예멘은 불완전한 군사통합 이후에도 여전히 군사적인 측면에서 통합체계를 위협하는 불안요인을 배태하고 있었다.[164)]

분단국 군사통합 과정에서 제기할 수 있는 쟁점들을 정리해 보면, 통합체제의 안정성은 흡수통합이 기계적 대등 또는 합의 통합보다 높으며, 통합과도기에 흡수당사자는 가능한 한 군사적 우위를 점유함이 바람직하다. 또한 분단국의 군사통합은 기존 통합 당사국의 정치권력과 가능한 분리, 실시되어야 하며, 연계되어 있을 시는 상황에 따라 곧바로 폭력적 위기사태로 치닫게 되어 통일체제 자체를 위협하기 때문이다. 아울러 군사통합은 신속하게 진행됨이 바람직하며, 지연될수록 정치통합협상 또한 난관에 빠질 가능성이 높고 무산될 수도 있다.

군 통제권의 정치적 무기화를 막는 길은 신속한 군사통합이 효과적이다. 그러나 신속한 군사통합에는 상당한 비용이 요구된다. 일반적으로 통일은 민족적 차원에서는 바람직하나 특정그룹(예컨대 기존의 정치·군사·관료·엘리트)의 이익에는 배치된다. 특히 피흡수 군부 엘리트들의 경우 치명적인 손실을 예상하게 되고, 이는 통합의 절대적인 반대세력으로 남을 가능성을 높게 한다. 그러므로 통합대상 군부 엘리트에 대한 적절한 수준의 물질적, 정치적 사후 보장책이 마련되어야 한다. 여기에는 상당한 비용이 따르기 마련이며 이러한 비용은 여타 상황 발생시의 고비용을 생각할 때 면밀히 준비되고 잘 시행되어야 한다.

현재 북한 군사력 규모나 역할을 감안할 때 한국 주도의 신속한 평화적 흡수

164) 황진환, “분단국 통일과 군사통합에 관한 고찰,” 『한국군사』, 2권(1995), pp. 34 ~ 35.

통합은 쉬운 일이 아니다.

김정일 체제를 지탱하는 권부의 핵심으로서의 군부와 군사력은 대남 · 대미 협상에서 버팀목이자 최대의 정치무기이며 최근 대미 핵협상과 대미평화협상 체결 주장 등에서도 잘 나타나고 있고 앞으로도 군사력의 정치무기화 현상은 약화되지는 않을 것이다. 그러므로 군사적 측면에서 전투력의 질적 향상을 통해 북한에 대한 독자적인 억제 능력을 강화하는 한편 주변국과의 쌍무, 다자통일 외교를 활발히 전개하여 연합 억제전력을 위한 국제적 여건 조성을 해 나가야 할 것이다.

베트남 · 예멘 · 독일 통합과정에서 군사통합과 관련하여 남북한 군통합에 교훈을 주는 사항을 정리하면 다음과 같다.[165]

베트남의 경우 통일의 결정적 외적 요인은 미군의 전면적 철수였다. 국가 안보측면에서의 자주국방 문제는 상황이 복잡해지고 결정적 시기일수록 그 중요성이 증가되는 것이므로 부단히 자립도를 높여가는 한편 장기간 소요를 감안, 현실적으로는 동맹 및 우방국들과의 집단안보체제를 강화해야 한다. 다음으로 남베트남 주민의 좌경화는 용공세력이 자생할 수 있는 토양을 만들어 베트콩의 게릴라전이 주효하게 되었는데, 비정규전, 정치적 선전과 협상에 뛰어난 공산주의 전략전술에 대한 올바른 인식이 필요한 것으로, 한총련 등 좌익세력들의 지속적인 척결 당위성 등은 국민적 공감대를 형성해 나가야 할 부분이다.

예멘의 경우, 군대 명령체계의 이원화로 재분단과 내전으로 이어졌는데, 통일정부는 우선적으로 군통수권 및 물리적 강제력을 행사하는 기구를 확실히 장악함이 중요하고, 제반분야 중 특히 군사분야의 통일준비가 미흡 시는 곧 혼란과 무력충돌로 치닫게 되므로 후유증을 극소화할 수 있는 방안을 마련해야 하는 것이다.

통일원칙에 대한 정치 · 군사적 타결은 전체적으로 영향을 미치는 중요사안이므로 계속적인 타결을 모색해 나가야 하며 통일정부 권력 배분중 군사부문

165) 김국신 외, 《분단 극복의 경험과 한반도 통일 Ⅰ · Ⅱ》(서울: 한울 아카데미, 1994) 참조.

에 유의하여 세심한 주의가 필요하고, 관련 통일헌법 제정 또한 필요한 것이다. 독일 통일에서 돋보이는 것은 서독정부의 통일 주도력이 잘 발휘되어 전반적 제분야의 통합을 촉진시켰던 점이다. 특히 콜 수상은 국제정치의 메커니즘인 '힘의 이론'을 간파하여, 조기통일론, 주변정세 변화에의 능동적 대처, 우방국의 지지 확보, 주변 외세이용, 독일통일에 대한 주변국들의 우려 불식 등 정치 · 외교 · 군사부문에서 비스마르크 재상이나 카블 수상 못지 않은 리더십으로 주도권을 장악해 나감으로써 국가통합에서나 군사통합 등 각 부문에서 결정적 영향력을 행사하였다. 이는 한국통일 또는 군사통합에 있어서의 국가적 리더십과 군사지도자의 전략적 리더십 · 전문성이 절실히 요망됨을 말해주는 것이다.

통독 체제로 전환 시 구동독 인민군의 우선 해체와 비밀경찰 쉬타지 등 국가안보기구 종사자와 구동독체제 수호 관련 적극 봉사자 등을 우선적으로 배제시킨 것은 제분야의 통합을 확실히 보장하는 효과적 조치였다.[166] 남북한 통합의 경우 북한의 인민군과 국가 보안 기구 종사자, 입법 · 사법 · 행정공무원과 교육자들을 우선적으로 조치하고 신속한 북부사령부 설치로 상좌 및 장성급은 물론 일정 연령 이상을 전격 정리하는 문제나 잔여병력에 대한 적정수준 감축과 선발활용 인원에 대한 재교육 등 관련 Know—how가 적극 활용되어야 할 것이다. 점진적 · 단계적 통합과정에서 갑자기 실현될 수도 있는 조기통일에 대비할 준비를 부단히 함으로써 후유증 극소화에 만전을 기해야 할 것이다. 이러한 대비는 밖으로는 국제정세와 유동적 동북아 정세에 능동적으로 대처, 우방국 지지를 확보하고 주변 외세 중 중국과 러시아, 그중에서도 중국과의 관계를 지속적으로 발전시켜 통일 기회 도래 시 통일 방해 세력화가 되지 않도록 하여야 한다. 내부적으로는 군사력의 적정수준 설정과 건설, UN 등 국제기구의 평화유지를 위한 군사활동에 능동적으로 참여함으로써 지역 군사 강국들

166) 8만 5천명 정도의 정식 직원을 가진 Stasi를 비롯하여 동독의 공산당 조직, 정부조직, 기타 모든 체제와 조직의 해체 및 파괴는 독일에서 아직도 큰 숙제로 남아있는데, 동독 비밀경찰은 4천명의 스파이 및 Stasi와 관련된 테러행위, 서독 정부와의 첩보스캔들 문제 등이 여전한 골칫거리의 하나이다. 이용필 외, 앞의 책, pp. 137 ~ 138 참조.

의 우려를 불식시키는 미세한 부문에까지 종합적으로 이루어져야 한다.

요약하면 분단국의 군사통합은 국가체제에 대한 합의에 이은 정치통합에 종속된다. 또한 군사통합이 확실하게 이루어지려면 통합 주도측의 기득권 인정을 바탕으로 한 지휘체제의 일원화가 필수적이다. 군사통합의 목표는 통합으로 인해 실질적인 군사력이 증강 향상될 수 있도록 하며 통일한국의 경우 통일국군의 설정된 위상에 최대로 근접하여야 한다. 물론 통일한국군의 위상이 주변강대국들의 안보적 불안감이 해소된 가운데 지지와 합의가 도출된 군사외교적 노력의 소산이 됨이 바람직하다.[167] 군사통합 방법면에서는 무엇보다도 신속 안전하게 이루어짐을 원칙으로 해야 한다는 점과 교리 및 무기체계의 표준화 등 세부적 문제는 물론 통합자체가 단번에 이루어지는 것이 아니라 교육훈련을 통해 지속적으로 이루어져야 하는 연속된 과정임을 인지하고 준비해야 한다는 것이다.

또한 군사통합 자체가 국가경제의 지속적 발전을 가속화하는 원동력이 되면서 경제, 사회, 문화 제 분야와 조화를 이루는 가운데 견인차 역할을 해야 하는 것이다.[168]

---

167) 위의 책, p. 35.

168) 오극현 외, "남북한 군사통합방안," 국방대학원 안보문제연구소 정책연구보고서 95-11, (1995. 12.)

제4장. 남북한 통일 및 군사통합

제1절. 통일방안 및 과정

제2절. 남북한 군사력 비교

제3절. 군사통합 방안 및 과정

제4장. 남북한 통일 및 군사통합

제1절. 통일방안 및 과정

1. 개요 : 통일정책 기본방향

분단국 사례연구에서 살펴본 바와 같이 제2차 세계대전을 전후해서 분단된 나라들 중 베트남은 사회주의 체제하에 있던 북부가 자본주의 체제하에 있던 남부를 무력으로 통합했고, 예멘은 이슬람 자본주의 체제하에 있던 북부가 사회주의 체제하에 있던 남부와 협상을 통해서 통일한 다음 통일체제에 내재하던 문제가 내전으로 비화되자 무력으로 남부를 통합했다. 독일은 자본주의 체제하의 서부가 국제환경의 변화와 체제의 구조적 결함에 따라 붕괴하던 사회주의 체제하의 동부를 평화적으로 흡수통일하였다.

한반도의 경우 남북한의 군사력과 외부세력의 영향력을 고려할 때, 베트남식의 무력통일은 동족상잔의 참화를 경험하였으므로 한미연합전력의 효과적인 사용을 통한 부전승전략이 성공적이지 않는 한 통일과정의 무력충돌에서 발생할 비용이 통일의 이점을 상쇄하고도 남을 만큼 엄청나다는 것을 알고 있다. 그렇기 때문에 한국 정부는 내정용의 수사에 지나지 않았던 이승만 정권의 '북진통일' 정책까지도 포함해서, 무력에 의한 통일을 추구하지 않았고 북한도 뒤늦게나마 7.4공동성명에서 평화통일 원칙을 선언한 바 있다. 예멘식의 협상에 의한 통일은 남북한 양측 엘리트의 의식구조, 전쟁이 남긴 후유증의 정

169) 이 통일모델은 통일전후의 통일체제유지 관리라는 측면에서 재분열 위험성은 있으나 통일과정의 효율적 관리 유지 및 know-how 개발, 축적의 중요성을 시사하고 있다.

도, 양측 국민들이 가지고 있는 상대방에 대한 신뢰도 측면에서 볼 때, 단기적으로는 어렵지만, 점진적으로 쌍방의 이익실현을 위한 제도적 보장이 뒤따른다면 가장 실현성이 높은 통일모델이라고 볼 수 있다.[169)]

한편, 남한의 입장에서만 볼 때, 경제적으로 우세한 서독이 사회주의 체제하에 있던 동독을 평화적으로 흡수 통합한 독일의 경우가 우리 실정에 가장 유사하고 바람직한 통일모델이라고 생각할 수도 있다. 많은 수사적 표현에도 불구하고 7.4공동성명 이래 우리의 공식적 통일방안이 궁극적으로 독일방식의 통일을 지향하여 왔고[170)] 우리에게 독일에서와 비슷한 상황이 도래할 가능성을 완전히 배제할 수 없다고 보기 때문에, 그리고 비록 우리가 독일의 경우와 다르면 다른 대로 평화적 방법을 이룩한 독일 통일을 타산지석으로 삼아야 하기 때문에 독일 통일방식에 대한 이해와 준비가 필요하다고 본다.

특히 독일은 갑작스러운 통일과정에서 군사통합이 신속하게 이루어져 통일을 적절히 지원하였는데, 우리의 경우 시간을 가지고 그 세부절차와 준비사항을 연구하면 독일이 겪은 작은 시행착오를 줄여 나갈 수 있는 것이다.

이제까지 통일 논의는 대체로 일반적이고 관념적인 역사적 당위론이나 구체적인 분석이 결여된 구조적 필연론에 근거하여 진행되어 왔다.[171)] 관념론은 통일의 필요성에 대한 분석 노력조차 반민족적 · 반통일적인 것으로 치부하기도 하는 감상적 통일지상론으로 흘러왔고, 구조적 필연론은 남북에 현존하는 제반 정치, 사회적 모순이 분단과 한반도의 통일을 원치 않는 외세의 개입에 기인하는 것으로 보고 이것을 극복하는 것이 모든 문제 해결의 첫걸음이라고 주장한다. 그리고 단일민족이 반드시 한 국가를 이루어야 할 필연적인 이유가 없음은 앵글로색슨, 게르만 및 아랍민족들이 여러 국가를 형성하고 있는 예를 들고 있다.[172)]

170) 남한은 물론 북한의 고려민주연방공화국 창립안도 과도적 단계 또는 완결된 통일형태로 1민족 1국가 2체제를 주장하고 있지만 내세운 논리와는 별개로 동원된 논거나 미래 체제 선택 유보 등이 궁극적으로 사회주의 체제하의 흡수통일을 지향하고 있음을 유추할 수 있다.

171) 당위론적 통일론은 '평화적으로 쌍방에 이득이 가는' 방법론을 구체성 없이 윤리적 차원에서 접근하고 있는 것이다.

172) 박기덕, "남북한 정치적 통합모델 모색: 이론적 논의," 세종연구소 주최 남북한 통합모델 학술회의 남북한 이질화의 현황과 통합모델의 모색 발표논문(1995. 8. 25), pp. 1 ~ 3.

또한 구조적 해결 측면에서 통일은 그 양상과 과정에 따라 베트남의 예에서 보듯이 국토의 파괴와 엄청난 민족적 상처를 남기면서 오히려 사회집단간의 갈등과 균열을 심화시킬 가능성도 배제할 수 없다. 따라서 통일자체가 모든 문제의 해결책이 아니고 새로운 문제의 출발점이며 출발 후의 체제관리 과정의 연속인 것이다. 즉 모든 형태의 통일이 선은 아니며, 민족의 정체성을 확립하고, 구조적인 문제를 해결하며, 공리적 실효를 가져다 줄 통일이 참으로 바라는 공공선(公共善)인 것이다. 공공선으로서의 통일은 구체적으로 무엇이며, 어떤 과정을 통하여 어떤 방법으로 달성될 수 있는가? 남북한 통일정책연구(제4장 제2절)에서 북한의 '고려민주연방공화국' 통일론을 당위성, 논리성 그리고 실현가능성 측면에서 검토하였고, 한국 정부의 공식통일방안인 '민족공동체' 통일방안과 아태재단의 '남북연합을 통한 3단계 통일방안' 등 사적(私的)인 통일방안들을 기능주의 및 신기능주의 통합이론에 근거하여 검토하였다. 남북한이 실질적으로 제기해 온 통일방안에 대한 거시적 통일논의를 뒷받침하거나 관련되는 통일유형에 대한 타당한 원칙들을 수용하고 그들에 결여된 미시적 측면에서의 주요 이슈들을 정리할 필요가 있다.

그러므로 통일방안을 논하기 전에 통일정책의 기본방향을 잘 설정하는 것이 중요하다. 남북한 정권의 정통성 시비에 우선하여 역사적 사실에 입각한 민족정통성을 재확립하여 정권의 정당성 차원이 아닌 국가의 정통성이 확립되어야 한다.

1945년 일본 제국주의로부터 해방되자 이승만은 국가의 토대를 구축하고 공산주의와 대결하기 위해 당시 국가경영의 행정능력이 있는 친일세력을 주축으로 한 반공연합전선을 구축, 미국을 대표로 하는 해양세력에 편승, 국가의 방향을 설정하였다. 민주주의 체제와 경쟁을 기본으로 하는 시장경제 원리를 수용한 것이다.

1961년 5.16으로 집권한 박정희는 근대국가로서의 기틀을 마련하고 물질적 토대를 구축하기 위해 민주주의 정치체제의 정당성인 자유와 평등, 인권을 어느 정도 유보하고 소위 개발독제체제를 이끌면서 체제의 역량을 강화하는 데 역점을 두었다. 그 결과 양측 체제의 효율성이 입증되었고, 큰 국력 차와 더불어 성공한 정권과 실패한 정권으로 대별되었다. 정통성은 규범적 가치와 실천적 역량의 상호관계라고 볼 때 인간의 본원적 가치를 토대로 한 국가의 방향설정과 근대국가를 건설하고 뒤이어 산업화와 민주화를 성공적으로 이루어낸 한국현대사는 바로 역사와 체제의 정통성을 입증하고 있다고 할 수 있다. 특히 정통성 문제는 건국주체의 성격에만 한정되는 것은 아니다. 건국 후 남한에서는 각 정권의 부당한 면에는 끊임없이 저항하면서 민주화를 이루었고, 선거를 통해 정권이 선출되는 민주국가의 이념과 제도가 구현되고 있다는 점에서 국가의 정통성과 정권의 정당성 문제는 북한과 비교가 되지 않는다. 북한은 건국초기 민중의 지지를 상대적으로 더 받았지만 4대 군사노선을 포함한 정책과 공산주의가 갖는 근본적인 모순으로 경제 건설과 인민생활에서 참담한 실패를 초래하였고, 세습적 폭압적 독재가 계속되면서 정권차원은 물론 국가의 전 영역에서의 총체적 부패와 억압적 통치로 더 이상 북한 정권의 정통성 문제를 거론할 수 없게 된 지구에서 가장 폐쇄적이고 억압적인 악의 축에 속하는 국가가 되었다.

통일 정책 기본방향 설정에서 민족정통성 확립 다음의 과제는 바로 남북한 평화체제 구축이다. 작금의 북한 핵문제 해결과 더불어 한민족 공동번영을 지향하는 새로운 규범을 창출하면서 주도적으로 국제질서에 편입하는 것이다. 남북한의 정치군사적 긴장상태를 종식시키는 평화체제를 구축하고 남북한 공동번영을 추구하는 경제권을 만드는 것이다. 이를 위해 남북한 교류협력과 분야별 통합 노력을 강화하여 사실상의(de facto) 통일 상태를 만들어 가야 한다. 주변 여건 조성을 위해 동북아 다자협력을 가속하면서 국내적으로 남남갈등을 해소하는 노력과 더불어 통일원칙과 방향, 민족의 미래에 대한 합의기반을 확충해 나가야 한다.

2. 통일유형 추진전략과 시행방안

통일은 북한 변화, 남북관계, 국제정세의 변화 등이 상호 영향을 미치는 가운데, 복합적인 상황예측과 관리를 통해 남북한이 급격한 통합을 통제하면서 전반적인 통합문제를 관리해 나가는 과정이라 할 수 있다. 무력에 의한 통일을 고려하지 않는다면 통일은 남북한의 합의에 의해 단계적으로 추진될 수도 있고, 전격적인 형태로 남한이 통일을 떠맡는 형태로 진행될 수도 있다. 2차 대전 후 분단국 통일 유형은 이미 설명한 바와 같이 대표적으로 독일식 흡수 통일, 베트남식 무력에 의한 공산화 통일, 예멘식 비례대표 통일 등으로 분류할 수 있으며, 이들 통일 유형을 비교하면 〈표 4-1〉과 같다.

그러면 한반도에서의 통일유형은 어떠한 형태로 상정할 수 있는가?

첫 번째 유형은 먼저, 한국 주도하의 통일, 북한 주도하의 통일, 합의에 의한 통일, 남북한 장기 공존시대의 출현 등 4가지 범주로 나누는 이른바 '흡수통일 모형' 을 들 수 있다.[173] 이 네 가지 모형 모두 간단히 이루어질 형태가 아니다.

〈표 4-1〉 분단국의 통일유형 비교

<table>
<tr><th colspan="2">구 분</th><th>베트남</th><th>예 멘</th><th>독 일</th></tr>
<tr><td colspan="2">체제분단기간</td><td>1955 ~ 1975</td><td>1967 ~ 1990</td><td>1945 ~ 1990</td></tr>
<tr><td colspan="2">양국 관계</td><td>적대적 대립관계</td><td>적대 · 협력 반복</td><td>경쟁적 대립 · 협력관계</td></tr>
<tr><td colspan="2">교류 · 협력</td><td>실행이 안됨</td><td>인적교류 가능, 간헐적 협력</td><td>원활히 추진</td></tr>
<tr><td colspan="2">체제 간 이질성</td><td>매우 큼</td><td>약 함</td><td>매우 큼</td></tr>
<tr><td colspan="2">발전 격차</td><td>거의 없음</td><td>약간 있음</td><td>격차 큼</td></tr>
<tr><td colspan="2">통일 요인</td><td>체제의 정당성</td><td>외적 · 경제 환경</td><td>체제 발전격차, 정당성</td></tr>
<tr><td colspan="2">통일 방식</td><td>무력적 흡수통일</td><td>합의통일</td><td>평화적 흡수통일</td></tr>
<tr><td colspan="2">통일 후 체제</td><td>사회주의</td><td>자본주의(이슬람 공화국)</td><td>자본주의</td></tr>
<tr><td rowspan="3">통일후문제점</td><td>정 치</td><td>거의 없음</td><td>무력대결</td><td>없 음</td></tr>
<tr><td>경 제</td><td>전후재건비용</td><td>저성장 악순환</td><td>막대한 통일비용소요</td></tr>
<tr><td>사회 · 문화</td><td>국민통합문제</td><td>사회혼란가중</td><td>사회통합 문제 상존</td></tr>
</table>

흡수통일은 바람직하나 서둘러서 될 일이 아니며, 북한은 무력적화통일을

173) 양호민외, 남과 북, 어떻게 하나가 되나(서울: 나남, 1992), pp. 238 ~ 239.

성취하려 하나 결코 기대할 수 없는 통일과정 모형이 될 것이다. 북한의 체제 개혁의 어려움과 한국에서의 친북한 혁명이 일어날 확률은 무시할 정도로 낮은 것을 고려할 때 남·북한간 타협에 의한 정치통합 또한 쉽게 기대할 수 없는 형태이다.

남북한 장기공존형은 공존체제 속에서 추구하는 진화 모형으로, 결국 오랜 세월 속에서 남·북한이 서로 변하여 체제 상응성이 높아질 때를 기다려 정치통합을 모색하는 것이다. 이 모형은 '분단지속 모형' 이라는 비판적 측면과 함께 '통일을 향한 꾸준한 전진' 으로 통일을 하나의 민족 공동체를 만들어 가는 과정이라고 보아 바람직한 모형으로 생각하는 경향이 많다.

두 번째로, 지금까지 제기되었던 제반 통일이론을 근거로 국가연합, 연방국가, 중립화 통일, 단계적 교류협력 네 가지 분류접근법이다.

국가연합(confederation) 모델이란 국제법상의 개별 국가로서의 인격(international personality)을 유지하면서 공동의 이익을 위하여 조약에 의해 결합하고 특정한 권한을 보유하는 공동기구를 가지고 새로운 법적 실체(juridical entity)를 구성하는 국가 통합 형태이다.[174] 상호 양보와 합의를 통해 이론적 '1민족 1국가 1체제의 최후통일 국가' 로 가기 위한 첫 단계로서의 의미가 있는 모델이라 할 수 있다.

연방국가 모델(federal state)은 복수로 구성된 국가로서 중앙정부 조직이 완전한 국제법상의 능력을 가지는 반면 연방의 구성국 정부조직은 극히 제한된 사항에 관해서만 국제법상의 능력을 행사할 수 있는 복합적 국제인(composite international persons)의 한 형태이다.[175] 이 연방국가 모델은 상이한 이념과 체제의 통합이라는 측면에서 그 나름대로 상당한 타당성과 실현성이 있다 하겠다. 그러나 남북한간의 오랜 분단으로 인한 이질감과 상호불신 특히 전쟁의 공포와 뿌리 깊은 반공의식 등을 고려할 때 더 신중한 전초 단계를 필요로 하는 모델이라 할 수 있다. 특히 상이한 경제체제로 인한 소득 격차와 이념적 갈등

---

174) 유병화, 《국제법 총론》(서울: 일조각, 1985), pp. 231 ~ 232.

175) I. Bernier, International Legal Aspects of Federalism(London: Longmans, 1973), p. 13; WL. Gould, An Introduction to International Law(New York: Haper, 1957), p. 200.

은 연방으로의 통일달성에 큰 문제점으로 대두될 수 있다.

또한 좁은 영토와 자원 등을 고려할 경우 최종 형태로서의 연방제는 부자연스러운 모델이 될 것이며 정지작업 없는 일괄적 연방국가 모델의 적용은 많은 후유증을 동반할 것을 쉽게 예측할 수 있다. 또한 국가 연합과는 달리 국민에게 연방차원의 병역과 납세의무가 주어지기 때문에 군사적 통합에 대한 갈등은 더 큰 문제로 대두될 것이다. 결국 연방국가 모델은 이념 및 군사적 갈등과 체제의 이질성 등을 고려할 경우 사전단계가 반드시 선행되어야 한다. 하지만 통일국가의 가장 바람직한 형태인 1민족 1체제로 가는 중간과정으로서는 고려해 볼 수 있는 모델이라 하겠다.

중립화 통일 모델은 주체적인 통일방안 차원이 아닌 관념적 수준으로 취급되어 왔으나 80년대 이후부터 북한이 고려민주연방공화국 창설 방안에서 비동맹 중립을 공식 주장함으로써 중립화 통일에 대한 논의가 점증되었다. 중립화 통일이론은 민족 내부의 문제임은 물론 주변 열강과의 역학관계를 고려한 국제적인 문제이므로 민족 전체의 의지를 필요로 하는 것이다. 그러므로 남북한이 실질적으로 합의할 수 있는 합리적 통일방식이 주변국가와의 이해관계에서 조화를 이룰 경우에는 타당한 모델로 고려될 수 있다. 이 모델은 통일을 이룬 후의 최종적인 국가지향 형태와 관련이 있는 것이지 통일과정이나 방법상의 문제로는 현실과 괴리가 크다.

단계적 교류협력 모델은 남북한간의 교류와 협력의 단계적인 확대를 통하여 통일로 가는 것으로 통일의 과정에서 취하는 예비단계에 관한 구상이라 할 수 있다. 결국 남북간에 인도적 · 경제적 · 사회적 · 문화적 교류와 협력이 실현된다면 '사실상 통일' 된 형태와 비슷해짐으로써 과정으로서의 통일이 점차적으로 실현된다고 보며 궁극적으로는 완성된 통일을 이룩하거나 그 기반조성에 커다란 공헌을 하리라는 인식에 바탕을 둔 것이다.

이 같은 접근방식은 우선 당장 정치 · 군사적 문제해결이 힘들다는 전제에서, 쉬운 인적 · 물적 교류를 통해 점진적 통합으로 접근해 보자는 것으로, 북한측의 비현실적인 정치 · 군사문제 우선 해결 주장에 부딪쳐 효과를 보지 못하고 있지만, 정치 · 군사문제 해결이 가장 핵심이니 만큼 문제의 접근을 가능케 하고 실마리를 푸는 면에서는 단계적 교류 · 협력 모델이 매우 현실적인 방안이라 할 수 있다.

일면 2개 국가화의 오해와 비판의 소지가 있으나 실제 협상 시는 대등한 남북관계에서 출발하여 점진적 · 단계적으로 각 부분의 기능통합이 이루어져 가는 가장 정공법적인 통일 모색이라 할 수 있다. 이는 전술한 흡수통일 모형 중 남북한 장기 공존시대의 출현과 맥을 같이 하는 것이다. 문제의 핵심은 어떻게 장기를 중 · 단기로 하며 점진적 · 단계적 통합 기간을 줄이느냐 하는 것이다. 이제까지 설명한 세 가지 통일접근법 중 국가연합, 연방국가형 모델은 아 · 태재단 통일 방안으로 정리된 3단계 통일론에서 나름대로의 논리로 제시되었다고 할 수 있다.[176]

세 번째로, 통일 모형을 좀 더 명확하게 구체화시키면서, 예측과 계획의 주요 요소로 북한의 리더십 강 · 약과 한 · 미의 대북 정책 강 · 온 4가지 요소들의 배합여부에 따라 합의형, 유도형, 자멸형, 충돌형으로 분류하는 방안이다.[177]

합의형(Agreement)은 북한의 리더십이 강성이고, 한 · 미가 북한을 지원하는 경우에 나타난다. 이 조건이 형성되면 북한체제는 안정적으로 성장을 계속하고, 이로 인해 남북한간에 힘의 균형상태가 나타남으로써 장기 공존을 거쳐 남북한이 대등한 입장에서 합의에 의한 평화통일을 이루어 내는 형태이다.

합의형 통일은 통일이 이루어지는 데 필요한 조건들의 실현이 매우 어렵고, 오랜 시일이 요구된다. 통일을 가장 어렵게 하는 조건은 양측지도자들이 기득권을 포기하고 두 체제의 통합에 합의하는 일이다. 예멘의 통일사례에서 알 수 있듯이 통일은 평화적인 흡수방식이든, 군사적 점령방식이든 그 자체가 철저한 권력투쟁의 속성을 벗어나기 어렵기 때문이다.[178]

유도형(Inducement)은 북한의 리더십이 연성이 되고 한 · 미가 북한을 지원

---

176) 제4장 2절 남북한 정부 및 아 · 태평화재단의 통일방안 비교(표-2) 참조.

177) 구종서외, "남북한 통일시나리오," 삼성경제연구소 정책 96-15-029(1996), pp. 24 ~ 38.

178) 김국신, "예멘통일의 문제점과 전망," 베트남 및 예멘의 통합 사례 연구 논문집(서울: 통일원, 1995), pp. 179 ~ 183.

하는 경우에 가능하다. 한・미는 북한의 리더십이 유화적, 타협적으로 됨에 따라 북한을 지원하여 북한체제가 정상적으로 회복되면서 남한식 체제로 변화케 하고 종국적으로 남한 주도의 통일을 이루는 형태이다. 유도형 통일은 위험부담이 적으면서 4개의 통일유형중 실현성이 가장 높은 바람직한 형태다. 조건들의 실현이 실질적이고 그러한 조건들을 현실적으로 유도할 수 있는 가능성에 바탕을 두고 있다.

미국은 북한과의 대화, 협상 그리고 지원정책을 택하고 있고 한국 정부도 이에 동조한다. 북한도 부분적인 개방노선을 보이면서 미국, 일본, 한국 등 서방세계의 원조를 희망한다. 중국도 북한에 원조를 강화하여 한미대북정책에 동조한다.

개방・개혁에 따른 원조의 증가로 북한이 개혁에 성공한다면 경제발전이 이루어지게 된다. 동시에 대중의 생활향상과 의식화로 보다 많은 자유와 분배, 그리고 정치적 참여를 요구하여 민중부분의 도전이 강해지고 이를 극복하기 어렵게 된다. 이렇게 되면 남한 국력, 경제력의 강한 흡인력에 의해 유도형 통일이 이루어지는 것이다. 이 유도형은 흡수통일 모형 중 남북한 장기공존 개념모델 및 점진적・단계적 교류협력과 그 근본접근 인식은 유사하다 할 수 있으나 결정적 변수를 작용시켜 통일을 유도하는 적극적 개념을 내포하고 있다고 볼 수 있다.

자멸형(self-destruction)은 북한의 리더십이 온건하고, 한미가 북한을 봉쇄하는 경우에 이루어진다. 한미는 북한에 대해 봉쇄정책을 취함으로서 북한체제를 붕괴시키고자 하며, 북한은 연약한 리더십으로 인해 내부의 혼란을 통제할 수 없고 대외적 도발을 일으킬 수도 없게 된다. 이런 상태에서 결국 북한이 스스로 붕괴하여 남한 주도의 통일이 이루어지는 형태이다.

현재, 한국과 미국은 공조체제를 유지하면서 북한을 연착륙 쪽으로 유도하며 중유와 식량제공 등 부분적인 원조제공과 합작도 추진하고 있다. 그러나 북한이 강경노선을 계속하여 개혁・개방을 거부하고 한미주도의 정책기조를 벗어날 경우 정책 수정이 이루어질 수 있는데, 미국이 연착륙 이외의 착륙 가능성에 대비해야 한다는 시각도 만만치 않은 것이다. 중국은 한반도에서의 영향력 유지를 위해 한·미와 같이 북한지원 정책을 택하고 있으나 외부의 물질적 원조가 북한을 위기에서 건져내기에는 역부족이라는 인식을 가지고 있다.

북한의 시각에서 한·미와 중국의 대북지원이 북한을 근원적으로 도우려는 것보다는 급작스런 붕괴에 따른 난민발생 등 부작용을 막고, 결국 유도 흡수하기 위한 전략적 술수로 인식할 경우 자멸형 통일의 가능성은 더 높아진다.

실제 이제까지의 한·미의 대북한 지원정책은 부분적인 것으로 북한 경제 회생을 위한 지원이라기보다는 인도적이면서 정책적인 측면이 더 강했다고 볼 수 있다. 근본적 지원이 확대 심화되지 않으면 북한의 위기가 더욱 심화되고 그 만큼 내분의 가능성도 높아져 자멸형 통일을 촉진하는 환경이 성숙하게 될 수도 있다.

충돌형(collision)은 북한의 리더십이 강경하고, 한·미가 북한을 봉쇄하는 경우다. 한미의 봉쇄정책이 북한체제의 위기상황을 극도로 악화시킴에 따라 북한은 강력한 리더십을 바탕으로 그들의 주무기인 군사력을 더욱 강화하여 전쟁을 택하거나, 이런 상황을 인식한 한·미의 선제공격으로 충돌이 야기될 수 있다.

결국 북한이 패하고 한국주도의 통일이 되는 형태이다. 충돌형 통일은 가장 위험부담이 크고 피해야 할 통일방식으로 실현 가능성은 낮다고 할 수 있다. 전쟁발발 가능성이 낮은 이유로 김정일 체제의 한계성, 북한체제를 직접 무력으로 침공하려는 외부세력의 부재, 국력의 차이로 인한 북한의 전쟁 승산이 없는 점, 한국이나 미국의 북한에 대한 선제공격 가능성 희박 등을 들 수 있다. 그러나 북한 지도부의 호전성과 당면한 체제 내부문제가 한계점에 도달시 그 승부수로 단기적·제한적 전쟁도발 가능성을 배제할 수 없다. 만일 충돌형으로 전개된다면 북한은 재래식 전력과 비대칭전력(핵무기 등)을 배합한 '벼랑끝 전략' 형태를 선택할 것이며, 그 시기는 빠를 것으로 예상된다. 왜냐하면 시간이 지날수록 전쟁도발을 통한 북한자체의 문제 해결을 위한 돌파구 형성 기회는 감소되기 때문이다.

통일과정에서는 예상치 못한 변수가 언제든지 돌출할 수 있다. 이런 돌발적인 사태발생을 통일로 연결시킬 바탕과 준비가 축적되어 나갈 때 실기(失機)

하지 않고 통일의 기회를 포착할 수 있는 것이다.

상기 통일유형 중 그 실현 가능성 면에서나 바람직한 유형 면에서 보면 유도형, 자멸형, 합의형 순으로 정리할 수 있다.[179)]

현재 상황을 보면 북한은 강성이고, 한미양국은 지원정책을 지향하고 있다고 보아 시간이 오래 걸리는 합의형의 길을 걷는 것 같으나 순수 합의형으로 전개되기에는 한계가 있다고 보아야 할 것이다.

따라서 유도형, 자멸형의 중간 과정에서 수정형이나 혼합형, 절충형 또는 형태가 연속되는 단계형 등 변화된 다양한 형태가 예견될 수 있다.

네번째로 북한정권의 정책과 관련된 통일 유형으로서, 개혁과 개방 전면 수용을 통한 연착륙(soft-landing), 개혁 없이 외부지원에 의한 연명체제, 내부붕괴 형태의 연붕괴(soft-collapse), 자살적 공격과 외파(explosion)에 의한 경붕괴(hard-collapse) 네 가지를 들 수 있다.[180)]

첫째, 연착륙(soft-landing)은 개혁과 개방의 전면수용을 통한 경제위기의 극복으로 북한 정권이 연착륙하는 것이다.

중국 개혁 모델을 따라 북한도 개혁 · 개방이 불가피할 것이라는 견해에 입각하였으나 점차 북한 개혁은 불가피한 것이 아닌 불가능하다는 견해가 설득력을 지닌다. 오늘과 같은 북한 상황하에서 정치적 · 이념적 기반의 와해를 각오한 모험을 하지 않을 것이므로 가능성이 낮은 시나리오로 간주되고 있다. 모험이 없는 선에서의 제한적 개혁 · 개방 형태를 예상할 수 있으나 그 정도와 속도를 예측하기 어렵고 따라서 형식적 선에서 그럭저럭 버티는 전술(muddle through)과 병행될 소지가 많다. 통일보다 현존 김정일 체제유지가 가장 우선적 정책이기 때문이다.

---

179) 통일문제에 관심 및 이해도가 높은 학자, 전문가, 언론인, 전현직 관료 55명을 대상으로 설문한 결과 가장 실현 가능성이 높은 통일 유형으로 ① 유도형 23명(41.8%), ② 자멸형 21명(38.2%), ③ 합의형 8명(14.5%), ④ 충돌형 3명(5.5%)였다. 그중 통일문제 전문가 20명만을 따로 뽑아 설문한 결과 ① 유도형 10명(50%), ② 자멸형 9명(45%), ③ 합의형 1명(5%), ④ 충돌형은 한명도 없었다. (삼성경제연구소 조사: 정책 96-15-029, pp. 46 ~ 47)

180) 미 국방대학원 마빈오토 교수가 북한을 고장난 비행기로 비유하여 경착륙(hard Landing), 연착륙(soft-landing), 현 체제유지(no-landing)로 설명(주 111 참조)한 바 있음.

둘째, 북한정권이 개혁 없이 그럭저럭 연명해 가는 것이다. 전쟁 등 극한적 상황변화를 우려하는 남한과 미국 · 일본 등을 적절히 이용하여 외부적 지원을 확보하고 중국 등과의 전통적 사회주의 유대를 토대로 위기 탈출의 돌파구를 찾는 것으로 결코 가능성을 무시할 시나리오는 아니다.

이 시나리오의 경우 대미 · 대일 관계 개선 측면에서는 개선될 가능성이 높아지나 결정적 계기가 없는 한 남한과의 실질적 개선에 큰 진전이 힘들며, 남북정상 회담이나 고위급 회담에서 정책결정이 되어도 남북간의 본격적이고 개방적인 교류 · 협력으로 연결되기에는 뚜렷한 한계가 있기 마련이다. 따라서 평화통일의 기회는 북한의 의도대로 큰 변수가 없는 한 지연되게 되는 것이다.

셋째, 연붕괴(soft-collapse) 통일이다.

북한 내부에서 극심한 경제 위기를 포함한 사회적 불안의 증폭과 엘리트의 체제 장래에 대한 절망과 좌절로 혼돈 상태가 유발, 북한정권이 사태 수습 능력을 상실하고 붕괴되는 것으로 그 가능성을 결코 과소평가할 수 없다. 이 시나리오가 가까운 장래에 현실화한다면 조기통일 실현의 기회와 임무는 남한 몫이 될 수밖에 없다. 이 경우 한국정부의 주도적이고 신속한 대처, 전략적 수행이 없을 시 미국과 중국 등 주변 강대국에 의한 새로운 통일 위기가 조성될 수 있고, 조기통일의 기회가 무산될 가능성을 배제할 수 없으므로 기회가 오면 통독과정에서 발휘된 독일 정치지도자들의 리더십과 같이 즉각 전과를 확대할 수 있는 준비가 필요하다.

넷째, 경붕괴(硬崩壞, hard-collapse)에 의한 통일이다.

내부위기의 돌파구를 자살적 공격으로 택할시 상정할 수 있는 유형이다.

정치적 통제장치 마비, 외부봉쇄와 제재가 위험 수위에 도달했다고 판단 시 북한 지도부의 외파(explosion) 가능성은 배제할 수 없다. 물론 한 · 미 연합군에 의한 보복 공격의 가능성 인식과, 정권이라는 속성 자체가 붕괴 직전 자살할 정도로 참담한 상황인식에 이르지 않는다는 역사의 선례들을 고려해 볼 때 실현 가능성은 비교적 낮다. 그러나 이 시나리오 전개 시 막대한 인명살상과 산업시설을 위시한 한반도의 피폐를 고려할 때 무력에 의한 통일을 강요받는 상황 조성은 가장 경계해야 할 통일 접근방식이다. 이러한 상황에 대비하여 선제공격으로 피해를 최소화 하면서 승리할 수 있는 전략이 고도의 전문성 아래 준비되어야 한다.

이제까지 제시된 통일 모형들은 통일 주체의 객관성과 당위성, 통일 과정상의 지배적 요소에 초점을 맞춘 접근, 통일 국가형태를 고려한 이론적 접근, 북한 정권의 채택 가능한 정책에 초점을 둔 접근법 등으로 볼 수 있다. 여러 모형의 제시에도 불구하고 결국 통일유형은 합의형이냐 흡수형이냐 충돌형이냐로 압축된다.

통일 모형을 연구함에 있어 전체적으로 어떤 통일 형태로 접근하든지 통일 방법과 과정에 있어서 민주적 절차에 의한 국민적 합의, 자주적 노력에 의해 우리가 주도하는 통일 달성, 평화통일의 원칙이 기본적으로 자리잡고 있어야 한다.[181)]

통일은 우리 민족 성원 모두에게 이익이 되고 행복을 가져다주는 통일이어야 한다. 통일은 되도록 희생을 줄이는 방식으로 촉진되어야 한다. 세계사적 흐름에 따라 폭력적으로 이루어져서는 안 되며 비민주적인 통일국가 출현도 거부되어야 한다. 즉 기발한 정책이나 공학적인 통일 · 통합방안, 작위적인 돌발적 사건으로 통일을 추구하는 것은 금물이다. 그러나 어떤 호기가 도래 시에 이를 즉각적으로 통일과 연계시킬 수 있는 통일정책 차원의 준비태세는 항상 가동되어야 한다.

3. 통일 시나리오와 상관 변수

통일에 가장 큰 영향을 주는 요소들을 대별하면 북한체제 변화요인, 한국의 상황, 국제정세 및 주변국 입장 등으로 나눌 수 있다.

첫 번째, 북한과 관련된 요인은 정치, 군사, 외교, 경제, 사회분야로 대별할 수 있다. 정치 분야는 김정일 리더십, 당 · 정 · 군 역할분담, 엘리트 결속력, 외

181) 황선대, "남북한 통합 그 접근방법과 영역(上)," 한림과학원 총서(33), (서울: 소화, 1995), pp. 160 ~ 164.

부 변화에 대한 적응 정도 등을 들 수 있다. 군사 분야는 선군정치 등으로 인한 대내 실질적 영향력, 제 2경제, 변화에 대한 저항 등이고, 외교 분야로는 미일 관계, 국제사회 참여정도 등이며, 경제 분야로 체제유지기능 상실여부, 붕괴된 경제회복력 등이며, 사회분야로는 주민통제력, 외부 영향으로 인한 주민의 사고 변화 및 변동성 증대 등으로 요약된다.

두 번째, 국내요인으로 포용이냐 봉쇄냐 하는 대북정책기조, 지도층과 그 리더십에 따른 일반국민의 통일추진 의지, 미국과 중국 등 직접 관련 국가들, 대외 관계에서의 통일추진 역량, 국내 정치 상황 등이 포함된다.

세 번째, 국제적 요인으로 미국의 대북정책, 한반도 통일에 대한 관련국들의 이해에 따른 기본입장으로 현상유지냐 영향력 증대냐 하는 외교 정책노선, 동북아 전략과 연계된 미국과 중국의 세력균형 양상 등이다.

다음으로 통일을 촉진하는 요인과 저해하는 요인이 있다.

촉진요인으로는 냉전 종식과 국제적 흐름에 따른 북한지도층과 주민의 의식변화, 개방하지 않고는 구조적으로 해결 불가능한 경제난, 체제유지에 대한 도전요소 증대와 이로 인한 자신감 상실, 남북 주민들의 통일에 대한 열망 등을 들 수 있다.

안보문제 해결을 통한 한국의 국제적 지위 상승과 남한 내부 불안제거, 통일의 당위성에 대한 일반 국민들의 합의로 인한 통일 의식, 통일로 인한 미래 한국의 청사진 인식 등은 통일에 기여하는 요소이다.

통일저해 요인으로는 북한이 남한에 흡수된다는 불안감, 북한 지도층과 기득권 주민들이 가지는 상실의 두려움, 세뇌교육으로 인한 대남 적개심 등 정서적 거부감, 당과 군의 보수파들의 저항 등이 걸림돌이지만 가장 핵심은 김정일과 그 주변 기득권세력들이 체제유지를 통일 등 어떤 과업보다 가장 최우선적 과업으로 삼고 있다는 것이다.

남한의 경우 막연하게 주입된 막대한 통일비용에 대한 부담, 냉전적 인식과 문화, 탈북자 등 검증되지 않은 통일후유증에 대한 국민 정서, 국내정치 상황 등이며 통일 추진으로 인한 전쟁발발 등을 우려하는 경향도 부정적 요소로 나타난다.

국제적 측면에서 동북아 세력 불균형, 통일한국 출현의 영향과 파급 등이다.

통일의 영향변수를 정리해 보면 첫째, 국내 지도자의 통일의지와 리더십이 가장 중요하다. 이를 바탕을 한 각계각층의 합의와 더불어 형성되는 통일에 대한 국민적 지지, 경제적 사회적 통일부담 능력이 관건이라 할 수 있다.

두 번째, 북한 요인으로 김정일 유일체제가 가장 결정적 요소이며, 김에 대항할 북한 통치 그룹의 체제변화에 따른 신분보장 및 불안감 해소, 그로 인한 통일의지 등이 매우 중요한 요소이다. 이 요소가 바로 정권 종식(regime collapse) 또는 정권 변환(regime change)을 촉진하는 결정적 요소가 될 수 있기 때문이다.

현시점에서 가장 중요한 것은 북한의 핵문제 해결이다. 이는 6자회담의 성패, 미·북간의 근본적 관계를 재설정하는 결정적 전환점이 될 수 있고, 국제사회와의 개혁개방 성공과 연계되면서 아울러 북한 정권의 앞날이 달려 있는 중대한 문제이다. 점증하는 북한 주민의 행복한 삶과 인권에 대한 열망의 확산이 통일 열망으로 연결되는 여부도 중요한데 이는 북한정권이 개혁 개방 정책을 꺼리는 주요인이다.

세 번째, 국제요인으로 한미 동맹, 주변국의 동북아 전략 및 한반도 정책, 중국의 한반도 전략 및 북한체제 지원 의지, 일본, 러시아의 한반도 정책 그리고 EU, ASEAN의 지지와 협력 등은 통일과정에서 중요한 영향변수이다.

통일과정에서 가장 중요한 것은 국가지도자 그룹의 통일의지와 리더십, 그리고 이를 통한 국민통합 능력이다. 통일은 민족의 미래를 확실히 하는 가장 명확한 비전이며, 한반도 평화정착과 동북아 평화구축의 토대가 됨은 물론 북한 주민의 인권을 되찾아 한민족으로서 더불어 공존 공영하는 역사적 위업을 달성하는 당위성으로 국가지도자는 정치권의 결집과 국민적 의지를 묶어내어야 한다.

한반도 통일과정에서 국제요인이 통일의 성패를 좌우하는 관건이 될 것이며, 여기에 한미동맹의 중요성은 말할 나위가 없다. 한국주도의 통일에 대한 미국의 적극적인 의지와 공조 없이는 통일을 성공적으로 추진하기 어렵다. 한미동맹을 기반으로 해야 중국을 우리의 의도대로 이끌 수 있고, 미국과 중국을 경쟁시킬 수 있다. 그 주된 노력은 바로 한국 자신이 적극적으로 창출해 나가야 하며, 여기에 바로 국내 지도층의 통일의지와 역사적 결단이 필요한 것이다.

4. 추진전략

북한 체제 변화는 정권교체, 정권변환, 리더십 교체, 그리고 정권 진화 등 어느 한 형태 또는 복합적 형태로 나타날 수 있는데, 어느 형태이든지 김정일 유일독재체제를 변화 · 종식시키는 계기와 통일로 나아가는 기폭제가 될 수 있다.

최근 남한의 정권교체가 이루어진 후, 예상된 바이지만 북한은 '잿더미, 군사적 대응조치' 까지 운운하면서 판문점 남측 요원 11명을 철수시키고 비난에서 도발로 수위를 높여가고 있다.

이명박 정부가 추진하는 대북정책조정이 향후 북한의 현 체제유지나 장차 진로에 큰 도전요소가 되기 때문이다. 그러나 잘 살펴보면 북한은 남한에 신정부가 등장할 때마다 예외 없이 비슷한 전략을 구사하고 있다. 북한을 가장 어려운 지경에서 살려준 햇볕정책을 추진한 김대중 정부에 대해서도 취임한 해의 여름에 대포동 미사일을 발사했다. 노무현 정부 때도 미사일을 쏘고 핵실험도 강행했다. 이는 새로운 정부를 길들이는 측면과 더불어 전쟁을 두려워한다는 남한 국민이나 위정자들의 흐름을 북한이 잘 간파하고 이용하는 반면, 남한은 공산주의와 김정일 정권의 약점을 꿰뚫어 보고 제대로 다룰 줄 아는 대북정책과 전략이 없었다는 말이다.

'평화를 원하거든 전쟁을 준비하고 각오하라' 는 명확한 진리를 깨달음 없이 단순히 전쟁이 두려워서, 때로는 정략적 이익 때문에, 때로는 일시적 정치적인 인기주의에 영합하여, 독일처럼 각 정원이나 수상간에 승계되는 통일에 대한 정책과 전략이 부재했다는 것이다. 일시적 평화를 위한 유화정책이 바로 오늘의 북한의 떼쓰는 버릇을 만들었다고 할 수 있다. 역대 정부들은 남북대화가 끊어지는 것을 참지 못했다. 남북대화가 정책의 수단인데 목표가 되어 버렸다. 북한이 이것을 모를 리 없다. 이렇게 해서는 통일로 가는 결정적 계기나 전환점을 만들 수 없고 북한 체제위기가 도래 시 이를 즉각 전과확대로 이어갈 수 없다. 남북대화가 없으면 손해 보는 쪽은 북한이다. 북한은 협상 테이블로 나오게 되어 있으므로 일희일비할 필요가 없다.

북한은 지금까지 체제 붕괴 위기를 두 번이나 넘겼다.

첫 번째는 1990년대 후반 몇 백만(300만 추정)이 아사하는 사상 최대의 재난으로 체제는 붕괴 직전에 이르렀다. 공개 처형과 전쟁설을 유포하면서 주민들의 반발을 가까스로 진압 내지는 무마하였다. 황장엽 전 노동당 비서를 포함, 고위 탈북자들은 김대중 정부의 대규모 대북지원이 없었다면 북한은 중국식으로 변했거나 루마니아식으로 붕괴됐을 것이라고 분석했다. 결국 햇볕정부로 통칭되는 대북정책은 수많은 북한 주민들을 구출하고 통일을 이룩할 수 있는 좋은 기회를 놓치게 만든 것이다.

북한의 두 번째 위기는 2005년 핵무기 보유 선언 후 미국이 방코델타아시아은행(BDA)에 대한 북한의 계좌를 동결하면서 발생한 체제전체의 금융경색이었다. 2000년대 들어 북한은 배급제가 붕괴되고 시장 경제 형태가 확대되어 큰 변화를 겪었다. 주민들은 뙈기밭 농사와 장사로 자생적으로 연명하는 방법을 배운 반면, 지배계층은 외부원조로 의존하는 계급이 되어 버렸다. 배급제가 지배계급의 전유물이 되었고 대외원조에 의존함으로써, 외부원조 자체가 체제를 유지시키는 구조가 되었다. 이런 상황에서 미국의 금융제제는 열악한 북한 금융시스템을 마비시키는 결정타가 되었고 북한 지배계층의 동요를 유발시켰다. 당시 미국이 금융제재를 해제하지 않고 조금만 더 압박했더라면 벌써 핵문제가 해결됐을지도 모른다.

북한은 그때 그러한 조치에 대항해 미사일을 무더기로 발사하면서 주민들을 '준전시' 상태로 몰아가면서 몇 달 동안을 버티다가 4자 내지는 6자회담으로 탈출구를 모색하였던 것이다.

이제 세 번째 위기가 사실상 북한 체제를 압박하고 있다. 10년간 남한의 무조건적 대북지원에 안주하다가 이명박 정부가 들어서면서 대북정책을 상호주의에 입각하여 기조를 전환시키자 대남정책 담당부서와 간부들을 문책하면서 크게 동요하고 있다. 이제는 종전에 써 먹던 주변국이 북한을 적대시한다는 냉전구조논리도 통할 수 없다. 이명박 정부의 '비핵 · 개방 3000' 에서 명시했듯이, 북한이 핵을 포기하고 개혁 개방으로 나와야 살 길이 생긴다는 것을 명백히 하고 있다. 북한이 비핵과 개방에 극도의 거부감을 보이고 있는 것은 김정일 체제를 위협하는 것으로 여기기 때문이다. 그런데 북한 경제를 살리고 현상을 탈출하는 방법은 그길 밖에 없다. 북한 위정자들에게 체제를 개방시켜 대응하지 않으면 결코 체제를 유지할 수 없고 파멸 밖에 없다는 것을 잘 주지시켜야 한다. 그 길이 자신들의 기득권을 유지할 수 있는 길이라는 인식을 다양한 경로로 유포할 필요가 있다. 즉 김정일 체제가 어떤 형태로든 변해야 한다는 내부적 공감대를 형성해 나가도록 작동하여야 한다. 이런 맥락에서 각 부서가 지향하는 남북한 통일정책이 그 맥락을 같이 해야 한다. 북한 당국자들의 도발과 협박을 통한 압력에 절대 굴복하거나 양보해서는 안 된다. 협박을 잘 거부한 다음에 북한과 다시 협력을 확대할 때를 기다려야 한다.

북한의 현재 위기상황은 오히려 민족공영의 틀을 마련할 수 있는 결정적 전기가 될 수 있다. 위기를 기회로 바꾸기 위해서는 확고한 전략적 방향 설정과 이에 따른 충분한 준비태세가 필요하다. 우리의 의지와 준비에 따라 북한의 체제전환 또는 변화는 남한 주도의 통일로 나아갈 수 있는 일대 전환기가 된다는 말이다.

이 과정에서 전쟁 등으로 위협하고 저항해도 결코 국제적 대세와 남북한의 큰 국력차가 다른 대안이 없음을 인지시켜 나가야 한다. 현 체제를 억지로 유지하면서 오는 리스크보다는 비핵과 개혁 개방이 덜 위험할 뿐더러 항구적 해결책이 될 수 있음을 인지시키면서 남북한 공감대를 확대해 나가야 한다.

이러한 북한 체제 변화를 유도하기 위해서는 먼저 집권통치층의 퇴로를 터주어야 한다. 집권 통치층은 기득권 유지를 위해 남한을 경계하면서 친중적 성향을 띠고 있다. 성화 봉송에서도 북한은 몇 십만을 동원하여 중국의 환심을 사고 있다.

인권유린 문제를 제외하고는 과거사를 묻지 않겠다는 입장을 천명하여 통치층이 통일에 대한 불안감을 극복할 뿐 아니라, 그들이 살 수 있다는 입지를 넓혀주어 여러 가지 형태로 통일에 기여할 수 있도록 유도하여야 한다.

다음, 북한의 민주화 논리에 주목할 필요가 있다. 민주화는 북한의 근본적인 개혁과 변화, 즉 김정일 수령 독재체제를 제거, 즉 왕조적 수령체제를 타파하는 것이다. 수령의 자의적 통치에서 법적 제도적 통치기구로 전환함을 의미한다. 권력을 분산하고 탈 중앙화하면서 국가폭력과 억압적 통치기구를 축소하는 것이다.

체제유지를 위한 봉쇄는 시장경제 논리와 병존이 불가하며, 개혁은 정보유입과 자유 확산이 불가피하다. 이명박 정부 들어 대북한 정책을 새롭게 하면서, 핵관련 프로그램을 철저히 신고하고 개혁 개방하면 10년 내 3천불 소득이 가능하도록 적극 지원하겠다는 제안에 대해 "삶은 소대가리도 웃다 꾸레미 터질 소리"를 하고 있다고 격렬하게 반응하는 것은 그만큼 개혁개방이 체제유지에 위험성이 크기 때문에 북한발전과 경제성장에 꼭 필요한 줄 알면서도 할 수 없기 때문인 것이다.

현실적으로 우호적인 대외환경을 위해서는 6자 회담을 통한 핵문제 해결로 북미관계 및 대외관계의 획기적 개선의 전기를 마련하는 것이 필수적이다. 이를 위해 한국정부는 역대의 정부와 같이 북과의 일시적 대화 중단이나 관계 악화에 조급해 하지 말고 상호주의와 실질적 지원결과를 확인할 수 있는 지원 원칙을 고수하면서 북을 길들여 나가야 한다.

북한 민주화는 점진적이고 단계적 과정 속에서 이루어져야 바람직하지만 북한 스스로 제시가 불가능하므로 남한에서 합리적 대안제시가 필요하다. 북한 스스로 미래에 대한 발전 개념이나 청사진을 내놓는 것이 불가능하므로 외부의 영향력이 증대되어 원하지 않더라도 선택하거나 변하지 않으면 안 되도록 만들어야 한다.

따라서 현 체제를 유지하기 위해 폐쇄를 고집하기보다 개방을 통해 중국식으로 접근함이 바람직한 대안임을 김정일과 그 지배층에게 주입시켜야 한다. 6자 회담을 통해 핵문제가 해결되면 북미관계 및 대외관계는 획기적으로 개선될 수 있는 큰 전환점을 맞게 될 것인데, 이를 위해 '핵 없는 김정일 정권' 존립 여부에 대한 북한 지배층 자체의 합의, 김정일의 동의가 가장 큰 딜레마이자 핵심이다.

5. 통일과정 관리

가. 통일과정 관리의 핵심 : 평화체제 관리

'평화'(peace)란 화목하고 평온한 상태 '혹은 전쟁 없이 세상이 잘 다스려지는 상태'라고 정의하며 체제(system)란 '상호상관관계를 유지하고 있는 변수들을 하나로 묶은 일련의 유기체'[182]라고 정의한다. 로날드 칠코트(Ronald H.Chilcote)는 체제 구비조건을 구조, 기능, 활동체, 가치관, 활동규범, 목표, 투입, 산출, 반응, 귀환 등의 요소라고 이야기한다.[183]

'통일의 과정' 관리의 핵심이 평화체제관리이며 이는 단순히 통일의 중간단계에서 존재하는 과도기적이고 부수적인 상태가 아닌 '분단체제의 안정적 관리'이며 체제를 구성하는 요소들의 변수를 잘 관리하는 것이라 할 수 있다.

구비조건들을 현 한반도와 관련시켜 정리해 보면 먼저 구조(structures)는 어떤 체제의 구성 요소를 말하는 것으로 남·북한과 한반도를 둘러싼 주변 국가들이 평화체제를 구성할 수 있는 구조라 할 수 있다.

한반도 평화체제에서 기능(functions)이란 한반도 평화문제와 관련하여 승부 다툼이라든가 논쟁 정도는 할 수 있어도 전쟁까지는 증폭되지 않도록 체제 자체가 자동 조종하는 각종 활동을 이야기할 수 있다. 활동체(actors)는 한반도 평화유지에 긍정적인 혹은 부정적인 영향을 미치는 남북한과 주변관련국과 UN, KEDO 등을 이야기할 수 있고 가치관(values)이나 목표(goals) 등 한반도 평화체제가 분쟁보다는 평화를 확보하는 것이라는 것, 활동규범(norms)이란 어디까지나 한반도에 평화를 유지하는 기능을 발휘하여야 한다는 즉 남북한 충돌을 허용해서는 안 된다는 것이라고 할 수 있다. 그리고 한반도 평화체제가 살아있는 생물체처럼 생동하게 움직이면서 활동하려고 하면 투입(inputs), 산

182) David Easton, A Framework for Political Analysis(New Jersey: Prentice-Hall, 1965), p. 57.
183) Ronald H. Chilcote, Theories of Comparative Politics: The Search for a Paradigm(Boulder: Westview Press, 1981), p. 141.

출(out-puts), 귀환(feedback) 등이 순조롭게 흘러서 계속적 증폭현상을 일으켜 효과를 확대해 나가야 하는 것이다.

결국 한반도 평화체제 구축이란 한반도에 평화를 유지케 하고, 생동하는 평화의 계속적인 산출이 이루어질 수 있도록 한반도 평화체제가 기능을 발휘하는 것을 의미한다. 이러한 평화체제의 기능 발휘가 곧 통일과정 관리의 핵심이자 통일에로 이르는 최선의 순리라 할 수 있다.

기존의 통일논의는 막연히 이상적인 통일의 최종형태가 어떤 것이냐에 주관심을 두었고 그 과정에서 분단된 당사자가 여하히 제반 불확실성을 극복하면서 안정적 통합기반을 조성해 나가느냐 하는 방안은 소홀하였다. 그러므로 남북한의 분단 상황에서 통일에 이르는 중간과정이라고 할 수 있는 남북한의 평화체제를 어떻게 형성·관리해 나갈 것이며, 특히 평화와 대치되는 개념인 분쟁과 관련, 군사적인 분야에서 주된 관심사항이 무엇인가를 살피지 않으면 안 된다.

남북한 분단 상황이 양자의 군사적 대치에서 시작된 이상 그 해결 역시 군사적 측면에서 출발하여야 할 것이며, 평화체제 역시 이를 군사적으로 보장할 조치들이 어떠한 것인가를 살펴보는 것이 핵심이기 때문이다.

남북한의 평화체제는 일정기간동안 쌍방의 군사력 균형에 입각한 '분단의 안정화 및 고착화' 를 수반할 수밖에 없고 확실한 2개의 분단국가를 인정하는 평화체제가 정착되면 일방이 여건에 따라 타방을 흡수할 수 있는 여건은 그만큼 제한된다.

즉 '평화적 방법과 남북한 합의' 에 의한 통일을 주장하여 오면서 동시에 통일과정이 보다 당겨졌으면 하는 기대가 동시에 병존해 왔는데, 이는 '평화적 합의통일' 과 '북한체제 급변과 붕괴에 따른 흡수통일' 이라는 두 모순 개념을 함께 포용해 왔다고 할 수 있다.

장기적 측면에서 평화체제와 통일은 갈등 개념이 아니다. 누적된 남북한간의 정치·군사적 불신과 대치의 시간과 현실을 감안할 때, 통일의 기반 조성은 당분간 흡수통일이니 합의통일이니 하는 통일논의를 접어두고 분단을 안정화하면서 통일이라는 막연한 목표에 집착하는 것이 아니라 불신의 벽을 허물고 군사적 우려를 감소시키는 과정을 충실하게 하는 것, 즉 비평화적 · 반통일적 요소를 줄이면서 관리해 나가는 것이라 할 수 있다.[184]

그러므로 논리적으로 현실적이며 가능성 있는 통일방안에의 접근은 합의에 의한 통일도 아니요 흡수통일도 아닌 바람직한 평화체제의 관리라 할 수 있으며 따라서 바람직한 군사통합 방안 접근도 이러한 평화체제 관리를 통한 효율적 군사문제 관리라 할 수 있다. 즉 남북한이 상대방에 대하여 무력을 사용하여 위협을 가하지 않겠다는 약속, 군사적인 침공에 의해 상대방을 점령할 수 있는 가능성을 배제하는 작업이 선행되어야 하며 이는 평화체제의 성립과 직결되는 것이다.

이러한 평화체제 관리 유지는 정치 · 군사적 투명성을 제고하고 상대방에 대한 제반 정책의 효율성을 높여 무모한 도발 가능성을 줄이고 결국 평화적이고 안정적인 통일달성과 연결되므로, 시간이 다소 연장되더라도 바람직한 형태의 통일과 군사통합을 위한 중요한 요소가 될 것이다.

나. 바람직한 통일 접근법

한반도의 통일을 모색함에 있어서 국가 구성의 형태뿐만 아니라 민족공동체 구성의 의미와 형식면에서의 접근이 필요한데, 이는 연방주의적 접근인 국가 모델과 다원주의적 접근인 안전공동체 모델을 선정해도 바람직하다.[185] 실제로 통일국가의 형태를 대상으로 삼는 국가모델, 즉 연방이나 국가연합은 주로 형식을 주안점으로 놓고 보는데 비해 공동체 모델은 그 내용을 이루는 통합대상의 정치적 안정성 여부와 "통합과정" 에 더 큰 비중을 둔다. 그러므로 한반도의 통일과 관련, 통합대상인 남북한의 대내 정치적 안정성뿐만 아니라 상호관계에 있어서 안정성 여부를 중시하게 될 민족공동체 모델에 초점을 맞추지

184) 한반도에서 '비평화적 요소' 를 한반도 문제 전문가들의 의견을 종합해 보면 냉전의 후유증, 북한의 불안정한 상황, 북한의 도발, 한 · 미간의 합의과정의 취약함, 정치 성향에 따른 미국의 비효율적 대북정책, 김정일 정권/북한정권존속, 북한의 대남적화통일전술, 남북한 보유군사력, 남북한의 국내정치상황, 회담기구의 부적합성, 북한의 전반적인 허약함 등을 들고 있다. 송대성, 《한반도 평화체제》(서울: 세종연구소, 1998), pp. 12 ~ 13.

185) 민족공동체는 '남북한을 하나로 묶는 제도적 틀' 을 대변한다. 김학조, "민족공동체와 남북체제연합 연구," 『통일문제연구』, 제1권, 제3호(1983), p. 25.

않을 수 없다.

공동체 모델은 다원주의적 접근, 즉 민족국가들이 그들의 주권을 훼손당하지 않으면서 국제안전공동체를 형성할 수 있다는 것을 기본 가설로 삼고 있는 국제정치 통합과정에 대한 분석을 배경으로 한다.[186]

특히 탈근대시기에 세계화라는 도전에 직면하여 국민국가의 지위나 역할이 상대적으로 약화된다는 전망과, 이러한 세계사의 조류를 타고 '비 · 탈국가적 남북한 통합' 이 진전될 수 있다는 가능성에 주목하는 것이다.[187] 남북한 관계의 특성상 가까운 시일 내의 '평화적 통일(단일국민국가 수립)' 은 그 가능성이 낮다.

한편 세계화로 말미암은 단일주권국가의 지위 및 기능의 변화는 '국가보다는 정부 개념을 중심으로 한 정치체계' 를 모색하게 해 준다. 즉 남북한 민족공동체는 단일국가에 이르지 않더라도 경제 · 사회적 통합을 기반으로 하는 정치통합(혹은 정부기능의 통합)으로써 가능하며, 제도적으로 다원적 안보공동체 혹은 국가연합의 형태를 지니게 된다고 말할 수 있다.

한반도 통일에 있어서 바람직한 과정의 관리는 상기 국가 모델과 공동체 모델의 탄력적인 조화를 요한다. 즉 민족통일에의 접근에 있어서 통일의 형식과 내용을 일치시켜 새로운 분열의 가능성을 제거시키는 동시에, 통일에의 접근과정을 보호하여 안전성을 부여하는 평화의 제도화로 집약된다. 이는 곧 최종형태를 매개하고 이끌 통일과정 관리체계로서의 '틀' 의 가치를 지닌다.

한반도 통일에 있어서 분단상태 → 국가연합 → 연방 → 평화통일의 단계로 이행되는 과정을 상정할 때, 국가연합이나 연방은 단순한 형식의 이행이 아니라 공동체 모델과 연계되는 의미구조로서 그 독특한 내용을 담는 것이어야 한다. 이는 국가 모델의 일반론적 의미를 한반도 상황에 적용하여 반영구적인 국

---

186) 이문규, "남북한 통합의 이론적 모색," 『통일연구논총』, 통권 84호, (1988), pp. 22 ~ 23.

187) 세계화라는 문제를 논외로 하고 현실주의 이론의 입장에서 보더라도, 남북한 통일과정은 '非웨스트 팔리아적 단위,' 즉 주권국민국가가 아닌 일종의 국가연합 형태를 택하는 것이 바람직하는 견해에 주목할 필요가 있다. 예를 들어 Stephen D. Krasner, "Compromising Westphalia," in Byong-Moo Hwang and Young-Kwan Yoon, eds., Middle Powers in the Age of Globalization(Seoul: Korean Association of Intenational Studies, 1996), pp. 31 ~ 32.

가연합이나 더 영속성 있는 결합 형태인 연방국가를 논하더라도, 이것이 분단의 합법화 또는 영구화가 아니라 평화의 제도화에 목표가 있음을 뒷받침하기 위한 것이다.

서독 콜 수상이 베를린 장벽이 붕괴된 후 신속히 3단계 통일방안[188]을 제시했는데, 이때 제3단계로 제시된 국가연합은 통독의 전단계로서 평화공존을 통한 통일에의 진로를 명시하기 위한 것이었다.

다. 통일과정 관리체제 기본 모형

통일과정 관리체제가 일종의 형태론이나 단계론에 고착되는 것을 피하면서도 통합의 연속성을 유지토록 하는 것이 바람직하다. 또 이 체계는 통합의 수준에 비추어 볼 때 가장 낮은 수준의 통합 모형을 제시한 도이치(K. Deutsch)의 견해에 접근한다고 볼 수 있다.

하스는 통합이 통일과정 중간단계의 수준을 넘거나 중간단계로부터 최종단계의 도약(take off)을 뜻한다고 했으며, 에치오니는 통합이 새로운 국가체제의 완전한 수립을 뜻하는 통합의 최종상태를 말한다고 하였다. 다시 말하면 도이치는 통합에 대한 안전공동체를 만들기 위한 과정으로, 하스는 태도와 제도적 관점에서 정의된 정치공동체의 창조 과정으로, 에치오니는 어느 시점까지 도달하는 하나의 과정으로 보기보다는 오히려 종착적인 조건으로 취급하고 있다고 볼 수 있다.

남북한 통일과정 관리체제는 가장 낮은 수준의 도이치의 견해에 접근하면서 공동체의 형성과 발전을 통한 민족통일 모델로 접목될 수 있다. 도이치는 공동체 개념을 확대하여 물리적 폭력이 부재하는 안전공동체의 개념을 제시하고 이를 국가간의 통합조건으로 제시하였다. 도이치가 제시하는 안전공동체는 단일 안전공동체(예 : 미국)와 복합 안전공동체(예 : 노르웨이, 스웨덴)로 분류되면서, 평화의 보존이나 보편적인 정부의 목적을 달성하는 단일 안전공

---

188) 그 주용 내용은 제1단계 : 동독에서 자유선거실시, 제2단계 : 동서독간 경제, 환경, 기타 문제 협력을 위한 공동위원회 설치, 제3단계 : 국가연합의 형성 등의 단계 설정과 10개항의 조치 등이다. 국토통일원, 『분단국 통일문제』(1990), pp. 29 ~ 30.

동체는 매력이 있으나 성취가 어려운 반면, 복합 안전공동체는 평화의 보존만을 목적으로 하는 공동체이므로 보다 용이하고 바람직한 것으로 간주되어[189], 한반도 통일의 중간관리 과정체제를 모색하는 데 그 기본 모형이 될 수 있다 하겠다. 현재의 남북관계가 정전 이후 극히 불안정된 현상유지 상태이므로 우선 평화공존의 존재양식을 확립하여 남북관계를 정상화하는 것이 필요하다.

이 같은 맥락에서 남북관계를 우선적으로 복합적 안전공동체 형태로 전환시키는 것이 통일과정을 관리하는 체제를 정립함에 있어 핵심적 과제라 할 수 있다.

따라서 한반도 통일의 중간과정 관리체계를 추출하기 위해서는 단일적(또는 융합적) 안전공동체와 복합적 안전공동체 형성을 위한 배경을 적절히 배합하는 것이 바람직할 것으로 본다.

도이치의 복합 안전공동체의 전형은 노르딕 협력기구[190]를 들 수 있으며 각 나라들의 정치적 단일화를 이룬 것은 아니나 상당한 수준의 통합을 이루고 있다.

남북한의 경우 역시 통일의 중간과정 관리 형태는 적어도 남북한 간의 긴장완화와 전쟁재발 위험을 제거하여 한반도에 평화를 정착시킬 뿐 아니라 상호간의 교류 협력 증진으로 신뢰분위기를 조성하고 민족동질성을 회복해 나갈 수 있는 통합력을 요구하게 된다는 점에서 적어도 노르딕 협력기구 이상의 복합 안전공동체 형성이 필요한 것이다.

라. 통일과정 관리체제의 통합 요건

제2장 통합이론에서 이미 살펴본 바와 같이 통합의 성공은 폭력의 사용 없이, 약자만의 일방적 양보 없이 갈등과 분쟁, 그리고 전쟁의 상황을 해결할 수 있는 능력의 증가에 의해 이루어진다고 하였다.

---

189) Amitai Etzioni, Political Unification: A Comparative Study of Leaders and Forces(New York: Holt, Rinehart and Winston, 1965), pp. 4, 10.

190) 노르딕 협력기구(Nordic Council, 1962 ~)는 북유럽 5개국 간에 문화 · 법률 · 교통 · 체신 · 사회 등 제 분야의 협력체를 구성하고 있으며, 「노르딕회의」(선출된 의원과 정부 대표로 구성)와 노르딕 각료회의로 운영된다.

도이치의 단일공동체 형성을 위한 통합요건은 12가지이며 그중 3가지가 복합적 안전공동체 형성을 위한 요건이다.[191] 이 3가지 요건을 남북한에 적용하면 첫째, 남북한의 정치이념과 그 사회적 가치 체계가 양립할 수 있어야 하며, 둘째, 남북한 간의 정치적 역량이 평화공존을 제도화할 수 있는 구체적 행위를 통해 상호작용을 증대시켜 나갈 수 있어야 하고 셋째, 남북한 간의 사회 · 경제적 제 측면의 상호개방성 확보를 통해 신뢰도를 높여 서로의 행동에 대한 예측가능성을 높일 수 있어야 할 것이다.[192] 남북관계의 통합요건에 대한 타당성 분석 연구는 이문규가 잘 정리하였는데 그는 제이콥(P. G. Jacob)과 터인(henry teune)의 신기능주의적 입장과 도이치의 입장을 대비시켜 보고 남북관계에 비추어 15개 통합요건을 평가하였다.[193]

결론은 남북한 사회가 관련된 여건을 갖추어갈 수 있으나 유일독재체제를 유지하기 위한 체제의 이질성으로 인하여 통일의 여건이 악화되었으므로 남북한의 정치역량의 발휘가 강조될 수밖에 없으며, 도이치의 14개 통합요건을 남북한 관계에 적용시킬 경우 유리한 것은 4개 정도이고 불리한 것이 10개로 나타났다. 이들 대부분이 남북한의 내부 요인에 기인되고 있음은 역시 정치역량이 관건을 이루고 있음을 확인하고 있는 셈이다. 결국 남북한의 동질성 강화, 실체인정과 신뢰회복, 경제협력을 통한 유대강화가 강조되고 있으며 다방면의 교류와 커뮤니케이션 확대로 남북한 구조적 형태에도 유사성을 생성시켜 정치적 요건에서의 통합을 성취시킬 수 있을 것이다. 그러나 이러한 조건들이 통일 관리과정에서 제도화 되어야 하는데 이러한 평화공존제도화에 대한 요건이 구체화 되어 나가야 한다.

마. 통일과정 관리체제의 핵심 요소 : 평화체제 구축과 제도화

분단구조를 견지하여 온 힘의 공존을 평화공존으로 바꾸는 것이 통일을 지

191) K.W. Deutsch, 구영록 역,《국제정치의 분석》(서울: 법문사, 1979), pp. 322 ~ 323.
192) 변진홍, "한반도 통일의 중간형태론," 한반도 통일의 전망(서울: 한국정신문화연구원, 1994), p. 188.
193) 이문규, 앞의 글.

향하게 하는 첩경이며 이는 평화체제구축 방안이 그 핵심이다. 이는 분단체제 해소를 위한 새로운 존재양식을 모색해야 함을 말해 주는데, 강광식 교수는 존재양식 모색은 국제체계의 다극체제 및 데탕트 양상, 한반도 내부 자존능력향상, 이데올로기와 대외정치노선 분리적용 등의 여건이 충족해야 가능하다고 말하고 있다.[194)]

국제환경의 여건은 국제체계 모형에 근접하고 있으나 한반도 내부 상황, 즉 군사적 긴장요인은 화해구조정착을 저해하고 있다.

남북간의 군사적 긴장과 단절의 심화는 한반도 내부 상황 그 자체를 불안정하게 하는 핵심요인으로 남아있는 것이 사실이다. 때문에 남북한 간의 군사, 정치적 긴장 요소를 적절히 관리, 조정하는 일이야말로 탈분단의 돌파구를 여는 길이며 동시에 새로운 존재양식, 즉 관리체계를 가능케 하는 초미의 과제이기도 하다.

이와 관련하여 하영선 교수는 한반도 평화체제의 구축을 위해 다음과 같은 노력이 필요하다고 말하고 있다.[195)] 첫째, 휴전체제에서 평화체제로의 이행이 이루어지는 과도기간 중의 상호억제 체제유지, 둘째, 한반도에서의 보다 적극적인 평화체제구축을 가능하게 하기 위한 신뢰구축 방안의 마련과 그 효율성을 현실화하기 위한 정치적 신뢰구축 도모, 셋째, 군축 및 군비통제 등이다.

결국 정치 · 군사적 신뢰구축의 필요성은 한반도 평화체제 구축의 핵심이자 방향인 것이다. 아울러 이 평화체제 구축 방안은 이를 제도화할 수 있는 공동기구의 마련과 이를 뒷받침하는 대내외적 보장 장치들이 포괄되어야 한다.[196)]

한반도 통일을 위한 효율적 관리체제는 결국 이를 제도화하는 방안의 강구가 있어야 한다. 이 같은 모색은 그동안 남북한이 현상의 인식 또는 인정에 인

---

194) 강광식, "한반도의 국제적 존재양식과 탈분단형 탐색," 『정신문화연구』, 통권 제35호(1998), pp. 27 ~ 32.

195) 하영선, "통일문제연구의 새로운 방향 모색," 《한국사회의 인식: 실증주의 대 역사주의》(서울: 한국사회과학연구협의회, 1990), pp. 12 ~ 13.

196) 평화체체 구축 방안으로 「로카르노체계모형」의 적용가능성이 제기되는데, 1925년 10월 26일 스위스의 로카르노에서 중부유럽의 안전보장을 위하여 적대관계 나라 사이의 불가침 협정 체계를 제3국들이 공동으로 보장하여 평화체제를 이루는 것을 말함. 남북한에 대한 주변 4강의 교차승인과 연계됨.

색한 채 상대방의 붕괴로 인한 흡수통일 방식 또는 무력통일 방식 등의 경직성에서 벗어나 국내외적 현실과 상호실체를 인정하는 가운데 가능한 공존관계를 추구하는 과도적 상황을 규율하기 위한 것이다. 이러한 과도기를 규율하는 효과적 과정관리가 없으면 통일은 공론(空論)의 쳇바퀴를 돌릴 수밖에 없는 것이다. 그러므로 중간과정관리체제 통합요건에도 언급된 것처럼, 서로의 실체 인정을 현실적 의미로 구체화하는 노력으로서 상대의 이념과 체제, 그리고 가치체계에 대한 문제 제기를 유보하고 '제로-섬 게임' (Zero-Sum/Fixed Sum Games)에서 '변수합산 게임' (Variable-Sum /Mixed-Motive Games)[197]의 구조로 전환하는 노력이 필요한데, 남북한 모두 금기시하는 북한의 대남적화혁명을 명시한 조선노동당 규약 개정을 통한 정책포기천명, 남한의 국가보안법개정 등이 동시에 접근되어 인식의 대전환을 시켜야 한다.

이 같은 선행조치가 이루어지지 않는다면 형식적인 조건이나 협정이 체결된다고 하더라도 실질적 의미를 부여하기 어렵다. 이런 의미에서 남북한이 복합 안전공동체를 형성하는 통일과정에서 주요 정치적 가치의 양립성을 받아들이는 인식의 전환이 무엇보다 중요하다고 할 수 있다. 이를 전제로 한다면 제도화를 하기 위한 방법론적 접근만이 남는데 접근의 수준과 내용이 현실적 바탕 위에서 구체적으로 모색되어야 할 것이다.

이 제도화를 위해서는 남북한이 복합 안전공동체를 형성할 수 있는 합의의 도출이 필요하다. 합의의 도출은 곧 평화체제 구축안으로 구체화 되어야 하는데 그 구성은 남북한 공존을 전제로 한 평화안, 남북한 간에 전쟁을 방지할 수 있는 평화안, 한반도 평화체제 구축 가능성을 증대시키고 그 제약성을 약화시키는 방안 등이 되어야 할 것이다. 다음 〈표 4-2〉는 한반도 평화체제 구축가능성과 구축 제약성 관련 변수를 정리한 것이다.

또 평화체제 구축안을 실천에 옮기기 위한 특별기구 설치, 감시 방안의 발전, 위반사항에 대한 제제조치 방법 등을 발전시켜 나가야 하며, 이를 뒷받침

197) 제로-섬게임이란 승부 다툼에서 한쪽이 이익을 보는 만큼 한쪽은 손해를 보는 경우를 이야기한다. 변수합산 게임은 양측 승부 다툼에서 부분적 승리와 전체적 승리가 다르며 승리한 것과 패배한 것이 복합적으로 섞여 있는 경우를 이야기한다.

할 수 있는 국제적 보장 장치가 뒤따라야 할 것이다.

〈표 4-2〉 평화체제 구축 가능성 및 제약성 변수

평화체제 구축 가능성	제약성 변수
• 세계사의 큰 흐름이 화해 및 평화를 지향하는 방향으로 전개되고 있음. • 미국 및 중국이 한반도 평화체제 구축에 함께 동참하고 있음. • 북한이 생존을 위하여 노력 : 북한의 대남 적화 의지는 상대적으로 감소 • 한반도 화해 및 평화에 기여할 수 있는 구체적인 합의 및 실천을 위한 노력 • 남북한 군사력 상대성 : 남한군의 우위 대비 북의 대량살상 비대칭 전력	• 북한이 대남 공산화 통일전략 전술 고수 • 비정상적인 북한 사회 • 흡수통일에 대한 북한의 두려움 • 남한의 김정일 정권에 대한 근원적 불신 • 북한의 군사력이 체제수호의 최후 보루 • 남북한 상황의 불안정서

출처 : 송대성 저, 《한반도 평화체제》, 세종연구소 연구총서 98-05, 1998, p. 195.를 참고로 수정 보완

바. 소결론

한반도 통일은 한반도 평화체제를 구축하고 이를 효율적으로 관리하는 과정을 체계화하는 작업이 현실적이고 실효성 있는 접근 방안이라 할 수 있다.

이를 위하여 첫째, 한반도 안전체계의 형성인데, 이 안정체계는 도이치의 복합 안전공동체의 내용을 모형으로 삼아, 북구의 노르딕(Nordic) 협력기구와 같은 성격의 공동체를 모색해 나가는 것이다.

둘째, 남북한의 공존질서를 규율화하고 최소한의 복합 안전공동체 즉 한반도 안전체계 형성에 진입하기 위해서는 가장 기본적으로 남북한 관계의 정상화를 공식화하는 기본조약 내지는 협정의 체결과 이행이 필요하다. 실제로는 7.4 공동성명에서부터 남북기본합의서, 두 차례의 정상회담에서 발표된 합의문을 제대로 이행해 나가느냐가 관건이다.

따라서 남북 간의 실질적인 접근이 이루어지기 위해서는 서로의 의도를 상호 수용하여 절충적인 방식을 취하든가, 아니면 상호신뢰에 기반을 둔 원천적

합의를 도출할 수 있도록 유도해야 할 것이다.

셋째, 한반도 안전체계를 형성, 관리함에 있어서 평화조약 내지 평화협정의 체결은 평화공존의 기반을 조성하는 것이라는 점에서 본질적인 영역에 속한다.

북한은 그동안의 남북고위급 회담에서도 불가침의 문제는 포함시키지만, 평화조약의 내용은 포함시키지 않는 일관된 태도를 견지하면서, 평화협정의 상대를 남한이 아닌 미국을 대상으로 하는 데 문제가 있다.[198] 작금에도 통미봉남정책을 간헐적으로 사용하고 있다.

이는 곧 평화협정의 체결이 한반도 안전관리체계 형성에 가장 기본적인 요소 가운데 하나임을 알 수 있으며 말이 아닌 실질적인 관계의 수립가능성을 보여주는 준거가 된다는 점에서 더욱 중요한 요소로 부각될 수밖에 없다.

넷째, 한반도의 평화가 남북한 교차승인, 기본조약체결, 평화조약의 체결 등에 의해 일단 모양을 갖추더라도 이를 유지 보장하기 위해 남북한 상호불가침조약을 체결하고 또 실효성을 보장할 수 있는 국제적 보장이 뒤따라야 한다. 현실적으로 가능한 방법은 4강의 교차승인과 함께 불가침 보장이 이루어질 수 있도록 처리하는 방식이다. 북한은 이 같은 국제적 보장 장치, 특히 미국에 의한 체제보장을 인정하면서도 자신들이 안고 있는 근본적인 체제의 약점 때문에 실효성을 발휘하기 어렵다는 불안감을 가지고 있다.

다섯째, 평화구축안을 실천에 옮기기 위한 특별기구 설치 · 운용과 실천여부 감시방법, 위반 시 제재방법 등을 구체적으로 발전시키고 합의해 나가야 한다.

결국 북한의 고려민주연방제 통일방안과 남한의 한민족공동체 통일방안으로 압축되는 현재의 통일방안은 현실적이고 실질적인 통일과정의 관리에 초

198) 북한은 1962년 '미군철수 조건 아래 남북한 간에 불가침 조약의 성격을 지닌 평화협정체결' 주장을 시발로 하여 1974년 '미군주둔 상황에서 미국과의 직접 협상' , 1984년 '북미회담에 남한이 참가하는 3자회담' 을 제의하였고 남북 기본합의서가 체결된 후에는 '남한을 배제한 북미평화협정 체결과 이를 위한 북미회담 요구' 로 변화하였다: '중앙인민회의, 최고인민회 상설회의 연합회의 결정,' (1984. 1. 10), 《조선중앙연감 1985》(평양: 조선중앙통신사, 1985), p. 122. 「로동신문」, 1995년 2월 25일자 참조.

점을 맞추어 실질적인 조치와 국내외적으로 유효한 제도화를 병행해 나갈 때, 최종적으로 합의에 의한 통일 형태든지 국력의 차이에 의한 자연스런 흡수통일 형태든지를 결정하는 지름길이 될 것이다. 즉 통일과정을 지혜롭게 극복하고 평화적 통일을 이루기 위해 분단을 안정적으로 관리하고 나아가 북한 체제를 잘 관리하는 일이다.[199]

이 통일과정 관리에서 핵심요인이 군사적 실체와 대결현상인데, 남북한 간의 군사, 정치적 긴장요소를 적절히 관리, 조절하면서 제도화에 진입시키는 것이 탈분단과 통일의 돌파구를 형성하는 통일과정 관리상의 초미의 과제인 것이다.

적어도 평화체제를 구축하는 전반적 노력이 이루어지는 가운데 여러 변수에 따른 정책적 선택과 돌파도 이루어져야 한다.

이 정책적 선택 중 군사통합이 어떠한 형태로 이루어지느냐 하는 것은 평화체제 구축 및 관리의 효율성과 직결된다고 할 수 있다. 다만 평화체제 구축 노력과 군사통합의 형태문제는 일견 상충될 수도 있으나 평화로운 관계의 정상국가들 간에도 분쟁은 항상 있기 마련이며, 때로 전쟁으로 치닫는 역사적 경험에 입각하여 항상 다양한 형태의 군사통합 방안이 평화체제 구축 간에도 부단히 이루어져야 한다. 이는 평화를 보장하기 위한 전쟁 준비 측면과 가장 효율적인 군사력 운용을 통한 항구적 평화 상태인 군사적 통합과 통일이라는 측면에서 접근되어야 한다.

제2절. 남북한 군사력 비교

남북한 군사통합을 위한 현존 남북한 군대의 정확한 군사력을 비교하고 평가하는 것은 통일과정에서 군사력이 가지는 실질적 · 상징적 의미에서부터 통일 후 군사통합에 과정에 이르기까지 매우 중요하다. 즉, 남북한 현존 군사력

199) 이종석, "북한관리의 필요성과 남북대화," 『정세와 정책』, 제17호(1996년 11월 15일), pp. 9 ~ 10.

에 대한 정확한 평가를 바탕으로 상호간의 군사적 신뢰구축과 군축문제 및 군사협력 등이 진행될 수 있으며, 나아가 장차 통일국군 모델을 건설을 위한 밑거름이 되기 때문이다.

남북한 군사력은 그동안 정치적 이유 내지는 국방비 확보측면의 정략적 이유, 북한 군사력에 대한 정확한 평가능력 결여 등의 다양한 이유로 제대로 평가되지 못한 측면이 많았다. 또 이론적 측면과 실제적 측면에서 상당한 차이가 존재하는 것 또한 사실이며, 이를 검증하는 인간정보체제 구축에도 여러 가지 정책적 제한과 한계가 있었다고 할 수 있다. 앞으로 관련 전문기관에서 확고한 의지를 가지고 실상을 파악해야 그 기관들의 소임을 수행하는 것이며, 있는 간첩도 제대로 손을 대지 못하는 것과 동일한 우를 범해서는 안 된다.

1. 군사력 평가방법의 논의

가. 군사력(Military Power)의 개념

군사력은 일반적으로 국력의 일부로서 이해하고 있으나 국력의 어느 부분까지 군사력에 포함할 것인지에 대해서는 견해가 다양하다.[200] 그러나 일반적으로 군사력이란 국가안전보장을 위한 직접적이며 실질적인 국력의 일부로서 군사작전을 수행할 수 있는 군사적인 능력과 역량을 의미한다.[201] 다시 말해서 군사력은 전시 · 평시를 막론하고 국가안전보장을 위한 물리적인 수단으로 타국에 강제적인 압력을 행사하기 위한 힘인 것이다.

한편, 클라우스 노어(Klaus Knorr)[202]는 군사력을 정의함에 있어서 한 국가가 다른 국가의 행태에 영향을 미치는 '3가지 메커니즘' 과 그러한 메커니즘을 가능케 하는 '군사력 결정의 3대 요소' 를 제시하였다.

200) 부형욱, "군사력 비교평가 방법론 소개", 『국방정책연구』, 1999년 여름, p. 269.
201) 국방대학교, 《안보관계용어집》(서울 : 국방대학교, 2007), pp. 78 ~ 80.
202) Klaus Knorr는 미국의 프린스턴 대학교 교수이며, 1956년 "The War Potential of Nation" 및 1970년에는 "Military Power and Potential" 을 저술한 이 분야의 권위자이다.

〈그림 4-1〉 군사력 결정의 3대 요소

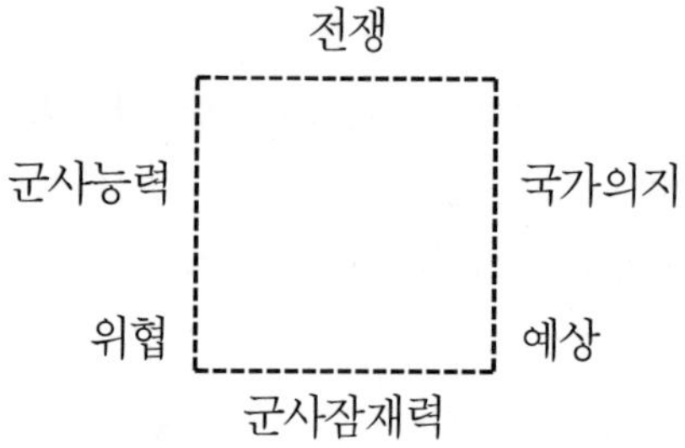

군대의 규모, 구성, 장비, 군수능력 및 군사위협에 대한 대처능력 등을 포함하는 군사능력(Military capabilities)과, 군사능력을 추가적으로 산출 · 동원할 수 있는 자원의 양과 전환속도 및 융통성과 관련된 군사잠재력(Military potential), 무력행사의 결과에 대한 정당성을 부여받을 만큼 중요하다고 판단되는 국가이익의 수호를 위해서는 무력행사를 불사하겠다는 국가의 의지(National will)를 군사력 결정의 3대 요소로 제시하였다. 아울러 이 3가지 요소가 국가의 군사력을 결정하며 이를 바탕으로 3가지 메커니즘 즉, '전쟁(War)', '위협(Threat)', '예상(Anticipation)'의 형태로 나타난다고 보았다.

〈표 4-3〉 군사력의 구분

(2006.12.기준)

구별기준	구 분	구체적 구성요소
형태유무	유형 군사력	병력, 무기, 장비, 물자, 시설, 지형 등
	무형 군사력	병력/무기/장비의 질, 사기, 교육, 훈련, 전략, 리더십
사용공간	지상 군사력, 해상 군사력, 공중 군사력, 통합 군사력	
핵무기 여부	핵전력, 재래식 전력	
장비효과	살상능력, 기동력, 생존성, 지원능력	
영향력	공격 군사력, 방어 군사력	
기 타	군사자산, 군사상황, 발휘능력	

출처 : 부형욱, "군사력 비교평가 방법론 소개", 『국방정책 연구』, 1999년 여름

다시 말해서 군사력은 군사능력, 군사잠재력, 국가의지의 3개 요소를 바탕으로 삼각형을 형성하며 그 요소의 강약에 따라 정삼각형은 변형될 수 있다고 보았다. 군사력의 구성요소를 살펴보면 먼저 군사력을 구분하는 기준은 국가에 따라 다르나 일반적으로 <표 4-3>과 같이 형태유무에 따라 유형, 무형 군사력, 사용공간에 따른 지상, 해상, 공중, 통합군사력으로 구분되고 핵무기 여부, 장비효과, 영향력 등을 기준으로 다음과 같이 구분될 수 있다.

나. 군사력의 비교 · 평가 방법

군사력 평가는 군사력의 규모, 구성, 질 전략 및 군사상황 등을 평가하여 이를 바탕으로 적정수준의 군사력과 발전방향을 도출하는 데 궁극적인 목적이 있으며, 남북한 간에 있어서는 향후 군비조정, 통합단계에서 기초 작업으로서 중요한 함의를 지닌다고 하겠다.

일반적으로 군사력 평가에 있어서 고려되어야 할 방법상의 요소는 군사력을 어떻게 이해하고 정확한 분석을 위한 계량적 지표로 조작화해야 하는가의 '타당성(Validity)' 문제와 자료의 일관성과 진실성과 관련된 '신빙성(Reliability)' 및 국내의 정치 · 경제적 과정과의 연관성 등의 기준인 '유용성(Utility)'을 포함해야 올바른 평가방법으로써 기능할 수 있을 것이다.

군사력 평가의 방법의 유형은 <표 4-4>와 같이 판단주체, 판단객체, 판단방법에 따라 구분되는데 일반적으로 판단방법에 의한 정태적, 동태적 비교평가 방법이 이용된다.

<표 4-4> 군사력 평가방법의 유형

구분 기준	평가방법
판단주체	자국인에 의한 평가, 적국인에 의한 평가, 제3자에 의한 평가
판단객체	지상군 평가, 해 · 공군 평가, 비정규전 평가, 전쟁지속능력 평가, 방공 능력 평가, 총체적 군사력 평가
판단방법	정태적 비교평가, 동태적 비교평가, 확장 정태적 비교평가, 복합 동태적 비교평가, 정태적 · 동태적 방법의 상호 보완적 평가

(1) 정태적 비교평가

정태적 비교평가 방법은 고정된 제 군사력 구성요소의 능력(수와 질)만을 가지고 피아 군사력을 비교하는 방법을 의미하며, 가장 일반적인 단순수량비교를 포함해 군사비 지출비교, 전력지수(CCC : Combat Capability Coefficient) 비교 방법이 있다.

군사력을 구성요소별로 구분, 보유수량을 비교하는 가장 용이한 방법인 단순수량비교는 가장 단순하고 기본적인 군사력 균형의 평가방법으로 '선전논쟁'에서 광범위하게 사용된다.

〈표 4-5〉에서 보는 바와 같이 『국방백서』에서는 남북한의 군사력을 육·해·공군의 병력 수, 제대별 수, 무기체계의 수 등의 계량적 수치에 의한 단순수량비교방법에 의존하고 있다. 따라서 단순히 이러한 수치적 비교에 의한 평가에 의존할 시 북한이 한국에 비해 군사적으로 우위에 있다고 평가할 수 있다. 군사비 지출비교는 단순수량비교보다 논리적으로 우월하고, 단순하며 직설적인 '총량적 지표(aggregating index)'인 군사비를 바탕으로 군사력을 평가하는 방법으로 군사력 비교의 가장 중요한 척도가 될 수 있다.[203)]

한편 전력지수 비교(CCC)는 무기체계와 장비의 질적 비교와 함께 부대가 보유하고 있는 다양한 종류의 무기를 종합했을 때 나타나는 전력을 비교하는 방법으로 단순한 수량뿐만 아니라 각각의 무기체계가 지니는 특수성과 효과를 반영함으로써 현실성과 신뢰성을 높였다고 할 수 있다.[204)]

정태적 방법은 일반적인 전장상황의 전투결과의 추정으로 해석가능하며, 동태적 방법의 문제점으로 나타나는 모형의 신뢰성, 가정의 구체성, 운영의 곤란성 등을 보완하는 초기단계의 분석방법으로 이용가능하다는 특징이 있다. 하지만 군사력 구성요소의 능력판단, 구성요소 간의 상대적 중요성을 판단

203) 군사비, 즉 총 국방비는 일국의 무장력을 위한 인적·물적 조직적 역량에 투자한 '요소비용의 총계'이다. 따라서 국방비는 군사력의 가장 중요한 척도가 될 수 있다. 졸저, "남북 군사력 비교와 군사통합 방안", 『교수논총』제19호, p. 162

204) 미 육군전력분석기구가 개발한 '기갑사단등가치(Armored Division Equivalent-ADE)' 및 그 후속 모델인 '사단등가화력(Division Equivalent Firepower-DEF)' DML 한국판이다. 여기서 전력지수는 '수량×무기효과성지수(WXI)×가중단위점수(WUX)'를 통해 계산될 수 있다.

〈표 4-5〉 남북한 군사력 비교

<table>
<tr><th colspan="4">구분</th><th>한국</th><th>북한</th></tr>
<tr><td rowspan="4">병 력
(평시)</td><td colspan="3">계</td><td>67만 4천여 명</td><td>117만여 명</td></tr>
<tr><td colspan="3">육 군</td><td>54만 1천여 명</td><td>100만여 명</td></tr>
<tr><td colspan="3">해 군</td><td>6만 8천여 명</td><td>6만여 명</td></tr>
<tr><td colspan="3">공 군</td><td>6만 5천여 명</td><td>11만여 명</td></tr>
<tr><td rowspan="17">주요전력</td><td rowspan="8">육군</td><td rowspan="3">부 대</td><td>군 단(급)</td><td>12(특전사 포함)</td><td>19(포병군단, 미사일지도국, 경보교도지도국 포함)</td></tr>
<tr><td>사 단</td><td>50</td><td>75</td></tr>
<tr><td>기동여단</td><td>19</td><td>69(교도 10여개 미포함)</td></tr>
<tr><td rowspan="5">장 비</td><td>전 차</td><td>2,300여 대</td><td>3,700여 대</td></tr>
<tr><td>장갑차</td><td>2,500여 대</td><td>2,100여 대</td></tr>
<tr><td>야 포</td><td>5,100여 문</td><td>8,500여 문</td></tr>
<tr><td>다련장/방사포</td><td>200여 문</td><td>4,800여 문</td></tr>
<tr><td>지대지유도무기</td><td>20여 기(발사대)</td><td>80여 기(발사대)</td></tr>
<tr><td rowspan="5">해군</td><td rowspan="4">수 상
함 정</td><td>전투함정</td><td>120여 척</td><td>420여 척</td></tr>
<tr><td>상륙함정</td><td>10여 척</td><td>260여 척</td></tr>
<tr><td>기뢰전함정</td><td>10여 척</td><td>30여 척</td></tr>
<tr><td>지원함정</td><td>20여 척</td><td>30여 척</td></tr>
<tr><td colspan="2">잠수함정</td><td>10여 척</td><td>60여 척</td></tr>
<tr><td rowspan="4">공군</td><td colspan="2">전투기</td><td>500여 대</td><td>820여 대</td></tr>
<tr><td colspan="2">특수기</td><td>80여 대(해군 항공기 포함)</td><td>30여 대</td></tr>
<tr><td colspan="2">지원기</td><td>190여 대</td><td>510여 대</td></tr>
<tr><td colspan="2">헬기</td><td>680여 대(육 · 해 · 공군 통합)</td><td>310여 대</td></tr>
<tr><td colspan="4">예비전력(병력)</td><td>304만여 명</td><td>770만여 명
(교도대, 노동적위대, 붉은 청년근위대)</td></tr>
</table>

출처 : 『국방백서』, 2006

하기 위한 객관적 기준이 미비하고 제 요소간의 상호작용이 고려되지 않기 때문에 구체적이거나 동태적인 전투결과를 도출하기 어렵다는 한계성을 지닌다.

(2) 동태적 방법

정태적 방법과 다르게 동태적 방법은 구체적으로 설정된 전장상황에서 이들 제 구성요소의 상호작용을 시공간적으로 고려한 전투결과를 도출함으로써 전력을 비교하는 방법을 말하며, 일반적으로 '워게임(War Game) 모형' 이 해당된다. 워게임 모형은 실제, 가상전쟁, 전투 등 군사상황을 묘사함으로써 실전적 모의를 가능케 하고 군사계획, 교리, 절차 등을 편성, 발전시키고 평가하는 데 유리하다.[205)]

동태적 방법을 통한 군사력 평가의 특징은 제 군사력 구성요소뿐 아니라 이들의 상호작용을 구체적(시 · 공간적)으로 묘사함으로써 구체적인 전투결과를 도출할 수 있다는 장점과 불확실한 전장상황에 대하여 구체적 가정에 의한 결과 도출이 실제로는 전투결과를 왜곡시킬 소지가 있을 수 있는 단점을 지닌다. 또한 모형의 신뢰성, 운영의 곤란성(막대한 소모시간 및 인원필요 등)의 문제점을 내포하고 있다.

군사력을 평가하는 방법에는 이 외에도 여러 유형이 있고, 각각이 지니는 장 · 단점이 있으므로 각각의 방법을 통한 상호보완적 특성을 충분히 고려해서 군사력을 평가하는 것이 군사력 비교평가의 목적을 왜곡시키지 않을 것이다.

2. 남북한 군사력 비교

남북한 군사력을 비교하여 북한의 군사위협을 평가하는 것은 국가안보와

205) 국방연구원의 JTLS(Joint Theater Level Simulation)모형 등이 있으며, 이는 전구급 3군 합동모의 모형으로써 게임이 실시간으로 운영되어 연습실시자와 전투모의 프로그램간에 대화식으로 진행된다.

군의 중요성을 부각시켜 군사력 건설과 이를 뒷받침하는 군사비 증액을 정당화하는 기준이 되며, 한편으로는 주한미군과 미국의 군사지원 등 확고한 한미동맹의 중요성을 강조하기 위해 활용되는 지표로 작용한다는 시각도 있다.[206] 여기서는 군사통합을 염두에 두고 객관적인 비교평가가 이루어져야 하는 당위성에 초점을 둔다.

가. 남북한 군사력 우위의 논쟁

남북한 군사비와 군사력에 대한 한국 사회의 내부논쟁은 국방부, 국방연구원(KIDA) 및 일부 어용학자, 제3국의 입장에서 다르게 평가된다.

일반적으로 북한의 군사력이 한국에 비해 월등히 군사적으로 우위에 있다는 것이 우리사회에 뿌리내리고 있는 고정관념으로 인식되고 있으며, 이에 대해 일부학자들은 계속해서 군비증강을 합리화시키고 안보불안감을 조성시킬 뿐이라고 비판하고 있다.[207]

먼저 국방부와 KIDA는 주한미군 전력을 제외한 남북한만의 군사력을 비교평가한 결과 육군은 북한군의 80%, 해군은 90%로 뒤지며 다단 공군력만 103%로 우위에 있다고 분석했다.[208] 또한 한국이 북한에 비해 '잠재군사력' 에서 우세함을 인정하고 '동원군사력' 에서는 대체로 대등하고, '상비군사력' 에서는 북한이 압도적으로 우세하다고 평가했다. 그러나 국내 일부학자 중 리영희 교수는 '종합적 전쟁수행능력' 즉, 현존군사력과 인적, 물적 생산력에 과학 · 기술, 정신 · 문화 범주의 능력이 결합된 총체적인 군사력에서 한국이 북한을 압도하고 있다고 평가하였고, 함택영 교수는 1980년 초부터 한국의 군사력이 북한에 앞서기 시작했다고 분석했다.

한편, 외국의 연구기관 및 학자들은 한국의 군사력이 북한의 GDP보다 월등히 높고 총체적인 국력과 군사무기체계의 질적 우위를 바탕으로 우위의 입장

206) 함택영, "국군 종합전쟁수행능력 북한군에 열세," 「중앙일보」, 2004년 8월 30일.
207) 이철기, "남북한 군사력 비교 : 북한 군사력 우위론의 허구성," 임종인(편) 《남북한 군사력 비교의 의의와 방향 : 토론회 자료집》, 2004년, pp.1 ~ 4.
208) 「한국일보」, 2004년 10월 4일

에 있다고 보았다.[209]

국내 일반국민과 전문가들도 남북한 군사력 비교와 적정 군사비, 병력 등에 관해 다른 입장을 보이고 있으며, 특히 〈그림 4-2〉와 같이 남북한 군사력 비교에서 전문가 집단은 '한국이 앞서 있다'는 응답이 높았던 반면에 일반국민들은 '북한이 우위에 있다'는 응답이 상대적으로 높았다.[210]

〈그림 4-2〉 남북한 군사력에 대한 응답

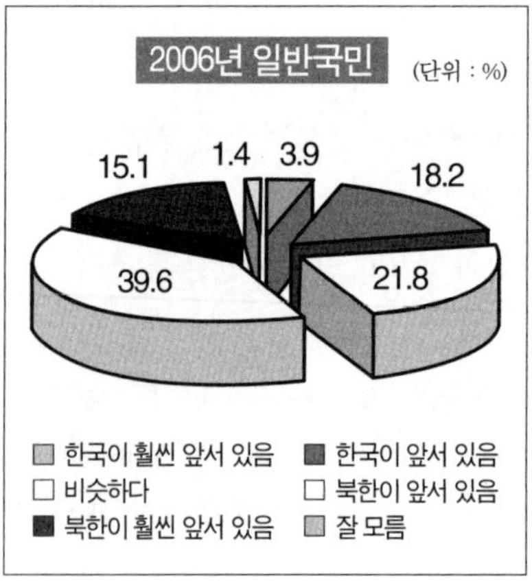

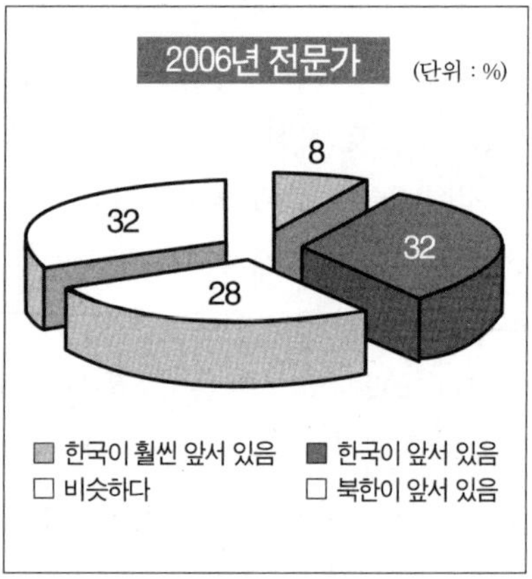

아울러 현재 한국의 국방비 수준에 대한 질문에 대해서는 〈그림 4-3〉에서 나타나는 것처럼 일반국민은 늘려야 한다는 입장(42.8%)과 현재 수준이 적절하다(42.7%)는 입장이 거의 비슷하였으나, 전문가 집단에서는 늘려야 한다는 입장(68%)이 월등히 높게 나왔다.

한편, 버웰 벨(Burwell Baxter Bell) 주한 미군 사령관은 2006년 3월 7일 미상원 군사위원회 국방예산심의 청문회에서 북한 군사력에 대한 평가[211]를 제시함에 있어서 북한의 재래식 군사력은 현역 병력 120만 명 이상과 예비역 500만

209) 럼스펠드 미국 국방장관은 지난 2003년 3월 6일 주한미군의 재배치와 재편의 필요성을 강조하는 가운데, 한국의 GDP가 북한의 25 ~ 35배가 되고, 전방위 억지력을 스스로 제공할 수 있는 능력이 있다고 밝힌 바 있다.
210) 출처 : 국방대학교 안보문제연구소, 《2006년 범국민 안보의식 여론조사》, 2006년
211) 《2006-2007 동북아 군사력》, KIDA, pp. 312 ~ 313.

〈그림 4-3〉 한국의 국방비 수준에 대한 응답

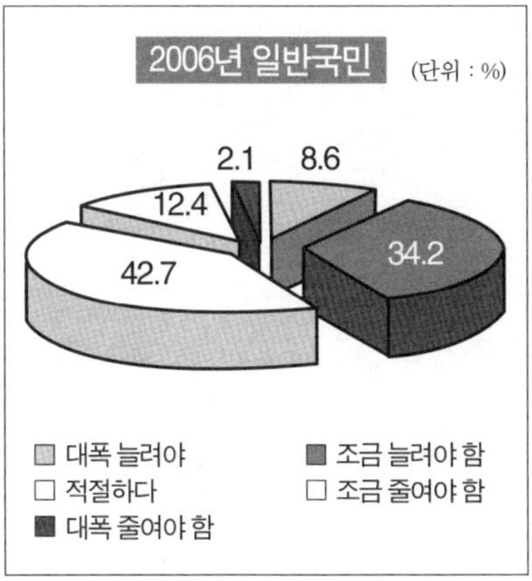

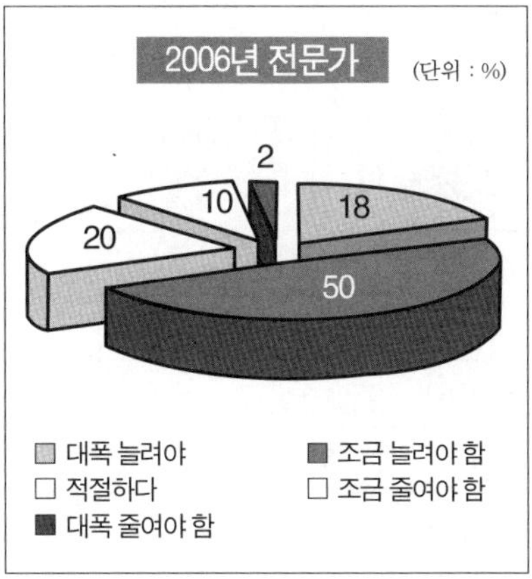

명 이상으로 세계 4위에 해당하는 규모를 보유하고 있으며, 특히 현역 병력의 70% 이상이 평양—원산선 남쪽에 전진 배치되어 있고, 장사정포가 현 위치에서 서울을 사정권에 두고 있기 때문에 한국의 안보에 절대적인 위협요인으로 작용한다고 평가하였다. 또한 비대칭적 군사력으로 핵무기 프로그램과 세계 최대 규모인 특수부대의 기습남침의 가능성, 스커드, 노동 미사일과 이에 탑재가능한 생화학무기의 보유와 지속적인 개발로 심각한 안보위협이 되고 있다고 분석했다.

나. 남북한 군사력의 실제

남북한 군사력 비교에서는 일반적으로 단순 수량비교 방법을 통한 상비 병력의 수, 무기 및 장비 등을 비교하여 앞의 〈표 4-5〉에서 보는 바와 같이 수적인 면에서 북한이 한국보다 정규군 1.7배, 야포 2.4배, 수상전투함 2.7배, 잠수함 9배, 전투기 1.5배로 우위를 나타내고 있다고 평가할 수 있다. 하지만 이 방법론이 갖는 한계성 때문에 결과에 대한 신뢰성을 수용할 수 없다. 따라서 함택영이 제시한 군사투자비에 비교평가가 현실적이고 객관성 있는 실질적인 지표로 작용할 수 있겠다.[212]

〈표 4-6〉 함택영의 군사투자비 누계비교

(단위 : 남한/북한 %)

연 도	국방부	국방부	랜드연구소	함택영 수정	
				국방부 수정	별도수정자료
지출범위 군사원조 감가상각	전력지수 - -	투자비 제외 불계상	투자비 제외 연8%	총액 포함 연10%	투자비+운영유지비 포함 연간 8%
1970	-	-	13	101.2	89.3
1975	-	3.3	13	82.2	67.8~84.1
1980	-	35.8	58	100.4	93.8~136.3
1981	54.2	-	68	104.5	98.8~146.7
1984	-	49.8	-	113.1	107.7~169.1
1986	60.4	-	-	115.2	109.7~175.6
1988	65	67.2	-	123.5	119.2~192.2
1992	71	82.4	-	149.6	154.9~248.4
1996	-	91.9	-	178.3	189.6~310.1
1998	75	-	-	189.4	202.9~330.6

출처: 함택영, 《국가안보의 정치경제학》, (서울: 법문사, 1998), p. 222

〈표 4-6〉에서 보는 바와 같이 군원 · 감가상각을 등을 포함한 보다 객관적인 추정에 의거한 남북한 국방비 누계를 비교할 때, 1980년대 초부터 한국이 군사력 우위를 확보했다고 할 수 있다.[213] 그러나 재래식 군비경쟁에서 한국이 질적 승수를 바탕으로 우위를 확보하고 있으나, 2006년 10월 북한의 핵무기 실험 성공으로 북한이 비대칭적인 전력에서 우위를 확보하면서 군사력 비교가 힘들다고 할 수 있다. 왜냐하면 군사력의 비교를 통해 궁극적으로 귀결되는 질문은

212) 군사비는 일국의 무장력을 유지하기 위한 인적, 물적 조직적 역량에 투자한 요소비용의 총계로서 군사력 평가의 가장 중요한 척도이며, 이는 군사원조 및 감가상각과 실질구매력(PPP)이 고려된 국방비 및 투자비, 운영유지비의 누계이다.

213) 한편, 현실적으로 병력, 육 · 해 · 공군의 무기체계, 그리고 화생방 무기, 미사일, 핵개발 등 전반적인 유형전력에서는 북한이 한국보다 우세하다고 보아야 하고 주한미군의 전력이 추가됨으로써 균형을 유지하고 있다고 볼 수 있다. 박헌옥, "남북한의 실전능력 비교평가", 『군사논단』, 1996년 봄호(한국 군사학회), p. 161.

'전쟁에서 과연 승리할 수 있는가?' 하는 것이기 때문이며, 단 미국의 확장된 억지력과 핵우산(Extended Detterrence and Nuclear Umbrella)이 보장된 조건에서는 남북한간의 군사력 비교에서 한국이 우위에 있다고 평가할 수 있을 것이다.

또한 CSIS(Center for Strategic & International Studies)에서 비교 · 평가한 남북한 군사비 지출액 비교에 의한 평가를 살펴보면 〈표 4-7〉과 같이 한국은 북한보다 GDP가 월등히 높으며, 이에 따른 군사비 지출면에서도 1999년 이후 지속적인 증가로 현재 세계 11위 국가에 해당한다. 북한은 공개적으로 제출된 객관성 있는 정보가 없어 1999년 이후 GDP 고려 군사비를 추정한 결과 경제난에도 불구하고 역시 군사비를 지속적으로 증강하여 군사력을 확장하고 있다고 평가하고 있다.

남북한 군사력 비교 · 평가를 위한 방법에는 수많은 노력에도 불구하고 아직까지 정형화된 이론이나 모델이 발전되지 못하고 있다. 양적 비교분야를 제외하고는 질적인 비교분야는 다소 주관적인 관점이 많으며, 『국방백서』, 『The Military Ballance』 등 역시 정보의 정확성에 한계가 있다.

아울러 군사력 평가는 다양한 요인들을 종합적으로 고려한 총체적인 지표를 통한 평가가 이루어져야 하며, 목적을 위해 작위적으로 의미없는 숫자나 내용을 오용 또는 남용하는 것은 바람직하지 못할 것이다.

〈표 4-7〉 남북한 군사비 지출비교 (1999 ~ 2005)

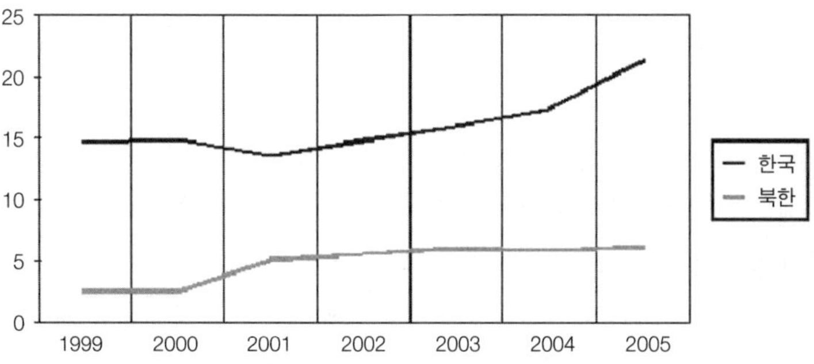

(단위: $US Billions, 2006 dollors)

구분	1999	2000	2001	2002	2003	2004*	2005*
한국	14.62	14.92	13.56	14.83	16.01	17.39	21.36
북한	2.54	2.46	5.12	5.6	6.02	5.87	6.19

* 2004, 2005 data estimates are partly based on appropriated defense budgets for these years.

제3절. 군사통합 방안 및 과정

군사통합은 군사작전을 통해 일방적으로 행하는 것이 가장 확실한 방안이다. 그러므로 먼저 남측이 구사할 수 있는 군사작전과 북한이 구사할 수 있는 군사작전을 정리해 보는 것이 순서이다. 본래 군사작전은 자신의 강점을 적에게 강요하며 적으로 하여금 그 취약점을 노출케 함으로써 승리를 쟁취하는 것이다.

북한 김정일 체제는 여러 측면에서 한계상황에 다다르고 있다. 남한과 비교하여 국력의 엄청난 차이는 물론이고, 실질적 전력면에서도 열세이며, 우위를 점하고 있는 핵무기 등 비대칭 대량살상무기나 미사일은 보유하고 있다는 의미는 크나 실제 운용면에서 효율을 보장할 수 없으며, 만약 이를 사용시 정권 전체의 운명은 물론 김정일 자신의 패망이 명약관화한 마지막 선택이 될 것이다. 북한이 그동안 구사해 온 벼랑 끝 전술도 이제는 한계점에 도달했으며, 과거 10년 동안 남한 정권의 화해협력정책 덕분에 그럭저럭 안주하면서 연명해 오던(muddle through) 상황도 더 근본적 변화가 없으면 지탱할 수 없게 되고 있다.

북한은 마지막 카드의 하나로 악천후 등 미국내지는 연합군의 첨단 장비체계가 제대로 작동하지 못할 때를 이용하여 기습공격을 감행하여 서울을 볼모로 잡아 흥정하는 군사작전이 남아있다.

북한이 가장 두려워하는 것은 한미연합군에 의한 군사작전이다.

북한은 그 동안 핵무기를 구실로 미국과의 협상을 통해 북한체제 보장방안을 꾸준히 모색해 왔다. 한국전쟁의 교전 상대로서 불량국가로 분류된 북한의 주권을 존중할 수 있도록 1993년 6월의 '북미공동 발표문' 에서부터 2000년 10월 12일 발표된 '북미공동성명' 에 이르기까지 자주권에 대한 상호존중과 내정불간섭원칙을 표명토록 하였다.

실제로 북한의 핵무기나 미사일 수준은 미국으로는 군사적으로 큰 의미가 없고 다만 대테러 측면에서 북한 같은 불량국가가 능력을 가지고 있으므로 근본적으로 이를 용납할 수 없다는 데 초점이 있다. 만약 북한이 현행 진행되고 있는 6자 회담을 포함해서 끝까지 제대로 된 핵 포기 및 신고를 하지 않을 경우 결코 미국이 이를 방치하거나 좌시할 상황으로 만들어서는 안 된다. 핵무기를 포함한 무력불사용 및 불위협 보장 구절을 명시하고자 북한이 노력한 것도 북한체제보장을 위한 몸부림이라 할 수 있다. 만일 이러한 모든 노력이 자신의 체제 한계점이나 기타 복합적 요소로 인해 수포로 돌아갈 경우, 또는 미국이나 한미 연합군에 의한 선제공격 징후가 농후할 경우, 최후의 선택이 군사적 도발인 것이다.

우선 '민족공멸론' 으로 남한의 의지를 약화시키고 국론을 분열시킨 후, 전방에 배치된 240미리 방사포(300기, 70㎞)와 170미리 자주포(380여 문, 60㎞), 평산 일대의 스커드 미사일(27기) 등과 최근 개발된 대포동 미사일 등을 동원하여 화력으로 선제공격을 가한 후, 중서부 잘 발달된 도로망을 이용해 전차를 위주로 한 주력부대를 투입하여 수원 일대를 장악하면 서울을 전격적으로 포위망 속에 가둘 수 있다는 계산이다. 미국이 엄청난 전력을 보유하고 있고 첨단무기 수준은 세계의 으뜸이지만 악천후 등 허점이 없을 수 없고 이를 잘 이용해 군사작전을 전개하면 일시적 승리 내지는 전략적 타협이 가능하도록 할 수 있는 것이 용병이므로 궁지에 몰린 북한이 선택 가능한 옵션이 될 수 있다.

반면 한미연합군은 작계 5026으로 불리면서 신문지상에서도 여러 차례 소개된 바가 있는 초정밀 공습을 필두로 한 작전을 전재할 시 그 성공가능성은 매우 높다. 북한이 가장 두려워하는 시나리오이면서 이러한 상황이 전재되지 않도록 발버둥치고 있는 것이 북한의 현실정임을 꿰뚫어 보아야 한다.

최근 이라크 침공시 미국이 보인 절대적인 화력 우위와 정밀 타격력 등을 고려하고 독재체제하의 군대의 공통적인 약점을 고려할 때 우선적으로 시행할 수 있는 방책이다. 미국이 최후통첩을 발했을 때 후세인이 죽기를 각오하고 선제공격을 못한 점 등은 독재자가 부하들에게는 독전을 강요하면서도 자신이 살기 위한 길을 찾는 데 급급하고 있음을 반증하는 것이다.

김일성 · 김정일 부자가 항상 중국 등 타국 방문 시 죽기가 무서워 열차만을 고집하는 독재자의 성향 등을 고려할 때, 입으로 위협하는 것과 행동은 별개라는 독재적 리더십의 약점을 간파하여야 한다.

예를 들어 1차 북핵 위기 때는 소위 벼랑 끝 전술로 미국과의 흥정에 성공했으나 지금은 그러한 위협이나 공갈이 먹히지 않음을 알아 다자회담을 수용한 것이다. 또한 이라크 공화국 수비대의 허구적 충성심에서 볼 수 있듯이 만약 초정밀 공습인 작계5026이 시행되어 지휘통신시설 파괴로 지휘통제체제가 마비되면 이를 구실로 북한군 고위지휘관은 전후 전범에 해당되는 독단적 공격 행위를 할 수 없을 것이며 보신을 위한 방안을 찾기에 급급할 것이다. 미국이 선제공격전략(Pre-empty Strategy)을 채택하여 적용할 경우 최소의 희생으로 최대의 성과를 달성할 수 있다.

전쟁에서 주도권 장악이 승패의 핵심인데, 이 주도권 장악은 '기선을 제압'함으로써 가능하며, 현대전에서의 기선 장악은 우세한 정보력과 화력을 통해 가능하다. 현재 미국이 보유한 정보력과 화력은 전 세계를 압도하며 특히 북한을 상대로 한 한반도 전역에 적용 시 가히 압도적이라 할 수 있다. 스텔스 기능을 가진 F-111전폭기나 F-22전투기를 적절히 투입하면 북한과의 전투는 장님과의 싸움과 같다.

문제는 적의 약점을 간파하고 이를 적시에 적절한 방법으로 공략하여 그야말로 최소의 희생으로 최대의 효과 즉, 완벽한 승리를 쟁취할 수 있도록 기회를 포착하고 상황을 만들고 이를 시행하는 데 있다.

작금의 북한 핵문제를 해결할 능력은 오직 미국에 있으며, 미국의 외교정책을 뒷받침하는 마지막 수단은 군사력이다. 한반도에 미 군사력을 투사하는 구체적 계획이 연합사 작계인 만큼 여러 작계 중 상황에 맞는 가장 바람직한 작계가 시행될 수 있도록 실질적 군사적 동맹과 대비태세를 강화해 나가는 것이 북핵에 대한 가장 실질적이고 긴요한 대비책임을 명심해야 한다.

지난해 주한미군이 쓴 예산추정치는 29억 7천여 만불로 우리나라 전체 국방예산 121억불의 24.6%에 이른다. 주한미군이 한국의 국방비 부담을 경감시켜주는 액수는 2005년도에 철수했을 경우, 실제 국방비보다 1.7 ~ 1.8배 늘어난 GDP 대비 5.12 ~ 6.0% 수준으로 증가하여 매년 국방비가 100억불 정도 더 소요되는 것으로 분석되었다.[214] 주한 미군 완전 철수시 대체비용은 약 140억 ~ 259억불이 소요될 것으로 보며, 특히 첩보위성과 U-2S 정찰기, 통신감청장비 등은 돈으로 환산하기 힘들 뿐 아니라 상당기간 한국이 대처할 능력도 없는 실정이다.[215]

전 국방부장관인 열린우리당 조성태 의원은 2004년 6월 25일 국회 총리인사 청문회에서 주한미군의 가치를 환산하면 235억 달러이고, 우리가 그 자산을 대체하려면 290억 달러, 약 35조원 정도의 예산이 필요하다며, 유사시 한반도 전개자산을 포함할 경우 그 가치는 3470억 달러, 464조원에 달한다고 설명한 바도 있다.[216] 또한 한국에 저장된 전쟁예비탄(WRSA)은 유사시 소요되는 탄약 필수 소요분의 약 60%에 해당되는데, 약 5조원에 이른다.[217] 여기에 유사시의 미군 전시 군수지원을 고려한다면 천문학적인 금액이 될 것이다. 정보화 · 과학화된 선진 국방 건설을 위한 전력 투자를 위해서는 세계 각국의 평균 군사비인 GDP 대비 2.5%(2006년 기준—SIPRI 2008) 수준 이상은 되어야 한다. 스톡홀름 국제평화연구소(SIPRI)에서 조사한 2007년 중국의 국방비는 583억불에 달하고, 일본도 436억 달러인데 반해 한국은 226억 달러에 그치고 있어 주변국가와의 전력격차가 더욱 확대되고 있다. 이로써는 현존전력을 유지하는 데도 많은 어려움(30 ~ 40년 된 전차 50%, 20 ~ 30년 된 전술기 70% 보유 등)을 겪게 될 것이다.

한반도의 분단이 강대국들의 힘에 기인되었다면, 그 해결 또한 강대국들의

214) 김일영 · 조성렬, 《주한미군 : 역사 · 쟁점 · 전망》(서울: 한울 아카데미, 2003), pp. 17 ~ 18에서 재인용.
215) 「조선일보」, 2003년 1월 3일. "주한미군 완전 철수땐?"
216) 「조선일보」, 2004년 6월 25일자
217) 국방부, 《한미동맹과 주한미군》, 2002. p. 41.

힘의 작용이 불가피하며, 강대국들 중 가장 초유의 막강한 전력을 가진 미국의 힘을 이용해야 한다. 이 미국이 바로 주한미군을 주축으로 하는 한미연합사로 대변되는 연합전력으로 묶여 있고, 한반도 전구에서 동일 작전계획을 공유하고 있다는 사실은 작금의 북핵문제의 군사대비 측면에서는 해결의 알파요 오메가인 것이다.

미측으로 하여금 한국 통일에 바람직한 정책을 유도하고 특히 군사정책분야에서 가장 유효한 작전계획을 시행할 수 있는 여건형성과 역할을 적극적으로 전개해야 할 것이다. 예를 들면 정보획득 측면에서 가장 확실한 인간정보망 강화를 통한 북한의 허점 탐지라든가 보병 위주 산악 및 특수작전 수행태세의 강화 등이다.

특히 국가 안보정책과 이를 구현하는 군사력 투사 측면에서의 한미간 공조체제를 강화해야 함은 말할 것도 없다. 이는 국가를 이끌고 전쟁을 지도하는 지도자들의 전문성에 입각한 정책결정 문제로 귀결되며, 충무공 이순신이 강조한 "필생즉사 필사즉생"(必生則死 必死則生)의 차원까지 가지 않아도 되는 상식적 차원의 전쟁원칙이요 전략전술이다. 조그만 희생을 겁내서 큰 승리를 놓쳐서는 안 된다.

더구나 조기경보 능력이 뛰어난 미군이 작계5030으로 북한을 기술적으로 자극하여 그들의 자원을 소진시키고 내분을 유도하는 반면, 신속억제방안(FDD)나 전투력 증강(FMP)과 연계될 수 있는 작계5026시행의 절박한 선택의 징후가 없다면 정보작전 측면에서 현재 북한의 핵협상 강경자세는 체제유지와 경제적 지원 획득을 위한 몸부림일 가능성이 크다. 그렇다면 역으로 한미연합군이 FDO나 FMP 조치를 취하면서 저강도 분쟁에 대비한 작전에서부터 전면전 형태로의 전격적인 작전형태의 전환 등을 심도 있게 준비해 나간다면, 힘을 통한 승리나 힘을 이용한 부전승전략 측면에서나 주도권을 잡는 것이며, 북한 핵문제를 해결하면서 종국적으로 북한을 굴복시켜 통일을 앞당기는 지극히 타당하고 유리한 길임이 자명한 것이다. 미군의 절대적으로 우세한 기술과 무기체계는 연합작전이 전개될 때 유용한 것이므로 한미연합작전체제와 한미 군사동맹의 중요성은 말할 필요도 없다.

군사통합 방안을 논하기 전에 통합 대상인 남북한 군대의 특성을 정리해 본다. 군사력의 비교는 앞 절에서 상세히 다룬 바 있다.

1. 남북한 군대의 특성

가. 남한 군대

근대 민족국가 체제하에서 군사력은 국가안보를 위한 전제조건으로 고려되었으며, 국가이익 추구를 위한 필수적 도구로 생각되었다. 그리고 개별 국가들에게 있어 군사력은 안보와 번영 및 국제적 지위를 위한 국제적 경쟁 속에서 누가 우위를 차지하게 되는가를 결정하는 중요한 요인으로 작용하여 왔다. 뿐만 아니라 군사력은 국가생존을 위한 최후의 결전력인 동시에 비군사적 수단에 의한 영향력 행사의 성패를 가르는 배후력으로서도 큰 의미를 갖는다.

이와 같은 측면에서 현행 남한의 국방 목표는 "외부의 군사적 위협과 침략으로부터 국가를 보위하고, 평화통일을 뒷받침하며, 지역의 안정과 세계평화에 기여함에 있다"[218]는 것으로 설정하여 안보와 번영, 국제적 지위 등의 측면을 동시에 고려하고 있다.

한 국가의 군사정책은 일반적으로 위협의 대상 및 그것에 대한 대응방식을 논리적 구성요소로 하고 있다. 즉 어떤 국가가 가장 위협이 되고 있으며 그것이 현실화 될 수 있는 가능성은 어느 정도인가? 어떤 형태 및 내용의 위협이 제기되고 있는가? 제기되는 위협에 대응하기 위하여 어떤 방법을 사용하고 있는가? 등이 군사정책의 논리구조를 형성하고 있다.[219]

1948년 창군된 이래 남한의 안보 위협의 대상은 북한이었다. 한국전쟁과 이후 계속된 대남적화 책동으로 북한의 위협이 현실화될 가능성은 이미 입증되었다. 이러한 북한의 위협에 직면하여 남한이 취해 왔던 전략은 미국의 방어우산을 바탕으로 한 수세적 방어전략이었다. 그러나 80년대 이후 자주국방의 기

---

218) 국방부, 『국방백서』(1995 ~ 1996), p. 18.
219) 백종천 · 정춘일, "全方位 安保時代에 副應한 軍事力 建設 方向," 白種天, 李珉龍 共編, 《오늘의 韓國國防》(서울: 國防部, 1994), p. 54.

틀을 구축해 가면서 방어전략 개념을 기초로 한 공세적 전쟁억제 전략으로 수정하였다. 말하자면 모든 전력을 입체적으로 통합 운용하여 전쟁 초기에 적의 남침을 저지 · 방어한 후 공세를 가한다는 것이다.

방어전략은 적의 의도를 예측하여 병력을 배치할 수밖에 없다. 그러나 적의 의도를 정확하게 안다는 자체가 어렵기 때문에 필요한 시간과 장소에 결정적인 전력을 집중시킬 수 없다는 약점을 보유하게 된다. 특히 남한의 경우 지형적인 조건, 북한의 폐쇄성, 조기경보체제의 미비 등으로 악천후 등으로 첨단정보체제가 기능을 제대로 발휘할 수 없을 때는 북한의 기습공격에 매우 취약한 상태에 놓여 있다고 할 수 있다.

예컨대 북한이 아직 파악되지 않고 있는 땅굴이나 AN 2기, 미사일, 장거리 폭격 등을 이용 전후방을 교란하면서 잘 발달된 중서부 축선에 기계화 부대를 동원 전격적인 기습공격을 감행할 경우 휴전선에서 불과 30마일, 비행거리 3~5분 이내의 거리에 있는 수도 서울을 어렵지 않게 포위할 가능성이 크며, 이렇게 될 경우 남한의 방어전략 개념을 기초로 한 공세적 억제전략은 무력화되기 쉽다.[220]

어떻게 보면 적의 공격이 있은 후 공방전이 전개될 것을 전제로 한 작전 · 전술개념과 전력은 첨단무기전쟁에서 더 이상의 효과를 발휘할 수 없다는 점에서 공세적 억제전략은 한계를 지니고 있다고 볼 수도 있다.[221]

한반도에서 전쟁이 발발할 경우 대규모 속도전에 의한 단기 결전 양상으로 전개될 가능성이 크다. 한국군은 지난 1994년 12월 1일부로 평시 작전 통제권을 연합사령관으로부터 환수 받았으며, 2012년 전시 작전통제권을 환수할 계획이다.

남한의 경우 국방정책에서 전 · 평시 지휘체계의 일원화 및 효율화라는 대명제를 달성하기 위해서 해결하여야 할 과제들이 상존해 있다. 즉 국민 통제에 의한 전쟁 지도 기능의 제도화, 전시 종합 정보 획득 및 분석 평가 능력 확보,

---

220) 신정현 편, 《선진국방의 비전과 과제》(서울: 나남, 1996), pp. 109 ~ 110.

221) 초기의 공격이 중요함은 걸프전에서 입증되었다. 막대한 군사력을 보유하고 있었던 이라크가 미국을 비롯한 연합군의 첨단무기에 의한 선제공격에 대응할 수가 없었던 것이다.

한미연합방위 개념의 적정 반영, 종합적 비상기획 강화 등을 들 수 있다.

전쟁지도에 있어서 한국전쟁의 예에 비추어 볼 때 남한은 한국전쟁 중 병력 충원과 군량미 보급 정도에 책임을 맡았을 뿐, 미국에 전쟁지도를 전적으로 위임한 채 전쟁을 수행했다. 이 문제는 전시 작전통제권과 관련하여 아직까지도 정부 차원의 발전방안이 제시되지 못하고 있는 실정이다.

따라서 남한 군대는 남한 군대의 특성 및 전략적 운용 등의 측면에서 다음과 같은 내용들을 개선, 보완시켜 나가야 함을 알 수 있다.

첫째, 위기관리 및 전쟁지도가 국정의 최고 결정권자인 대통령 1인에게 너무나 과도하게 의존하고 있다는 것이다.

국가안보 정책의 결정과 수행이 과도하게 대통령 1인에게 좌우되듯이, 위기관리 및 전쟁지도 또한 평시의 안보정책 기구에 의하여 체계적이고 전문적으로 조정되고 검토되는가가 불명확하여 대통령 보좌기능의 강화를 요한다는 의미이다. 전시에는 대통령 중심제하의 전쟁지도 개념의 시행과 안보 정책 결정 체계의 일관성 · 연속성의 확보를 위하여 평시에 잘 검증된 안보 정책 결정체계에 의하여 담당하도록 하되, 구체적인 군사력 운용에 관련하는 전쟁 수행은 군사력 운용 기구가 책임을 맡아야 한다.

둘째, 전쟁지도 개념을 국정 차원에서 총합적 국력의 비상 관리로서 취급하여야 한다. 총력전 체제로 진행되는 전쟁이라는 과업이 평시부터 국가적 차원에서 종합적으로 다루어져야 함에도 전쟁지도가 군사력 운용이나 작전 차원에 한정시키려는 경향이 있고, 정부 차원의 개념 수용과 제도적 반영이 거의 부재한 가운데 합참의 전략 방위 기획 수준에서 다루어지고 있다. 따라서 전시 국정 운영, 전시 군사정책 운영, 전시 국력 동원 등의 삼자간 또는 관련 업무간에 정책 수립의 연계성이 미비하며 업무가 산재되어 있다.

셋째, 전시와 평시의 군 지휘체계의 이원화이다.

북한이 도발할 경우 한 · 미 연합 방위체계가 전쟁 수행의 핵심으로 작용하게 된다. 이에 따라 군에서는 한반도 우발계획을 준비하고 작전계획을 마련하고 있다. 그러나 한국이 독자적인 전쟁지도 체계를 확보하여 운영하고자 할 때, 과연 현실적으로 완벽하고 타당한 전쟁지도가 가능할 것인가에 대하여 의

문을 갖는다.

미국측 군통수권은 한미연합 사령관으로 하여금 한미 군사력을 통제하여 한반도 방위 작전을 수행토록 하는 현행 구조적 관행 때문에 전시 한미간 국가 이익이나 전쟁관에 차이가 발생할 경우에는 갈등과 마찰 소지가 팽배할 수 있기 때문이다.

군사전문가들은 현재 우리 군의 지휘 체계에서 시급히 조정하여야 할 일에 대하여 818사업[222]을 통하여 지휘 구조 개편을 추진한 바 있으나 현재 우리 군의 전투 지휘 체계는 합참과 각군 간의 지휘 관계가 모호하다는 사실을 지적하면서 "전시에 연합사령관에게 군사 작전권이 부여됨으로 해서 전시 합참의 역할이 모호하며, 그렇기 때문에 합참은 전쟁을 독자적으로 수행할 준비와 체제가 미비하고, 우리 군은 독자적인 작전 수행 능력을 갖추어야 한다는 점에서 국방부, 합참, 그리고 각 군으로 이어지는 지휘명령 체계가 전·평시에 같은 양상으로 이루어질 수 있도록 지휘 체계를 조정하는 것" 이라고 하였다.[223]

특히 독자적 전쟁 지휘 및 통제를 위한 내부적 C4I 메카니즘을 과학기술적 또는 경제적 이유로 완전히 장악·유지하지 못할 경우에는 한미연합지휘 요구에 한국측이 따르지 않을 수 없는 여건에 놓여 있다.

넷째, 미국과의 전략적 협조체제를 최대한 활용하면서 독자적 군사전략과 전력을 발전시켜 나가야 한다.

한반도 안보구도의 변화와 주변 안보질서의 개편에 따라 새로운 안보전략의 정립이 요구되고 있으며, 그와 함께 자주적 방위능력의 확보 필요성이 증대되고 있다. 이와 같은 안보구도 속에서 한국은 전반적 국력과 군사력 면에서 절대 우위에 있는 주변 강대국들과의 역학 구도 속에서 독자적 능력에 의한 생존과 번영 추구에 한계가 있다.

따라서 소규모적인 침략과 국지도발에 대해서는 한국의 독자적 군사사태로 대응하되, 대규모적 군사충돌에 대해서는 미국의 전략적 지원 체계 등 집단안

---

222) 1988 ~ 1990년 추진된 군 구조 개선사업. 818계획은 육·해·공군의 균형발전과 민간인 출신의 국방부장관 임명 방안을 제기하였다.

223) 김동기·김주홍, "한반도 군비통제와 군사력 구조조정 방향", 백종천외 편, 앞의 글, p. 92.

보체제를 강화해 나가는 방안을 강구해야 한다.

다섯째, 통일시대 지향의 군사전략을 설정하고 단계적으로 접근해 나가야 한다. 한국은 지금까지 북한이라는 명확한 적대국을 상대로 상대적 전력효과도(relative force effectiveness)를 높이는 방법으로 군사력을 유지 · 강화해 왔다. 한국은 북한의 군사공격을 억제하기 위하여 어떤 수준의 전력을 보유해야 하는지와 억제가 실패하여 전쟁을 수행하게 될 경우 어떻게 될 것인지를 판단하고 대북 취약전력을 보강하는 개념으로 군사력의 발전을 추구해 왔다.

이 같은 개념은 통일시대를 지향하는 군사전력을 구현하는 데는 부적합할 수밖에 없다. 명확한 적대세력이 소멸되는 대신 다수의 성격이 다른 불특정 위협세력에 대처해야 하기 때문이다. 따라서 한국은 장기적으로 민족적 생존권과 번영권을 확보하기 위한 국가대전략 차원의 장기적 군사전략을 설정, 발전시켜 나가야 한다.

한국은 현재까지는 물론 앞으로도 상당기간 동안 대북군사대응에 바탕을 둔 군사전략을 구사하지 않을 수 없다. 그럼에도 불구하고 장기적으로 한국은 통일 한국군을 구성해야 할 과업과 통일 이후 군의 발전과제 등을 도모해야 한다. 이러한 점에서 남한의 군대가 발전시켜 나가야 할 군사정책의 모델은 〈표 4-8〉과 같이 요약된다.

〈표 4-8〉 새로운 개념의 군사정책 모델[224]

구 분	과거의 개념	새로운 개념
목 표	• 남한의 영토 보존 • 안보/통일의 상충	• 남북한+해외동포 : 세계평화 기여 • 안보/통일의 유기적 연대
수 단	• 군사역량	• 군사+평화 역량 : 선진정예강군
정책기조	• 정치군사전략	• 총괄적 안보전략
안보외교	• 한미쌍무협력	• 동맹+국제안보전략
군사정책	• 지상군위주 • 병력집약형 • 대북억제	• 전방위 군사대비태세 : 3군 균형발전 • 기술집약형 핵심전력 • 통일과정 및 통일이후 지향

나. 북한 군대

북한 군대의 성격을 파악하기 위해서는 먼저 북한군이 어떠한 전쟁관을 견지하고 있는가를 알아야 한다. 북한군은 '인간의 착취가 존재하는 한 사회주의와 자본주의는 적대관계로 남을 것이며 적대관계가 있는 한 전쟁은 불가피하다' 고 하였던 레닌의 전쟁불가피론과, '혁명의 중심 임무와 최고 형태는 무장에 의한 정권의 탈취이며 전쟁에 의한 문제해결과 정권은 총뿌리에서 나온다' 고 하였던 모택동의 '인민전쟁론' 에 바탕을 둔 전쟁관을 모태로 하고 있다. 김일성 역시 '전쟁은 그 본질에 있어 특별한 폭력 수단에 의한 계급정책의 연장' 이라고 역설하였으며 자신들이 수행하는 전쟁은 정의의 전쟁이며, 서구 등의 나라에서 수행하는 전쟁은 제국주의 전쟁으로서 부정의의 전쟁으로 규정하였던 것이다.[225]

이에 따라 북한군대의 국방목표는 '외래침략으로부터 사회주의 제도와 혁명의 전취물을 보위하고 조국의 자유와 독립과 평화를 지키는 데 있다' 는 것으로 설정하고 있다.[226] 이 내용만으로 판단할 경우 북한군대의 국방목표도 외부의 침략으로부터 국가안보를 지킴에 있는 것으로 볼 수 있다. 그러나 북한은 헌법 제9조에 '조선인민민주주의인민공화국은 북반부에서 인민정권을 강화하고 사상, 기술, 문화의 3대혁명을 힘 있게 벌려 사회주의의 완전한 승리를 이룩하며… 조국통일을 실현하기 위하여 투쟁한다' 고 명시하고 있으며, 노동당 규약 전문에서도 '공화국 북반부에서 사회주의의 완전한 승리를 보장하며 전국적 범위에서 반제, 반봉건적 민주주의적 혁명의 과업을 수행하는 데 있으며 최종 목적은 공산주의 사회를 건설하는 데 있다'[227]고 함으로써 북한군대는 단순하게 외부의 침략으로부터 국가안보를 지킨다는 범주를 넘어 공산주의

---

224) 국방부 전력계획관실, 《21세기를 지향하는 한국의 국방》(1995), p. 38. 2008 국방목표 체계도.

225) 북한군의 전쟁관에 대해서는 다음을 참조. 장경모, "북한의 전쟁관 분석," 『정신전력연구』, 제20호 (서울: 국방정신교육원, 1997), pp. 119 ~ 139.

226) 북한군대의 국방목표에 대해서는 남한의 국방부에서 매년 발간하는 『국방백서』와 같은 국방자료의 존재 여부가 파악되지 않고 있는 관계로 헌법에 제시된 내용을 통하여 파악할 수밖에 없다. 북한은 「조선민주주의인민공화국사회주의헌법」(1992. 4. 9) 제4장 국방 영역제59조에서 조선민주주의인민공화국 무장력의 사명을 제시하고 있다.

227) 극동문제연구소, 『북한전서』(1980), p. 795.

혁명의 달성을 주요 목표로 하고 있음을 알 수 있다. 북한군의 전쟁관은 군사정책에 그대로 반영 · 유지되었다. 말하자면 계급정책의 연장선상에서 '전한반도의 공산화' 를 달성하기 위하여 군사정책을 추진해 왔다.

건군 초기는 구소련의 위성국가로서 구소련의 일방적인 군사지원과 군사고문관의 감독 아래 구소련식 군사정책으로 일관하면서 남침 준비를 하여 6.25 한국전쟁을 일으켰으며, 1960년대 초반까지 북한 군대는 중 · 소 두 국가의 배후 세력에 의한 영향을 동시에 받으면서 전후 복구 사업을 완료하고 전쟁준비에 새로이 박차를 가하였다. 1961년 7월 모스크바와 북경에서 각각 '조 · 소, 조 · 중 우호협력 및 상호원조조약' 을 체결함으로써 구소련 및 중국과 쌍무적인 군사동맹 관계를 유지하여 왔던 것도 그 일환이었다.

그러나 북한 군대는 1958년 10월 중국군이 철수한 이후부터 사실상 단독으로 작전을 수행할 수 있는 독자적인 국방체제를 형성하여 왔다. 1959년 1월 북한 내에 노농적위대가 창설되면서 전인민의 동원체제를 갖추는 독자적인 군사정책이 갖추기 시작하였으며, 1962년 노동당 중앙위 4기 5차 전원회의에서 '4대 군사노선을 근간으로 전 사회를 병영화하고 전 지역을 요새화함으로써 대내외적 도전으로부터 체제를 보위한다' 고 하는 국방자위정책을 채택하여 내부적으로는 '4대 군사노선' 을 본격화하고 외교적으로는 '3대 혁명강화론' 을 추구하였다. 전인민적 동원태세를 완비하였을 뿐만 아니라 대규모 상비병력과 비정규전 부대 보유로 군사대국화를 시도해 갔다. 1990년대에 들어와 김정일이 제시한 '전군을 주체사상화하는 데 대한 군 건설로선' 에 따라 전투 정치 훈련에서 견지해야 할 원칙으로 주체성의 원칙, 정치사상성의 원칙, 전투성의 원칙, 과학성의 원칙 등을 견지하면서 군사훈련을 강화, 통일전선전략을 구현하기 위해 역량을 비축해 오고 있다.[228)]

북한 군대는 혁명투쟁을 위한 계급의 무장력이며 보편적인 근대 국가의 상비군으로서 뿐만 아니라 안보부문의 경제적 토대를 보유하고 있고 정권 보위를 담당하는 친위대의 역할을 수행하는 성격도 동시에 보유하고 있다.

---

228) 통일원,《북한개요》(1996), p. 468.

일반적으로 사회주의 체제의 군대에서 군부는 정치적으로 엄격하게 통제받고 있으며, 당과 군은 당—군관계라는 이분법적 틀 속에서 이해해야 하며, 군은 보수적일 뿐만 아니라 항상 강경한 정책을 추구하는 집단이라는 성격을 지니고 있다.

노동당 규약 제46조에 따르면 '조선인민군' 은 "항일무장투쟁의 영광스러운 혁명전통을 계승한 조선로동당의 혁명적 무장력" 으로 규정하여 인민군은 당의 군대임을 밝히고 있다. 그리고 1992년 개정된 사회주의 헌법 제59조는 "조선민주주의인민공화국 무장력의 사명은 근로인민의 리익을 옹호하며 외래침략으로부터 사회주의 제도와 혁명의 전취물을 보위하고 조국의 자유와 독립과 평화를 지키는 데 있다" 고 명시함으로써 인민군이 국가의 군대임을 보여주고 있다. 즉 북한 군대는 당의 군대이면서 동시에 국가의 군대라는 특성을 보유하고 있으며, 선군사상 표방 후 현재는 김정일의 군대인 것이다. 북한 군대가 정치적으로 엄격하고 통제를 받고 있다는 사실은 1980년 6차 당대회에서 채택된 당 규약 27조 '당중앙위원회 군사위원회는 당군사정책 집행방법을 토의 결정하며 인민군을 포함한 전 무장력 강화와 군수산업발전에 관한 사업을 조직 · 지도하며 우리나라의 군대를 지휘한다' 고 한 내용에서 잘 나타나고 있다.

북한 군대가 여타 나라들과 다른 가장 핵심이 되는 성격은 김일성과 김정일 부자의 권력을 담보하는 무장력이라는 사실에 있다. 북한은 1977년까지 2월 8일을 인민군 창건일을 기념해 왔으나 1978년부터 김일성이 1932년 안도현에서 항일유격대를 창설하였다는 4월 25일로 변경하여 해마다 기념하고 있다. 아울러 1992년 헌법 개정에서는 중앙인민위원회 아래에 있었던 국방위원회의 위상을 격상시키면서 군대 내에서 군경험이 전무한 김정일이 북한의 무력을 통괄하게 만들었다.

북한 군대의 조직은 구소련군과 중국군의 형태를 모방하여 단일군 체제를 유지하고 있다. 즉 인민무력부 예하에는 총참모부가 있으며, 총참모장이 지상군의 각 군단과 전차, 포병, 경보교도지도국 및 해 · 공군 사령부를 직접 지휘 · 통제하고 있다. 이와 함께 김정일이 인민군 최고사령관, 국방위원장으로서 북한의 무력 일체를 장악하고 군정과 군령권을 행사하고 있다.

북한은 국방위원회라는 기구를 두어 국방위원장이 군사통수권을 행사하게 하는 독특한 특징을 가지고 있다. 그러나 이는 엄격하게 보면 김일성 생전 당시 김정일에게로 권력을 세습하기 위한 전 단계 조치였으며, 김일성 사후 김정일이 국방위원장의 자격으로 유훈통치를 수행하였던 점에서 김일성의 시도는 성공적이었다고 평가할 수 있다.

김정일은 김일성 사후 내부적 수습기를 거친 후 1998년 8월 당 비서직으로 체제를 출범시키면서 "자주 자립 자위로 어떤 지배와 예속도 허용하지 않는 나라"를 만든다는 통치이념을 내세우면서 주체사상을 대체 보완하여 '강성대국론'을 내세우고, 군을 이용하여 체제를 유지하기 위해 2003년 신년공동사설에서 '선군사상'을 공포하였다. 체제보위의 효율적이고 조직적인 실체는 혁명적 군인정신과 수령결사옹위정신, 영웅적 희생정신의 기본이 된 인민군이 그 중심에 있어야 한다고 역설하였다. '당—국가체제'에서 '수령—군 체제'로 전환하여 루마니아의 차우체스크 같은 비극적 종말을 사전에 차단하면서 핵 문제로 인한 미국의 봉쇄정책과 적대정책에 대비하여 전 국가적 차원에서 전시 동원체제를 유지하고자 하는 것이다.

전통적 당의 무장력으로서, 국가의 군대로서 북한군의 지휘계통은 〈표 4-9〉와 같다.

북한의 안보 정책에 관한 사실상의 심의 및 의결 기관은 국가와 당 조직 중 최고 핵심 부서인 당중앙위원회 정치국이라고 볼 수 있으며, 전쟁 지도 기구는 평시에 운영되고 있는 국방위원회라고 볼 수 있다. 정치국은 당중앙위원회의 명의로 당의 모든 사업을 결정하고 지도하는 사실상의 최고정책 결정체라고 볼 수 있기 때문이다.

북한 국방위원회는 당중앙군사위원회에서 전 평시 구분 없이 군무 및 전쟁을 지휘 통제하는 중국 체제와 달리 2차 대전 당시 구소련이 운영했던 국방위원회와 유사한 성격을 지니고 있다.[229] 북한은 한국전쟁 당시 군사위원회를 최

229) 박균렬, "남북한 군사통합 방안," 李溫竹 外 지음, 《남북한 사회통합론》(서울: 삶과 꿈, 1997), p. 313.

〈표 4-9〉 북한군의 군사지휘체계

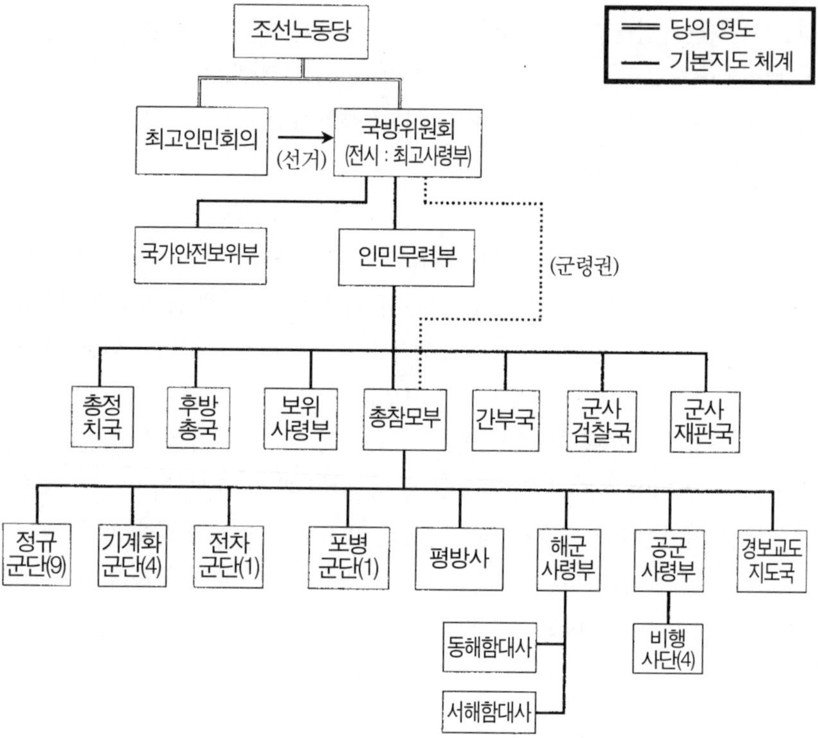

출처 : 『북한연감』(2005)

고 전쟁 기구로 두고 인민무력부장을 부사령관으로 임명하여 그 휘하에 각 참모 조직과 군부대를 운영한 바 있다. 또한 1992년 개정 헌법에서 국방위원회를 최고군사기관으로 설정하였던 사실[230] 등에 비추어 볼 때 명칭만 국방위원회이지 그 실체는 당장 전쟁지도 기구로서 전시 전환이 가능한 군사위원회에 해당하는 것으로 볼 수 있다.

북한 군대의 지휘체계에서 특이한 점은 비정규군이 정규군과 다른 지휘체계의 독자성을 유지하고 있다는 사실이다. 북한의 비정규전 능력은 세계 1위로 지상군의 약 10%나 되는 12만 명의 비정규군을 확보하고 있다.[231]

이들 특수부대의 편성은 총참모부 예하 경보교도지도국이 직접 지휘하는 부대와 당 비서국에서 직접 지휘 운용하는 부대로 구분되어 있다.

현재 북한 군대에서 관심을 기울이고 예의 주시하여야 할 부분이 있다면 김정일이 북한의 군부를 사실상 얼마나 장악·조정하고 있는가 하는 점이다. 북한 군대의 정책이나 성격 변화는 김정일의 장악력에 따라서 달라질 수밖에 없는 것이다.

다. 군사통합과정에 있어서 고려사항

남북한 관계는 대치적 공존구도하에서는 한국 군사력에 의한 대북전쟁억제가 핵심으로 작용하게 된다. 그러나 통일을 지향해 나가는 구도에서 중립적 공존이 요구되어지며 이 과정에서 남북한 군사통합 문제가 다루어질 수 있다.

군은 국가안보를 담당하고 있는 집단이기 때문에 사회의 그 어느 조직보다도 보수적일 수밖에 없으며, 아울러 무력을 관리하고 있는 조직이라는 점에서 남북한 간의 통합문제에 있어서 다루어 나가기 가장 어려운 분야일 수 있다. 이러한 측면에서 남북한 군사통합 과정에서 유념해야 할 사항은 다음과 같다.

첫째, 군대의 존재이유와 불가피한 전쟁에 대한 인식의 차이에서 오는 혼란이다. 남한은 전쟁을 반대하며 전쟁의 억제력으로서 군대를 생각하고 있으나 북한은 계급해방이라는 측면에서 전쟁도 불가피하다는 생각을 견지하고 있다. 만약 군사통합의 문제가 거론되어진다고 할 경우 남북한이 견지하고 있는 전쟁관에 대한 인식의 전환 내지는 전쟁의 수행방법에 대한 접근이 전문적으로 이루어져야 한다.

남한이 먼저 전쟁이라는 수단을 배제할 수 없는 상황은 북한의 전쟁도발 징후가 농후하거나 대량살상무기 등의 사용가능성이 높을시 선제공격개념의 전략이 적용되는 불가피한 경우가 될 것이다.

둘째, 국방목표의 상이에서 오는 혼란이다. 남한은 외부의 침략으로부터 국

---

230) 북한 사회주의헌법 제113조에 국방위원장의 권한에 대하여 '일체의 무력을 지휘통솔한다' 고 규정하여 국방위원회를 최고군사기관으로 설정하고 있다.

231) 북한연구소, 『북한총람』(1994), pp. 852 ~ 853.

가를 보위하고 평화통일을 뒷받침하며 지역의 안정과 세계 평화에 기여한다는 것으로 세계 각 국가들이나 견지하고 있는 국방목표에 기본적인 맥락을 같이 한다. 그러나 북한은 전 한반도의 사회주의화를 기본 목표로 하면서 이를 위해 무력투쟁도 불사한다는 국방목표를 설정하고 있으며, 이를 위한 방편으로 남조선 인민들의 투쟁을 적극 지원하는 통일전선형성이 필수적인 것으로 보고 있어 군사통합과정에서 보여주는 행동이 진실된 것이지 아니면 적화전략 전술의 일환인지가 불분명해진다.

셋째, 군사전략 개념과 이를 뒷받침하는 용병에서의 차이이다.

남한의 군사전략의 기본은 방어 전략이다. 이는 상대방의 공격을 저지, 방어한 후 공세를 취한다는 개념이다. 반면에 북한은 그들의 능력과는 별개로 기본적으로 적극적인 공세전략이다. 한국전쟁과 각종 대남도발 책동, 땅굴 사건 등에서도 알 수 있듯이 기습 전략을 기본으로 하는 공세전략을 구사하면서 전 인민적 동원태세 완비에 의한 정규전과 비정규전의 배합, 속전속결전략, 유생역량말살전략 등을 구사하고 있다. 따라서 군사통합 협상과정에서 전진 배치된 북한 병력의 후방 이동, 미사일 등 전략무기의 사용 제한 등의 문제가 선 해결되어져야 할 것이다.

넷째, 군사지휘체계의 혼란이다. 남한의 경우는 대통령을 국군의 통수권자로 하면서 국방부장관, 합참의장, 각 군 총장으로 이어지는 비교적 단선적인 체계를 유지하고 있지만, 북한은 당 · 정 · 군 일체라는 형태하에서 상호유기적인 관계를 형성하고 있다. 즉 국가 주석은 상징적이며 실제적 군통수권이 없고, 내각이 아닌 국방위원회 밑에 인민무력부를 두어 총참모부를 비롯한 예하 군사행정을 담당하고 있으며, 별도로 최고사령관이 동시에 총참모부를 지휘통제하고 있다. 물론 현재는 김정일이 국방위원장 겸 최고사령관의 직위에 있기 때문에 지휘계통의 단일화가 이루어지고 있지만 국방위원장과 최고사령관이 지휘통제상의 혼란을 야기시킬 수도 있다. 그리고 특수부대는 당 비서국의 지휘통제를 받고 있는 등 군조직의 지휘체계가 복잡하게 얽혀 있다. 따라서 북한 군대의 조직체계를 보다 정상적으로 명확하게 단일화시키는 일이 전제되어야 할 것이다.

2. 군사통합방안

가. 서론

남북한 관계는 남북대치 상태의 현실 및 특성, 한반도 통일방안, 남북대치에서 통일에 이르는 과정의 관리 등의 세 가지 범주에서 접근되고 있다.

남북한 군비경쟁의 현황 및 특성, 북한의 대남전략, 북한체제 연구가 첫 번째 범주라면, 한민족공동체 통일방안 등을 포함한 통일논의가 두 번째 범주이며 세 번째 범주가 남북한 평화체제로의 전환을 여하히 이루어 통일이라는 최종 목표로 나아갈 수 있을 것인가 하는 문제이다. 이중 특히 평화체제 문제는 전 장에서 다룬 바와 같이 '분단체계의 안정적 관리'를 의미함으로써 중간단계의 과도적이고 부수적인 것이 될 수도 있지만 남북한의 점진적 접근 차원에서는 가장 근본적이고 실질적인 것이다. 수십 년간을 상이한 체제하에서, 그것도 지속적인 군사적 대치관계를 지속해 온 두 체제를 통합시키는 일은 쉬운 일이 아니다.

실제로 분단 이후 50여 년 동안 남북한은 체제경쟁, 군비경쟁, 이데올로기 대립, 상호 적대감을 확대 재생산하면서 대결 구조를 강화시켜 왔다. 따라서 쌍방간의 통합을 위한 협조와 협상은 물론, 부단한 갈등의 관리와 분쟁의 예방을 필요로 한다. 이 과정에서 분단된 양 당사자가 여하히 제반 불확실성을 극복하면서 안정적 통합기반을 조성해 나갈 수 있느냐가 핵심인 것이다.

특히 남북한 분단의 특징은 제한된 지역에 대규모의 군사적 대치가 현존하고 있으므로 평화체제 역시 군사적으로 보장할 조치들을 살펴보는 것이 주요 관심 분야가 아닐 수 없다. 즉 평화체제를 뒷받침할 수 있는 것은 군사력이며 이 군사력을 사용하지 않으면서 평화체제 유지가 가능해야 한다. 만일 평화체제 유지가 어렵거나 큰 변수가 발생했을 시에는 군사적 조치와 연계된 정책적 선택을 배제할 수 없다. 따라서 먼저 평화체제를 지원할 군사적 평화체제 관련 사항을 살펴보고 이어서 평화체제를 구축해 나가는 과정별 군사통합 관련사항을 단계별로 정리해 보고자 한다.

나. 남북한 평화체제로의 전환을 위한 군사적 방안

평화체제를 논하기 전에 남북한의 평화에 대한 개념을 정리할 필요가 있다. 남한은 "한반도에서 전쟁이나 무력충돌 없이 국내적 · 국제적으로 사회가 평온하며, 북한이 대남 적화통일 전략전술을 포기한 상태"[232]라고 이야기하는 반면 북한은 "조선반도에서 군사적인 행동이 중지된 가운데 평화 상태를 회복하고 전쟁원인인 주한미군이 철수되어진 상태"[233]라고 이야기한다. 남북한의 한반도에 대한 평화 개념을 요약하면 "한반도에서 전쟁이나 무력 충돌이 없고 한반도 평화를 교란할 수 있는 비평화적인 요소가 제거된 상태"라고 정의할 수 있다. 문제는 비평화적 요소에 대한 해석이 판이하게 다른 것이다. 이러한 상이한 개념이 한반도 평화체제 구축을 어렵게 만들고 있다.

전쟁이라는 극단적인 경험과 그 이후 연속된 군사적 대치하에서 적대의도의 소멸이란 어려운 것이므로 어떠한 조치를 취해야 평화체제가 성립되며 또 이를 지속적으로 보장하고, 이를 위반하려는 일방의 의지를 효과적으로 억제할 수 있는 체제가 가능한가 하는 것이 문제의 핵심이다. 현재까지 남북한 간의 적대행위나 전쟁을 억지해 온 것은 정전협정이 아닌 쌍방의 군사력이었다. 한국의 지속적인 전력증강 노력으로 남북간의 전력이 재래식 군사력 측면에서는 양적으로 어느 정도 균형이 이루어져가는 상황인 데다[234] 질적 측면에서는 우위에 있다는 것이 전문가들의 일반적 견해이다. 여기에 미국의 대한 안보공약과 주한미군, 연합방위체제, 대외적 여건을 감안한 북한측의 자제로 현상이 유지되어 온 것이라 할 수 있다. 남북한 간의 불안정한 대치는 정전위의 기능이 유명무실한 상태여서 쌍방간의 우발적인 분쟁을 조정할 제도적 장치가 없다는 점에 의하여 더욱 증폭된다.

---

232) 이호재 편, 《한반도 평화론》(서울: 법문사, 1986), p. 326.

233) 『조선말사전』(평양: 북한사회과학출판사, 1992), pp. 109 ~ 110.

234) 남한측은 1970년대부터 재래식 군사력 균형에 집착하여 1980년대 초부터 북한과의 경쟁에서 우세해졌다고 할 수 있다. 남북한 군사력 평가는 '현존의 무력' 평가, '단순개수 비교,' 국방비 누계, 국방예산척도 등 평가 방법면에서 차이가 있다. 그러나 북한은 핵개발 및 화학무기 비축 등 보다 '경제적'인 비재래식 전략 무기로 억지력을 확보하면서 전진 배치된 170m 자주포와 다연장로켓(방사포)으로 서울을 타격할 능력을 갖추었다. 함택영, "남북한의 군사력," 『국제정치논총』, 제37집, 1호(1997), p. 53.

따라서 남북한 간 '평화체제' 를 지원할 수 있는 군사적 요건은 세 가지로 압축할 수 있다.

첫째 남북한 간의 군사력 균형을 통한 효과적인 억지 상태가 이루어져야 한다. 군사적 균형은 남북한 쌍방에게 공히 상대방의 군사능력이 지니는 현재적 · 잠재적 위협을 감소시켜 줄 것이며, 일방의 적대의도를 사전 봉쇄하는 효과를 낳을 것이다.

둘째, 공세적인 군사력 배치나 운용이 적절히 제한되어야 한다. 전쟁은 단순한 군사력의 숫자놀음이 아니라 어떤 목적으로 군사력을 양성하고 포진하였는가가 중요하고 이에 대한 대응과 견제가 적절치 못할시 균형된 군사력하에서도 전쟁의 위험은 상존하는 것이다.

셋째로, 우발적인 분쟁과정에서 일어난 오해와 불신이 대규모의 충돌로 확대되는 것을 막기 위한 적절한 분쟁조절 장치가 마련되어야 한다. 아울러 대북 군사정책이 지닌 유연성과 원칙적인 측면을 분명하게 분별할 수 있도록 하는 것도 중요하다. 북한의 군사적인 도발이나 휴전체제 파기와 같은 평화를 위협하는 행위에 대해서는 결코 용인할 수 없는 원칙적 측면임을 분명히 하고 강력하게 대응할 필요가 있다.[235] 또한 북한의 모험이 그들의 대외생존전략 자체를 위험에 빠뜨릴 수 있으므로 이를 잘 감지하도록 외교정책을 전개해야 한다.

종합적으로 남북한의 평화체제란 '쌍방간에 일방의 적대의도 및 행위에 대한 억제 수단이 공히 존재하고, 상대를 공격할 수 있는 힘이 제거되어 있으며, 분쟁의 평화적 해결을 위한 제도적 장치가 마련되어 있는 상태' 라 할 수 있다.

평화체제가 정착되면 일방이 여건에 따라 타방을 흡수할 수 있는 여건은 그만큼 제한되는데, 즉 일정기간 동안 쌍방의 군사력 균형에 입각한 '분단의 안정화 및 고착화' 를 수반할 수밖에 없다. 실제로 평화체제가 실현된다고 할 때 통일에 걸리는 시간은 늘어날 것으로 보인다. 그러나 단시간 내에 남북한 통일 또는 통합을 이룬다는 것은 현실적으로 큰 한계를 지니고 있기 때문에 이러한 이중적 인식에서 탈피하여야 하며, 장기적 측면에서 평화체제와 통일은 갈등

235) 이종석, "통일정책," 《탈냉전기 한국 대외정책의 분석과 평가》(서울: 세종연구소, 1998), p. 135.

관계가 아닌 현실적, 합리적 관계이며 흡수통일이건 합의통일이건 한반도에 긍정적인 요소로 작용할 것이다. 즉 평화체제는 안전하고 바람직한 형태의 통일을 이끌어 내기 위한 필수요소라 할 수 있는 것이다.

그렇다면 평화체제를 정착시키기 위하여 군사적인 면에서 고려할 구체적 방안은 무엇인가?[236] 제도적 측면에서 먼저 현재 유명무실한 군사정전위의 기능을 정상화시킬 필요가 있다.

또 하나의 조치는 한반도의 비핵화 원칙을 철저히 이행하는 한편, 이를 제도화해야 하는 것이다. 이는 현 북핵문제를 둘러싼 6자 회담과 직결되는 문제이기도 하다. 이 두 가지 제도적 측면의 기초적 조치가 실현되면 이를 기반으로 남북한 간의 본격적인 군사적 신뢰구축 조치와 구조적 군비통제의 실현이 가능하게 될 것이다. 즉 일정 규모 군사훈련의 사전 통보, 쌍방최고통수권자 및 국방당국자 간 Hot-Line 설치 및 실질적 운용, 남북군사협상 채널의 정례화, 비무장지대의 평화적 이용 등의 제안을 실제화하고, 이를 통하여 군비경쟁의 중지, 쌍방간 공격형 전력의 감축 및 후방 배치, 대량 살상무기감축 등 보다 높은 수준의 구조적 군비통제 조치들을 논의하고 실현해 나갈 수 있을 것이다. 이러한 협상이 결실을 맺게 되면 군사적 투명성이 형성될 것이며 군사력 균형과 상호억지력, 우발사태에 대한 충분한 조기경보시간 등을 확보하게 된다.

이와 같은 남북한 간의 협상진전은 한반도 평화체제에 대한 국제적 보장 측면을 강화하게 될 것이다.

남북평화 협정의 체결은 이러한 남북한간 신뢰구축 및 군비통제, 그리고 그로 인한 군사적 균형화가 이루어지는 과정에서 자연스럽게 논의되고 도출될 수 있을 것이다. 결국 남북한 평화체제는 정태적인 결과로서보다는 과정의 측면에서 보다 중요성을 지니며 그 자체가 목표가 아니라 통일이라는 궁극적 지향점을 향한 분단의 안정적 관리 단계의 성격을 지니고 있다. 그러므로 상호간

236) 제6공화국 시절 한반도 평화관련 주장중 군사관련 3단계 접근방안을 구체적 방안으로 제시한 바 있다. 제1단계는 남북간 긴장완화단계, 제2단계는 한반도 평화와 안전확보단계, 제3단계는 한반도 군축실시 단계로 나누었다. 특히 1단계의 군사적 신뢰구축을 통한 긴장완화 관련 사항이 군사정전위 기능 정상화 및 한반도 비핵화 원칙 준수 등을 핵심으로 하고 있다.

공통의 군사적 소요와 이익이 존재했을 시 또 다른 차원의 진정한 공존체제로 돌입할 수 있을 것이다. 아울러 이러한 과정을 통한 남북 군사지도자들 간의 평화에 대한 공감대 형성 또한 전반적 남북한 통합의 흐름에 중요한 의미를 띠게 될 것이다.

다. 군 통합 형태와 수행할 세부 주요과제

남북한 평화체제 구축은 현실적인 통일지향적 실천방안이며 기존의 남북대치가 군사적 대립과 오랜 군비경쟁에서 연유한 것이라는 점을 감안할 때 평화체제를 구축하기 위한 군사적 방안의 강구는 핵심과업이 될 것이며 정치·경제적 조치보다도 오히려 선행되어야 할 사항이다. 남북한 평화협정의 체결과 보장을 촉진하는 남북한 간의 군사적 신뢰구축 조치는 그 대소를 불문하고 각 분야 파급효과를 고려할 때 그 중요성과 의미를 간과해서는 안 될 것이다.

이러한 평화체제 구축의 결과로서 종국적으로 남북한 군사통합의 국면이 전개될 것이다. 군사통합은 정치적 통일합의가 이루어진 후 실질적인 남북통일을 위한 제 분야의 통합작업의 일환으로 실시되는 것으로 통일과정의 최종 단계에서 가장 중요한 통합작업이라 할 수 있다. 즉 군대의 특성 자체가 정치종속적이고, 피라미드형 지휘체계와 통수보위 성향의 획일적 조직성향을 가지고 있으며, 의식구조의 경직성과 규범화한 집단공동체 조직인 점을 감안할 때, 군사통합은 군 조직의 지휘체계상 완전히 하나의 조직으로 정형화되어야 제 기능을 발휘할 수 있는 것이다.

바꾸어 말하면 남북한 간에 평화체제 구축이 성공하고 대등한 위치에서 합의를 통하여 군 통합을 이룩할 시에도 한쪽이 다른 쪽을 조화된 비율로 흡수하여 지휘의 단일화를 필히 이루어야 한다는 것이다.

그러므로 일방적, 강제적 흡수통일 형태 또는 합의 대등 통일 형태 등으로 분류하여 접근한 종전의 방식은 분단국 사례를 통해 여러 패턴으로 분류될 수는 있으나 남북한 상황에 특정 형태를 그대로 적용시키기에는 무리가 있거나 바람직하지는 않다고 보아야 할 것이다.

참고로 기존 남북한 군 통합 시나리오는 분단국 군사통합 유형과 연계하여

〈표 4-10〉과 같이 정리되고 있으며 비고란의 관련 통일 방안은 기 소개된 통일 방안들과 연관시켜 본 것이다.[237]

남북한 합의에 의한 평화적인 군사통합을 진행시는 각 단계별로 협상 전략과 대응방안을 세밀하게 계획하고 추진해야 하며, 남북한 군비조정 내지는 감축시 양쪽 군대는 설정된 통일국군 모델을 기준으로 접근되어야 한다는 점이다. 군사통합 최종 단계는 통일국군을 완성하는 단계로서 이때 유념할 사항은 다음과 같다.

첫째, 군사력 규모로부터 부대 구조와 배비, 무기체계 등은 주변 4국의 당시 상황을 고려하여 독립국가로서의 생존 및 억지능력을 보장하는 형태가 되어야 한다.[238]

〈표 4-10〉 남북한 군 통합 시나리오

통일 유형	내용 및 방안	군사통합 형태	군사통합 내용	비 고 (관련통일방안)
흡수 통일	일방 자체 체제 붕괴시 불가피한 상황전개로 인한 통일방안	일방적 흡수통합	• 군사통합 과정이 급변 또는 급격히 단축 • 일방위주 군사통합 • 반란 집단행동 경계	• 남북한 일방주도 통일 • 연붕괴 • 유도형 • 자멸형
합의/ 대등 통일	남북한 합의에 의한 점진적 평화통일 방안	합의에 의한 점진적 군사통합	• 통일진전 과정별 군축 · 군비 조정 후 통합 • 쌍방 적정비율 군사통합 • 대 북한군 억제능력을 유지하면서 통일국군 모델 접근	• 합의형 • 연착륙 • 남북한 장기공존 • 국가연합 · 연방국가 • 단계적 교류협력
강제 통일	북한 남침 또는 연합군 반격에 의한 통일방안	강제적 합병통합	• 점령지역 작전계획 수행 • 방어적 충분성 전력을 유지하면서 통일 국군 모델 접근	• 경붕괴(硬崩壞) • 충돌형

237) 하정열,《한반도 통일 후 군사통합방안》, 독일 군사통합 과정과 교훈(서울: 팔복원, 1996).
238) 오주현 외,《남북한 군사통합방안》(서울: 국방대 안보문제연구소, 1995) 참조.

〈표 4-11〉 동서독 군사통합 과제 목록

과 제 내 용	주무부서	관련부서	관련과제
1. 독일군 규모	합참	H, P	2,3,5
2. 독일군 구조 및 병무행정	합참, VR	H, Org	1,5,7,10
3. 동독 인민군 인수 기준	P	VR, 합참	7
4. 국방관련 물자의 사용 및 폐기	Rue	합참, 각군	2,19
5. 독일군의 주둔지	합참	U, 각군, 의무사	2,4,16,21
6. 국내 · 나토의 정보 전파	합참	VR, Org	3,15,16,22
7. 법 · 시행령 · 시행규칙의 인수 및 경과 규정	VR		9
8. 동독지역의 환경보호 문제	S	합참, 각군, U	21,22
9. 모병 규정 문제	P		7
10. 인원 구조 관련 법규와 원호규정 및 직업촉진	VR	S	1
11. 동독지역의 봉급	VR	H	
12. 군복	합참	각군, 의무사	1
13. 인수인원에 대한 교육 개념	합참	U, 각군, 의무사	7
14. 교육기구 및 시설	합참	각군, 의무사	1,2,4,5,7
15. 통신망 연결, 통신보안	합참	합참, Org	5,6,16,21
16. 영공방어 개념, Radaufuerungsdienst, 군사 항공 교통관제	공군	합참	
17. 동독 무관 직위의 인수 및 해체	합참		
18. INF 및 VKSE의 이행	합참	각군	
19. VKSE 및 군비 통제	합참	각군	1,2,4
20. 홍보 개념	IP	합참, 각군	
21. 사회간접자본의 이용	U	합참, 각군	
22. 동독 주둔 소련군의 문제	합참		

* INF는 중거리 핵무기 폐기협정, VKSE(Vertrag ueber Konventionalle Streitkraefte(und Ruestungen) in Europa)는 유럽재래식무기감축협상, VR은 행정 · 법 또는 법무관리실, H(Haushalt): 예산, P(Personal): 인사, Org(Organisationsstab): 조직참모부로서 장관 직속 기구, Rue(Hauptabteilung Ruestung): 군비참모부, 그리고 UIB(Unterbringung, liegenschaften, Bauwessen): 숙소 · 부동산 · 건축담당 참모부를 의미한다.

둘째, 한국군이 군사통합의 주도권을 확보해 나갈 수 있도록 해야 하며 이를 위하여 그 전 단계에서 전략 무기를 비롯한 핵심 분야에서 우월한 수준을 유지할 수 있도록 경제력을 바탕으로 선별적 전력 증강을 꾸준히 추진해야 한다.

셋째, 북한군은 북한군 위주의 군사통합을 실현시키려 할 것이니만큼 결정적 시기에는 단기간에 협상을 종료할 수 있도록 사전에 철저한 준비가 있어야 한다.

넷째, 북한지역에서의 군맥과 파벌형성 가능성을 근원적으로 제거해야 한다.

이를 남북한 군사통합의 기본원칙 측면에서 종합해 보면 군사통합은 통일국군 모델을 지향하여 추진하되, 과도기적 방위태세 유지 및 군사력 재정비, 북한군의 확실한 장악 및 통합비율에 따른 해체, 최단기간 내 통합작업완료 등이라 할 수 있다. 군사통합시 수행할 주요과제들은 통합계획발전 마스터플랜, 적정 군사력 규모를 비롯하여 〈표 4-11〉의 독일 군사통합시의 과제목록 22개항과 그 성격상 크게 다를 바 없으므로 참고하여 발전시킴이 바람직하다.[239)]

3. 군사통합 과정

한반도 통일이 앞에서 논의된 바와 같이 평화체제 구축 속에서 진행될 때 남북한 평화공존협력 과정을 거쳐, 정치 · 군사통합을 중심으로 한 남북연합형 국가통합과정, 제 분야 완전통합을 통한 통일국가를 형성하는 수준으로 전개된다고 볼 수 있다.

이에 따라 군사통합은 현존 군사력의 효율적 관리를 통한 평화통일체제 기반 구축과정을 거쳐, 군사적 신뢰구축을 통한 군사력 상호조정과정, 완전한 군사통합을 통한 통일국군 완성의 수순으로 이루어질 것이다. 이러한 군사통합과정은 분단체계의 안정적 관리를 통해 평화체제를 정착시켜 궁극적으로 통일을 지향하는 전반적 과정 중의 핵심적 과정으로 볼 수 있다.

239) 김동명, "독일 통일과 군사통합," 『한반도 군비통제』, 제15집(1996. 12), p. 19.

가. 평화통일체제 기반 구축 과정의 군사통합 준비

1970년에 발표된 '평화통일 구상선언' (8.15선언)은 남북한에 두 개의 정치체제가 있다는 현실을 처음으로 인정하였고, 1972년에 '자주 · 평화 · 민족대단결' 의 통일 원칙에 합의한 '7.4 공동성명' 이 발표되었다.

민족간의 화해와 협력을 통해 공존 공영하면서 경제적 · 사회적 민족 공동체를 회복함으로써 우선 민족적 통합 기반부터 이룩한 다음에 정치적 통일을 실현해야 된다는 현실적 인식을 갖게 되었다. 이와 같은 맥락에서 1982년 '민족화합 민주통일 방안' , 1988년 '민족자존과 통일번영을 위한 특별선언(7.7선언)' , 1989년 '한민족 공동체 통일 방안' , 1993년 '3단계 통일 방안' 들이 나오게 되었다.

결국 북한체제를 부정한 1960년대를 거쳐 1970년대의 남북한 현실인정을 바탕으로 한 체제경쟁을 통한 정치적 통일의 필요성, 1980년에서 작금에 이르는 남북한의 체제공존을 통해 남북한 제분야 통합과정을 거쳐 정치적 통일로 접근해야 한다는 인식을 하기에 이르렀다. 결국 통일 접근 방식의 측면에서도 점진적 · 단계적으로 추진해 가는 것이 현실적이고 순리에 적합하다는 것이다. 점진적 · 단계적 방식, 즉 교류협력에 의한 합의 통일(독일식 통일+1차 예멘식 통일)이 가장 현실적인 남북한 통일방식이라는 결론이 나오게 된다. 따라서 통일 정책은 '화해 · 협력' , '남북연합' , '통일국가' 의 수순으로 설정하여 추진해야 한다는 인식하에 한국이 공식적으로 표방한 통일방안이다. '화해 · 협력' 단계에서는 '남북한 기본합의서' 를 바탕으로 두 체제와 두 정부를 유지하면서 상대방을 타도의 대상으로 보지 않고 공존공생의 대상으로 보아 정치적으로 화해하고 군사적으로 서로 침략하지 않으며, 경제 · 사회적으로 다각적인 교류와 협력을 활성화해 가는 것이다.

이는 김정일의 유일독재체제와 이를 존속시키기 위해 철저한 탄압체제를 지속하고, 개혁개방하면 이북주민의 생활수준이 크게 향상된다는 상식적 논리를 거부하고 있는 북한 정권을 어떻게 다루어야 하는가 하는 문제와는 별개로 전개되어야 하는 논리이다. 북한 주민을 해방시키고 투옥된 수십만 반체제 인사들을 인권의 질곡에서 벗어나게 하는 길 측면에서는 화해와 협력, 점진적이고 단계적 접근은 가장 바람직하지 않은 방책이 된다. 그러나 현실적 측면에서 바른길이라 해서 바로 그 길로 갈 수 없다. 전체적으로 정상적이고 단계적 접근을 하면서 여러 상황이 변화되기를 기다리며, 또 변화가 되도록 작동하면서 진척되어야 한다.

그런 맥락에서 군 통합도 화해 · 협력 단계에서 통합 기반을 구축해야 한다. 즉 '남북 기본합의서'를 바탕으로 상대방을 파괴 · 전복하는 일체의 행위를 하지 않을(제4조) 뿐 아니라, 상대방에 대하여 무력을 사용하지 않으며, 상대방을 무력으로 침략하지 아니하며(제9조), 불가침의 이행과 보장을 위하여 군사적 신뢰구축과 군축을 실현하기 위한 문제를 계속 협의 추진하기로(제12조) 합의하였으나, 실제로 이 약속이 지켜지지 않고 있으므로 화해 · 협력 기반을 우선적으로 구축해야 하는 것이다.[240] 남북 기본합의서의 군사적 협의 내용 추진을 위해 정치적 결단의 기초 자료를 제공하고 병력과 장비를 통합하기 위한 이론적 근거를 준비해야 한다. 이를 위하여 상설기구화 된 군통합 전담기구가 설치되어 남북군의 전체적인 현황파악과 사태의 급진전에 따른 조기 통일시대를 대비해야 한다.

이 상설 전담기구는 관련 민 · 관 · 군 전문기관과 전문 인력들이 통합된 노력으로 전문화된 연구가 이루어지도록 보장되어야 하며 이러한 결과로 전문인력 또한 대거 양성되어야 한다. 국방부의 경우 산하 국방정신교육원에서 '안보계도요원'[241]이라는 명칭으로 연간 약 천명을 교육하여 배출시키고 있으나 교육기간의 제한으로 전문요원 교육으로는 미흡했는데 이마저도 2000년 1월 수색지구 교육기관 통폐합이라는 미명하에 시행된 국방대학교 출범으로 없어지고 말았다.

이러한 군내 통일관련 교육기관과 과정은 필히 복원되고 체계적으로 시행

240) 1996. 9 강릉 무장공비 침투시, 이를 화해 · 협력 차원에서 관련 지역 봉쇄 후 북한이 스스로 철수토록 유도했을 경우 남 · 북 군사적 신뢰 구축에 전환점을 이루면서 주도권 장악이 가능했던 기회로 볼 수도 있음.

241) 영관급을 대상으로 안보 · 이념 이론체계 및 심리전을 포함한 통일 전문지식을 함양시켜 통일 및 군사통합을 위한 실무자급의 저변확대에 목적을 둠, 통일 관련 타부처에 파급효과 기대(1995년부터 시행, 3주 기준).

되어야 한다. 또한 남북한 군통합 전담기구내의 조직별 기능 및 업무를 명시하고 이를 발전시켜 나가야 한다.

화해 · 협력 단계에서는 군 외적인 요소가 더 많으므로 군 통합 차원에서의 군 내부 준비사항은 전담기구를 효율적으로 설치 · 운영하고 전문요원을 확충해 나가는 것이 실질적인 준비이다.

군 내부 준비사항은 급속히 추진되었던 독일의 경험을 교훈삼아 각 항목별 시행착오를 최소로 줄일 수 있도록 평시에 시간을 두고 연구함으로써 나중에 통합되는 이점을 최대한 살릴 수 있다.

구체적인 통합 전담 기구들이 설치될 때 군사통합의 목표와 기구의 효율성, 정책의 합리성과 생산성 등 전반적인 단계적 분석이 이루어져야 한다.

시기상으로 볼 때 한국은 화해 · 협력 단계에 접어들 수 있는 여건이 조성되어 간다고 할 수 있다. 6자 회담 당사국들의 실질적, 구체적인 대북 접근, 김정일의 확실한 권력 장악과 경제적 외부지원의 필요성에 따른 북한 체제의 변화 가능성, 각 정권 출범에 따른 통일정책의 발전, 이에 따른 남한의 실질적 지원 등 제반 현상들은 여건형성의 주요 사항들이다.

특히 남북한 내부 변화에 따라 주도적으로 통일정책을 전개해 나갈 시 주변국의 태도와 이해관계 및 대한반도 정책에 많은 영향을 줄 수 있으므로 독일의 경우처럼 외세에 의한 제한을 극복하지 않고도 국가통합과 군사통합을 결정할 가능성이 있음을 시사하는 것이다.[242)]

따라서 전반적인 화해 · 협력의 바탕 위에 전개되고 예상되는 변화와 징후에 따른 각 단계별 군사통합 방안을 준비, 발전시켜 나가야 한다.

예상되는 변화와 징후 중 특히 북한정권붕괴 또는 변화와 관련된 사항인 대규모 난민 발생, 조직적이고 규모가 큰 주민봉기 등은 예의 주시되어야 하며, 북한군 내부 분열과 관계된 북한 체제 변화에 따른 권력 암투, 복지 문제 악화와 병영 부조리 및 비합리적 명령, 근무이탈자 증가, 군의 상/하부구조 분리 현

242) 이영기, 《독일 통일의 해부》(서울: 국제언론문화사, 1990), p. 138.
남북한은 독일처럼 NATO, 바르샤바 군사동맹국의 회원국이 아닌 독립국으로서의 큰 이점이 있음을 시사.

상, 군개혁 요구 시위, 군내 사조직 형성, 당군 관계의 알력 내지는 비판, 주민 봉기진압 등 체제유지 수단으로 군이 동원될 시의 갈등과 거부감, 그로 인한 군 상부체제의 변화 등은 전 단계 전반에 걸쳐 결정적 요소라 할 수 있다.

단계별 전개속도는 독일처럼 단기간내 이루어질 수도 있고(1989. 11. 9 ~ 1990. 10. 3) 10년 이상이 걸릴 수도 있다. 징후에 따른 대처능력과 전과확대가 국면을 전환시키고 기간을 단축할 수 있기 때문이다. 그러나 화해 · 협력 단계 구축 과정에서 한국정부가 명심해야 할 일은 공식적이고 객관적으로 북한 체제의 붕괴와 흡수통일을 원치 않고 있다는 확신을 북한 당국에 심어주는 것이다. 북한의 체제에 위험하거나 불리한 공개적 기도나 정책이 표출되지 않았을 때 북한 당국이 점진적인 체제 변화를 모색할 수 있을 것이며 이는 북한의 개혁, 개방을 유도하는 바람직한 방법인 것으로, 전술적 승리를 탐하여 전략적 과오를 저질러서는 안 된다.

남북한 통합 내지는 군통합에 역행되는 북한체제의 한계라는 결정적 요인 내지는 변수를 염두에 두고 냉철하게 내부적 취약 요소를 보강하면서 일관성 있는 정책을 전개할 시에 궁극적인 전략적 목표를 쟁취할 수 있는 것이다.

이러한 바탕 위에서 평화 공존이라는 남북관계의 기본구도를 확고히 하고 더욱 발전시켜 나가기 위해 군사 분야에서의 점진적인 신뢰구축과 상호 군사력 조정 내지는 군축이 필요하게 될 것인데, 지금까지 남북한 간에 군사현안으로 제기된 문제들에 대한 한국의 기술적인 협상대책을 발전시킬 필요가 있는 것이다.[243] '선 북한 감축후, 후 동등 감축' 과 같은 형식 논리보다는 남북한 쌍방의 위협 인식을 고려하여 실질적으로 접근한 후 최종적으로 통일 한국군 건

243) 스톡홀름협약의 미국측 협상 대표였던 굿비(James Goodby)가 그의 협상경험을 통해 밝힌 다음 5개항은 남북한의 협상당사자들에게도 도움이 될 것이다. ① 남북한의 기본합의서와 같이 광범위한 문제를 다룬 기본 틀이 안보와 협력 증진에 유용함, ② 한국의 건별합의, 즉시실천 회담 추진 방식이 회담을 진전시킬 수 있는 실질적 방법임, ③ 협상의 궁극적 목적에 현격한 차이를 보이고 있는 당사자간에도 합의가 가능함, ④ 최초합의는 후속합의를 위해 좋은 여건을 조성함, ⑤ 쌍방의 제안 내용 중 상호연관이 있는 사항들을 주제별로 묶어서 처리하는 것이 바람직함. James Goodby, "Operational Arms Control in Europe: Implications for Security Negotiations in Korea," The Korean Jouranal of Defense Analysis, Vol. II, No. 1(Summer 1990). pp. 117 ~ 118 재인용.

설 목표에 따른 수준으로 조정되어 나감이 바람직할 것이다.

나. 군사적 신뢰구축과정의 군사력 조정

북핵문제 해결을 위한 6자 회담의 순조로운 이행, 이로 인한 체제보장과 서방측 경제지원 확대, 부분적 개혁 · 개방 조치 등은 추후 남북한 교류를 크게 활성화시킬 수 있고 이로 인한 통일 정책 2단계인 '남북연합' 방향으로 진입할 수 있다.

남북연합 진입 단계에서 그에 맞는 군사통합을 위한 군사력 조정이 필히 수반되어야 한다. 따라서 통일 후의 적정 군사력 건설에 목표를 두고 현실적으로 남북한 상호간 정치 · 군사통합에 기여할 수 있는 쌍방의 군사력 조정이 필요한 것이다. 이것은 21세기 한국이 갖추어야 할 바람직한 군사력과도 조화를 이루어야 한다. 그러므로 군축이라는 개념보다는 장기적으로 군의 질적 향상을 통한 효율을 증대시키면서 통일에 단계적으로 대비하는 측면에서의 군사력 조정 개념으로 접근되어야 한다.

다음 〈표 4-12〉는 주요 관심 국가의 국방예산을 GDP, 병력 수와 비교토록 한 것이다. 통일과정 및 통일 후의 적정국방비 설정은 군사력 건설 목표와 군사적 위협, 국내 정치적 변수, 경제력, 국제관계에 의한 영향 등 다양한 요인들이 작용하며, 아울러 관련국들과의 숫자상 비교를 통한 상대적 수준도 고려하여야 한다.

직접적인 위협의 유무를 불문하고 〈표 4-12〉에서 나타난 바와 같이 국방비는 국민의 안정과 평화, 사회경제적 활동을 보장하는 보험적 성격을 지닌 국가이익수호의 중요한 수단이며 현재뿐만 아니라 미래의 안보태세에도 대비해 나가야 하므로 적정수준의 투자를 계속해 나가야 하는 것이다. 한국의 경우, 국방비 전체 규모는 제한된 가운데 운영유지 분야와 전력정비 분야로 나누어지고, 운영유지 분야의 필수요소가 우선적이므로 전력정비 분야인 신규사업 투자는 극히 제한되어(전력정비비 대 운영유지비 비율 3 : 7, 신규사업 투자는 총투자의 1% 정도) 기술위주 무기체계 확보가 어려운 실정이다. 현 국방비 수준으로는 당분간 병력집약형 군구조를 유지하면서 기술집약형 군구조로 단계

〈표 4-12〉 주요 국가 국방예산

국 가	국방예산(2005년) 단위 : 억달러	GDP(2005년) 단위 : 억달러	병 력 (현 역)
미 국	4,550	117,000	1,474,000
러 시 아	619	14,000	1,037,000
일 본	451	48,600	240,000
프 랑 스	516	20,000	255,000
영 국	496	21,300	206,000
독 일	377	26,700	285,000
대 만	75	3,040	290,000
중 국	625	16,800	2,255,000
호 주	143	5,980	53,000
이 스 라 엘	97	1,170	168,000
터 키	101	2,970	615,000
한 국	157	6,495	683,000
북 한	50	20	1,106,000

출처 : 『국방백서』(2007)

적 전환을 모색할 수밖에 없다.

현재 한국군의 당면과제 해결과 통일국군 건설을 위한 국방비 설정 필요요인은 대북한 방어충분성, 주한 미군의 역할변화에 따른 대체전력 관련 첨단기술과 장비의 소요[244], 방위산업의 자립 기반 강화 육성 등이며, 이를 위한 기본적 국방비 규모는 GNP 대비 3.5% 정도 판단하고 있다.[245] 이 국방비중 90%가 물자획득, 시설공사, 군인 임금으로 지불되고 있어 많은 부문이 국민경제에 환류되면서 국민경제에 기여하고 있다.[246]

244) 주한 미군 대체 전력 소요자금은 총 250억불(1992년 기준)로서 주요 장비 45억불, 일반 장비 및 물자 33억불, 탄약 46억불, 조기경보 35억불, 유지비 100억불로 계산하고 있다. 국제문제연구소, 방위연감 1996 ~ 1997, p. 250 참조.

245) 국제문제연구소, 방위연감 1996 ~ 1997, pp. 248 ~ 250.

남북한 병력수를 조정해 나감에 있어서 북한의 '고려민주연방공화국' 실천을 위한 사전 10만 명선 감군 제의나 일부 정당 또는 연구기관에서 거론한 20만 명선 또는 50% 감군 등은 매우 비현실적인 제안이다. 우선 남북한 병력 수를 남북한 동일 비율로 조정한 다음 추가적인 감군을 실천해 나가는 방안이 대내외적인 대의명분과 경제적 국방예산 측면에서 수용 가능한 대안으로 제시될 수 있다.

특히 북한군의 보병 및 특수전 부대는(보병 38%, 특수전과 기계화 부대 16%, 포병 21%) 정치적 통합이 이루어지기까지 대폭 줄여나가야 정치적 통일 달성 후 군 통합이 용이하게 이루어질 수가 있다.

또한 북한군 현역 단기 복무자들은 의무 복무기간 등을 고려하여 축차적으로 전역시키고 장기 복무자를 전역기준에 의거 정리하면 제2단계인 군사력 조정 단계에서의 자체군축과 군비 통제가 수준 있게 진행되면서 실질적 군사통합 과정을 통한 통일 한국군 건설 단계로 진입할 수 있다.

남북한 군비통제 문제에서는 보다 구체적인 연구가 필요한데 남북간 합의 가능한 군사적 신뢰구축 및 군축방안에 대한 한국의 구체적인 정책 고려사항을 제시하고 남북한 군사협상 테이블에서 직면할 수 있는 각종 현안들을 정립해야 한다.[247] 유럽 군비통제 과정이 주는 경험과 교훈을 참고하고 특히 재래식 군비통제조약의 시사점을 도출, 한반도 현실에 적용함이 바람직하다.[248]

특히 스톡홀름 협약은 이전의 헬싱키 협약(Helsinki final Act)의 군사적 신뢰구축 방안(Confidence Building Measure : CBM)을 확대 · 개편한 것으로 군사적으로 의미가 크고 정치적 구속력도 있으며 적절한 검증방법도 포함되어 있어 현 남북한 실정에 적용 가능한 내용이 많다.

스톡홀름 협약에서는 ① 지상활동 ② 독립된 상륙 및 공수활동 ③ 지상군의 이동 및 집결 등을 통보하고, 비상훈련시에도 별도의 통보 절차를 마련하였다.

---

246) 1997년 국방예산 총13조7,856억원 구성 내용은 다음과 같다. 인력운영비 6조3,366억원(46%), 방위력 개선비 3조9,794억원(28.9%), 장비 및 시설유지비 2조5,098억원(18.1%), 부대운영비 9,607억원(7.0%). 국방부, 국방백서 1997 ~ 1998, p. 203 참조.

247) 이서항, "남북한 군시통제 방안의 비교," 『국제문제』(1991. 7), pp. 41 ~ 56 참조.

248) 민족통일연구원, 《한반도 군비통제 방안 연구》, 연구보고서 93-16(1993. 12) 참조.

이 협약을 확대 · 개편한 비엔나 협약[249]은 ① 군사정보의 연례 교환 ② 위험 감소 ③ 접촉 ④ 의사소통 ⑤ 연례 이행 점검회의 등이 첨가되었다.

군사정보의 연례교환 중 국방예산에 관한 정보공개는 남북한이 신뢰 구축 차원에서 일방적으로 조기에 실시할 수 있는 방안으로 현재 국방백서를 통해 이루어지고 있다.

위험 감소 조항은 무력분쟁이나 우발적 충돌, 침범보다는 그 강도가 낮은 상대방의 우려를 야기시키는 군사활동과 군사적 성격의 재해에 대한 협력 방안으로 남북한은 불가침 부속합의서가 다루지 않고 있는 부분을 보완할 수 있을 것이다.

군사접촉은 남북간에 조기에 실시될 수 있는 방안으로 남북한의 고위 군관계자간 교환 방문, 군관련기관의 접촉, 군사문제 전문가 · 학자간 교류, 군간 스포츠 문화 교류 등을 볼 수 있다.

상호균형 감군 회의(MBFR)는 군비통제 협상의 성공에 필수 불가결한 요소인 정치적 관심을 끌지 못함으로써 유명무실해지고 CFE-1[250](1987. 2. 17)로 대체되었다. CFE-1은 다섯 가지 주요 공격무기를 감축대상 무기(Threaty Limited Item : TLI) 선정했는데 전차, 장갑차, 야포, 전투기, 공격헬기 등이다.

남북한의 제안[251]을 살펴보면 이미 헬싱키 협상 수준의 방안을 넘어서서 군축 문제까지도 언급하고 있으나 군비통제의 초기 단계임을 감안, 양측이 스톡

---

249) 비엔나 협약은 2단계로 나누어 1단계는 1991년 1월 1일 34국이 서명 발표 시행되었고 2단계로 1992년 3월 4일 48개국이 가입했다.

250) 유럽 재래식무기 감축 협상

251) 남북한의 군비통제에 대한 입장 및 제안을 살펴보면 다음과 같다. 북한은 혁명전략 지원 차원에서 1980년대 말까지 236회 이상의 군비 관련 대남 제의를 했으며 그 내용은 ① 무기의 제한이나 통제보다는 병력의 우선 감축 ② 신뢰 조성, 무력 감축, 외국무력 철수, 군축과 그 이후의 평화보장 등 4단계 군축 제안 ③ 최종병력 상한선 10만, 3 ~ 4년내 목표달성 ④ 북한 무기수의 우위 확보 전략 등이다. 한국은 소극적으로 임해 오다가 1990년 9월 서울 개최 1차 남북고위급 회담에서 군축 통제안을 발표 : ① 정치, 군사적 신뢰 구축 후 단계적, 점진적인 실질적 군비 감축 ② 군 인사교류, 군사정보 공개, 군사훈련의 통보 및 참관, 군사활동의 투명도 및 예측 가능성 증대에 초점 ③ 공격 능력 제거를 방어형 전력 구조로 개편, 방어적 충분성 원칙 ④ 상호동등 수준 달성후 동수균형 감축 ⑤ 예비전력 동시 감축 ⑥ 공동 검증단 및 상주 감시단 구성 ⑦ 통일국가 군사력 소요 감안, 군사력 상한선 합의 등이다.

흐름 협약에 제시된 정도의 신뢰구축방안에 합의하는 것이 현실적이다. 또한 현실적으로 실시에 어려움이 있음을 감안하여 초기에는 국가안보에 큰 영향을 주지 않는 요소로부터 점차적으로 검증의 수위를 상향 조정해 나가는 유연하고 선택적인 검증(flexible and selective verification)을 채택함이 바람직하다.[252]

남북한 군비통제 정책에 있어서 정책 선언 차원의 독자적 조치와 더불어 군비통제 협상을 통해 쌍방 군사태세의 점진적 변화를 도모하여 신뢰를 구축, 실효를 거둘 수 있는 방어적 충분성 원칙에 대한 중점적인 접근이 필요하다.[253] 동 개념의 일반적 적용 영역을 크게 세 가지로 나눌 수 있다.

첫째, 남북한 쌍방의 국방정책과 군사교리에 대한 논의의 장을 마련하여 상호이해를 증진시켜 정치, 군사적 불안정 및 군비경쟁 요인을 제거하는 것이다. 유럽의 NATO와 WTO간의 군사교리에 대한 세미나(1990년 1월 및 1991년 10월)가 성공적인 예가 될 수 있다.[254] 양측이 CFE 기조합의서에서 대규모 공격능력의 제거를 합의한 것은 실질적인 형태의 군사교리에 일치를 본 것으로 이해할 수 있다.

둘째, 감축대상 무기의 선정 문제이다. 공격무기와 방어무기를 구분하여 방어무기는 그대로 유지하거나 증가가 가능토록 하고 공격무기는 감축하거나 사용을 제한하는 방향으로 추진하는 것이다. 남북한간에 이미 대량 살상무기와 공격 능력의 제거를 비롯한 단계적 군축 실현 문제를 협의 추진하기로 합의한 바 있어 방어적 충분성 개념이 부분 반영되고 있다고 할 수 있다.

---

252) '유연하고 선택적인 검증' 위한 몇 가지 기본 원칙 설정이 중요한 바 한국측이 설정할 수 있는 기본 원칙 12개항은 "한반도 평화체제 구축 방안," 민족통일연구원 연구보고서 93-16(1993. 12), p. 30 참조.

253) '방어적 충분성' 에 대한 공식 입장 표명은 양측 모두 없었으나 1992. 9. 17 김진영 육군참모총장의 국방대학원 특별 강연 중 "방어충분성 전력 확보와 통합 전력 구현을 위해 노력중"이라는 발언이 있었다. 김재홍, "전환기 새로운 군 위상 다짐," 「동아일보」, 1992년 9월 22일.

254) Peter Almquist, "The Vienna Military Doctrine Seminar: Flexible Response vs. Defensive Sufficiency," *Arms Control Today*, Vol. 20. No. 3(April 1990), pp. 21 ~ 25; Wendy Silverman, "Talking 'Sufficiency' in the Hofbung Palace," The Second Seminar on Military Doctrine, *Arms Control Today*, Vol. 21. No. 3.

셋째, 남북한 방어적 충분성 이론의 실천 방안으로 특정 군사력의 지리적 배치를 제한하는 배치 제한 지역(Limited Deployment Zone : LDZ)을 고려할 수 있다.

전진 배치된 무기 중 공격에 적합한 무기를 후방으로 철수하거나 전방배치를 제한하는 것은 상정할 수 있다. 물론 남한측에서 볼 때 군사분계선과 서울 간의 완충 공간문제의 제한, 수도권 사수를 위한 전진 배치 전략의 수정 부담 등이 있고 북한은 도로여건과 교통수단 등의 빈약으로 후방 동원부대의 전방 이동 문제 등이 있으며, 양측 공히 새로운 진지구축 및 철거에 소요되는 비용과 더불어 걸림돌이 될 수 있다.

남북한이 방어적 충분성에 충실한 전력을 보유할 경우 주변국의 위협이 문제될 수 있다는 비판도 있을 수 있는데, 이는 동 개념 적용 기간을 군사적 신뢰구축과 상호동수 보유 단계를 거쳐 상호군사력 감축의 초기 단계까지로 국한 적용함이 바람직할 것이다.[255] 이후의 군비통제는 한반도를 둘러싼 안보환경의 변화 등 주변정세를 감안한 기 연구된 통일한국군 건설에 적합한 군사력 소요에 바탕을 두어야 할 것이다.

군사통합 조정 단계에서 다음으로 중요한 것이 남북군사공동위원회(1992. 5월 출범)의 효율적 운영 방안이다. 군사공동위원회의 소관 업무는 기본합의서, 남북군사 공동위원회 구성, 운영에 관한 합의서 및 불가침 부속 합의서에 산재해 있으므로 이를 명확히 이해하고 협상 대책을 발전시키되, 군사적 신뢰구축에 해당하는 여러 가지 방안의 협상 우선 순위를 부여하고 조기 타결 및 합의 가능성이 큰 현안[256]에 중점을 두는 실질적 접근이 필요하다.

단시일 내에 합의할 수 없는 문제, 즉 군사력 배치 제한과 수도권 안전보장 문제, 정찰활동금지, 영해 · 영공 봉쇄금지문제, 쌍방군사력에 대한 전반적인

255) 군사력 감축 초기 단계에서는 남북한의 군사력 보유 상한선 설정이 문제되는 바, 유럽(CFE 1)의 예를 적용시, 주요 공격무기에 대해 수적으로 열세인 측의 보유 수준보다 5 ~ 10% 낮은 수준으로 상한선을 설정할 수 있을 것이다.

256) 합의 도출 우선 가능한 분야로 군사 당국자간 직통전화설치 및 주기적 이용 의무화, 쌍방 군인사간의 제한적인 교류합의, 비무장지대의 평화적 이용, 군사훈련과 부대 이동의 통보 및 통제 등을 들 수 있다.

정보교환 등은 상호신뢰구축이 상당히 진전되어야 가능하지만 상황변수를 적절히 이용할 시 우선 순위가 바뀔 수 있다.

예를 들면 군사력 배치 제한 및 후방으로의 재배치와 대북지원 문제를 결부시켜 양측의 결정적 요구사항을 상호 수용함으로써 교류 및 신뢰증진 분야를 향상시키는 것이다. 평화 공존이라는 남북관계의 기본구도를 확고히 하고 이를 더욱 발전시켜 북한의 개방을 유도하여야 하며 이 개방과 더불어 군사분야에서의 점진적인 신뢰 구축과 상호군사력조정 및 군축이 필수적으로 따라야 한다.

제5장. 군사통합 후 통일 한국군 건설

제5장. 군사통합 후 통일 한국군 건설

제1절. 통일 한국군 건설의 영향 요인

1. 주변 4강의 안보환경과 군사력 건설 추세

가. 개요

독일의 통일 사례에서 보았듯이 분단국의 통일과정에 있어 주변국의 정세와 순기능적 역할은 매우 중요하다. 특히, 남북한 분단의 원인이 주변 4강과 밀접한 관련이 있는 바 한국의 통일에 대한 주변국의 이해관계를 잘 살펴볼 필요가 있다.

우선 현재의 동북아 정세와 전망이 중요한 요소이다.

현재 미국과 일본은 미국을 정점으로 한 역내 안보구도의 고착 및 강화를 도모하고 있다. 이를 위해 주일 미군의 역할 강화와 기지 체계를 재조정하고 있으며 미 · 일간의 협력 대상지역에 중국—대만 양안 지역까지도 포함시키고 있다. 일본은 미국과의 동맹 관계를 강화하여 자국의 안보 역할을 확장하고 국제적·지역적 위상을 높이는 정책을 지속적으로 추구하고 있다.

---

257) 2005년 8월 18일~25일간 실시된 합동 군사훈련으로 "평화사명(平和使命)-2005"라는 명칭이 부여되었다. 중국측은 러시아로부터 구입한 첨단 무기를 실전 연습하고, 미국과 일본 및 대만에 심리적인 압력을 행사하고자 한 것이나, 오히려 중국 위협론이 합리화되고, 미국과 동맹국들의 관계를 강화시키는 결과를 가져왔다. 러시아의 대중국 견제심리로 인해 향후 양국의 보다 발전된 "동맹적" 군사관계 형성도 쉽지 않아 보인다. 향후 중러간의 협력 심화는 미일동맹의 강화를 유발해 이 지역의 갈등적 대립구도를 지양하는 한국의 외교안보정책의 가능성과 입지를 축소시킬 수 있다는 점이 우려스럽다. 황재호, "중 · 러 합동군사훈련의 전략적 의미", 『주간국방논단』, 2005년 10월 24일자.

중국과 러시아는 국제무대에서의 미국 독주를 견제하는 차원의 전략적 협력 관계를 강화하면서 중 · 러간 '전략적 동반자 관계' 를 강조하고 있다. 양국은 2005년 8월 최초의 중 · 러 합동 군사훈련을 실시(2005년 평화사명)[257]하였고, 2007년 8월 상하이협력기구 합동 반테러 훈련을 실시(2007년 평화임무)[258] 하였다. 중국은 상하이 협력기구의 역할 확대를 통해 역내 다자안보협력을 강화함으로써 미국의 동맹 중심전략을 견제하고, 일본의 역할 확장을 경계하고자 하는 정책을 추구하고 있다. 이 같은 중 · 러의 움직임에 대응해 미국은 일본, 호주, 인도와 함께 2007년 9월 뱅골만에서 '말라바 07' 해상연합훈련을 실시[259] 한 바 있다.

이러한 미 · 일 대 중 · 러 대결구도는 동맹 대 다자안보협력이라는 경쟁구도를 심화시킬 것이라고 예상되며 한반도 주변 4국의 군사력 증강과 군 현대화가 확장 발전될 것으로 전망하고 있다.

이러한 한반도 주변국간의 경쟁 구도 이외에도 동북아 역내 국가들 간에는 과거사, 영토문제를 둘러싼 갈등이 잔존하고 있으며 민족주의 성향도 점차 심화되고 있다. 한 · 중간에는 고구려사와 관련된 역사 문제가, 일본 대 한국, 일본 대 중국간에는 신사참배, 근대사 문제, 영토문제 등으로 갈등이 빚어지고 있다. 이러한 갈등은 일본의 사회 보수화 경향이 주변국의 민족주의적 성향을 촉발시키기 때문이라고 할 수 있는데, 2005년도 일본의 방위백서에 독도를 자국의 영토로 기술[260] 함으로써 한 · 일간의 관계를 냉각시킨 것이 일본 사회의 보수화 성향의 예라 하겠다.

동북아 지역은 또한 자원 확보를 위한 외교경쟁이 첨예화되고 있다.

---

258) 상하이협력기구 회원국 6개국이 러시아의 우랄산맥 지역과 중국의 신장지역에서 중국군 1,600명, 러시아군 2천명, 키르기즈스탄, 카자흐스탄, 타지키스탄, 우즈베키스탄 병력 약 6천명이 참여함. 미국의 국제영향력 확대와 SCO의 인접국인 아프가니스탄 내 미군 활동에 대한 대응을 목적으로 하는 군사동맹 형태로 진행됨. www.voanews.com. "상하이협력기구, 테러대처 합동군사훈련(2007. 8. 10)". 검색일 : 2008. 6. 5.

259) 인터넷 중앙일보. www.article.joins.com. "미국 · 일본 · 호주 3국 군사동맹 구축 본격화(2007. 9. 4)." 검색일 : 2008. 6. 5.

260) 2007년 방위백서에는 '일본의 고유영토인 북방영토와 죽도(독도)의 영토 문제가 아직 해결되지 않은 채 남아 있다' 고 기술하여, 여전히 한일 관계 발전을 스스로 저해하고 있음.

중국의 고속성장과 산업화로 인해 에너지와 자원의 소요가 급격히 증가하자 자원 부족으로 인한 가격 폭등과 에너지, 자원 확보 경쟁이 심화되고 있는 실정이다. 에너지 문제는 각국의 경제 이익에 영향을 주고 있으며, 상대국에 대한 통제수단으로도 부상될 것으로 예상된다.

반면, 이러한 동북아 지역 내 경쟁구도 속에서도 북한의 핵문제 해결을 위해 사안에서는 주변국들이 공동의 노력을 기울이고 있다. 지난 2005년 9월 19일 폐막한 제4차 6자 회담에서 북한 핵문제의 평화적 해결을 위한 기반이 마련되었는데 2006년 1월 제5차 6자 회담은 실질적 진전이 이루어지지 않았었다. 북한은 경수로 제공 문제를 거론한 반면, 미국은 대북 금융제재를 실시하여 긴장이 고조되었고 이후 2006년 10월 9일 북한이 핵실험을 강행하여 국제사회는 큰 충격에 빠졌었다. 핵실험 이후 2007년 2월 13일 6자회담이 다시 진행되어 '2.13합의' 가 이루어졌으며 이를 통해 북한의 핵시설 폐쇄와 불능화, 핵사찰 수용, 중유지원 등이 합의되었다. 2007년 10월 3일에는 '10.3합의' 가 이루어져 9.19 공동성명 이행을 위한 제2단계 조치에 들어갈 수가 있었다.[261)]

이 결과 북한은 영변 원자로에서 생산한 플루토늄과 관련된 만 8천 페이지의 자료를 미국에 전달하였고, 테러지원국 해제를 목적으로 영변 원자로 냉각탑 폭파를 합의하기도 하였다.[262)] 이러한 북한의 행보는 통미봉남[263)] 정책이면서, 한편 북한의 생존을 위한 적극적 자세로 해석될 수 있다.

미래 남북한이 통일이 됨으로써 현 분단시대에 존재하는 현실적 군사위협

---

261) 합의내용은 북한이 9.19공동성명과 2.13 합의에 따라 포기하기로 되어 있는 모든 현존하는 핵시설을 불능화하기로 합의하고, 영변의 5MW 실험용 원자로, 재처리시설(방사화학실험실) 및 핵 연료봉 제조시설의 불능화는 2007년 12월 31일까지 완료하기로 한 것임. 출처 : 외교통상부 홈페이지. www.mofat.go.kr. (검색일 2008. 6. 4)

262) 2008년 5월 2일 MBC 뉴스데스크 방송내용. 이에 대해 미 상원은 5월 22일 대북 경제지원 예산으로 1500만 달러(약 157억원)를 책정하고, 중유 100만톤 지원을 위한 5300만 달러도 함께 배정함. 핵장치 실험을 실시한 국가에 대해 자동으로 예산 지원을 금하기로 규정한 '글렌 수정법' 을 북한에는 적용하지 않기로 함. 출처 : 아시아경제 뉴스. www.asiaeconomy.co.kr. (검색일 : 2008. 6. 3)

263) 통미봉남(通美封南) 정책은 북한이 한국을 배제한 채 미국과 직접적인 대화를 통해 한반도 문제를 해결하려는 것으로, 북한이 절박한 식량 사정에도 불구하고 남한의 인도적인 식량 원조에 대해 반응을 보이지 않는 것에 대해 통미봉남의 전술로 해석하고 있다. 인터넷 조선일보. www.news.chosun.com. " '통미봉남' 될라. 다급해진 정부" (2008년 5월 13일자)

〈그림 5-1〉 태평양 · 인도양 국가 군사협력 관계

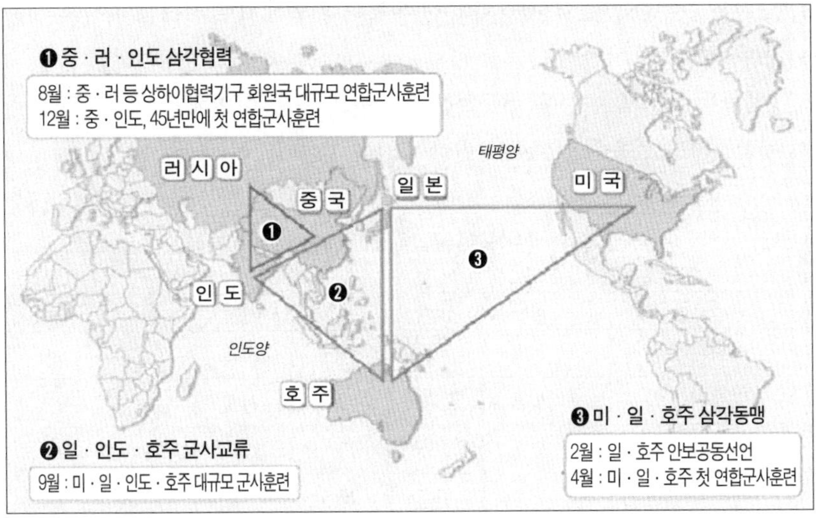

요소인 북한의 군사적 위협은 사라질 것이나 지금까지와는 달리 전쟁의 위협이 재래전 위협에서 현대전 양상으로 전환될 것이며, 주변국 중에 러시아, 중국, 미국은 핵무기를 보유하고 있고 일본은 핵무기 개발 능력을 보유함으로써 핵 능력 보유가 기본요건이 될 것이다.

한반도를 둘러싼 분쟁의 가능성은 현저히 낮아질 것이나 국제적인 군비경쟁 추세는 첨단무기 개발 및 확보 측면에서 계속될 전망이며 따라서 주변국 중 일본, 중국 등의 위협이 상대적으로 증가될 것으로 보인다. 즉 일본과 중국은 가상 위협국으로 간주되고 러시아는 잠재 위협국으로 예상할 수 있다. 통일 한국군 건설에 영향을 미칠 예상 위협은 〈표 5-1〉에 나타나 있으며 그중 군사적 위협은 일본이 29.6%로 가장 높게 평가되었으며 다음이 중국(24.6%), 러시아(20.7%), 미국(19.4%)의 순을 보이고 있다. 이러한 분석은 지리적인 요인 및 과거 한반도를 둘러싼 전통적인 군사관계에 기인된 것으로 분석된다.

탈냉전시대를 맞이하여 주변 4강의 정치, 군사적 대결 양상은 앞으로 경제적 대결로 양상이 변화될 전망이다. 세계 각국은 WTO 체제가 출범했음에도 불구하고 경제우선주의에 근거한 국익우선주의를 국제사회에서 관철시키려는 노력을 경주할 것으로 여겨지며 현 동북아 지역에서도 이러한 현상은 심화되리라 여겨진다.

경제활동 등 국익우선을 추구하는 각국들의 활동 이면에는 국력과 군사력이 뒷받침하고 있음은 앞으로도 변함이 없을 것이다.

〈표 5-1〉 주변국의 통일한국에 대한 위협도 분석

요 인	일본	중국	러시아	미국	EU	기타
정치적 요인	29.2	24.6	19.3	20.4	4.7	1.9
경제적 요인	30.3	19.6	17.4	24.1	6.2	2.4
사회문화적 요인	33.1	22.5	15.5	19.1	5.6	4.2
지리적 요인	49.7	31.7	16.3	7.7	1.7	1.9
군사적 요인	29.6	24.6	20.7	19.4	3.6	2.3

* 출처 : 김영길 외, 통일한국의 주변국 위협도 분석, 한국군사력운영분석 학회지 19권1호, pp. 1 ~ 28.

경제적 이유 못지 않게 한반도는 지정학적 위치상 각국의 중요한 거점이 될 수 있으므로 한반도에 대한 정치적 영향력 확보를 위한 시도도 계속될 것으로 여겨진다.

미국의 경우에는 냉전시대에 굳게 유지해 온 한・미군사동맹 관계를 유지하고 통일한국이 반미 또는 중립 노선을 택하는 것을 저지함은 물론 세계 최강국으로서 동북아 지역에 안보체제를 주도하고 조정역할을 강화하고자 노력할 것이다.

역내 신흥강국으로 부상하고 있는 중국은 한반도에 대한 전통적 세력권을 주장하면서 지역 내 가장 큰 경쟁자인 일본의 경제와 군사력을 추월하여 동북아 맹주의 위치를 확보하려 할 것이다.

일본은 막강한 경제력을 바탕으로 한반도를 비롯한 동북아 지역내 정치 경제적 영향력 향상을 위한 노력을 계속하면서 한반도의 전략적 가치를 인식하여 관계를 강화해 나갈 것이다. 러시아의 경우에는 전통적인 유럽 위주의 정책에서 탈피하여 동북아 및 태평양지역 진출을 적극 전개할 것이며, 그 맥락에서 통일 한국과의 협력 관계를 유지하려 노력할 것으로 예상된다.

군사적 측면에서는 전반적 기동력과 첨단 전력 투사력의 증가에 따라 공자의 입장에서는 평시에도 기습을 위한 배비가 가능하게 되고 방자의 경우 지역방어보다는 기동방어 개념이 강화될 것이다.

장차전을 지향한 단편적 상비전력 변화, 즉 인적구성의 감소와 전장종심의 확대, 전장밀도의 증가 등은 작전적 수준의 전력구조 변화를 수반케 한다. 이는 감시 영향권의 확대로 인한 고급화된 정보능력, 분산된 경계 및 방어전력, 고속중형의 기동전력, 생존 및 기동성이 보장된 전략적 타격 및 대타격 능력, 그리고 아측의 전 전력요소를 통제하는 효율성/생존성을 가진 지휘통신 능력과 적의 지휘통신체계에 대한 기술적 방해 능력 등을 들 수 있다.

이러한 제반 군사적 흐름은 장차 통일 한국군 건설의 내용 측면에서 많은 영향을 미치게 될 것이다.

나. 미국

미국은 그동안 압도적인 군사력과 경제력을 바탕으로 한 국력을 배경으로 역외국가이면서도 항시 동북아문제에 개입하여 왔다. 그러나 중동지역에서의 대테러전 수행과 국내정치 문제의 기복으로 인해 해외에서의 미군 전개문제에 있어서 신중 또는 소극적으로 대처하여 큰 전략적 이익을 위한 기회나 시기를 놓치는 경향이 있다. 그럼에도 불구하고 국제사회에서의 미국의 리더십은 상당한 기간 동안 안정적으로 기능할 것이다.[264] 현재 미국만큼 세계적인 리더십을 발휘할 국가 및 세력이 부재하다는 사실과, 중국을 포함한 대부분의 강국들이 미국의 리더십을 수용하는 것이 현시점에서 국익에 합당하다고 간주하기 때문이다.

미국 또한 현실적으로 중국 등 신흥 강국의 대두를 인정하면서 지역문제와

264) 조셉 나이 교수는 미국의 리더십을 공고히 하기 위해 하드와 소프트를 결합하는 스마트 파워 전략도입을 역설. Joseph S. Jr, "Recovering American Leadership," (February-March 2008), p. 266.

관련된 일정한 역할 및 영향력은 인정하되 지구차원의 헤게모니에 도전하는 것은 조직적으로 견제 또는 반대하는 입장을 견지하고 있다.[265)]

미국은 장기적으로 러시아의 극동 지역 군사력에 대한 전략적 대응, 동북아에서의 일본 · 중국의 군사 대국화에 대한 우려, 미국의 수출 시장 확보 및 미국에 대한 물품공급지 보호 등을 포함한 경제적 이해, 동북아에서의 중국과 북한의 사회주의 정책 고수로 인한 부담 등을 고려할 때 한반도 통일은 미국의 이익에 보탬이 된다고 볼 수 있다. 환언하면 미국은 한반도 및 동북 아시아에 대해 갖고 있는 정치적, 경제적 이해가 커서 계속 존재할 것이며 한반도 통일은 이런 맥락에서 미국이 지지하는 방향에서 크게 벗어나지 않을 경우 반대할 이유가 없다.

오히려 독일에서와 같이 적극적으로 촉매역할을 할 것으로 기대되어 남북한의 군사 통합에 있어서 강력한 후원국으로 군사적 안정성과 효율성 확보에 도움이 될 것이다. 냉전이 종료된 이후 한국의 전략적 가치는 일반화, 다양화되고 있다.

현재 상황에서 미국이 한미동맹을 유지하고 있는 중요한 이해라면 "동북아 지역안정을 위한 미군의 주둔 보장, 부상하는 중국에 대한 대비 및 북한에 대한 억제,"[266)] 경제적 이익을 포함한 양국간의 통상이익 보호 등인데, 통일이 되어 북한 요소가 소멸되어도 여전히 결정적 이해관계가 상존하는 것이다.

이러한 연장선상에서 미국은 기본적으로 한 · 미 안보협력체제가 유지되는 기반 위에서 한반도 통일과 통일한국의 군사 · 안보적 위상을 설정할 것이다.

한반도를 중국과 러시아에 대응하는 군사적 전초기지, 일본의 군사 대국화 경향에 대한 견제세력으로 활용하며, 통일로 인해 일어날 수 있는 동북아지역에서의 미국의 영향력 감소를 피하기 위한 전략적 이해로서 한 · 미 안보 협력 체제를 지속하고자 할 것이다. 다른 한편으로 통일한국의 군사 · 안보적 위상

---

265) 미국은 역외의 균형자로서의 역할을 수행하여 동아시아 지역의 세력균형을 달성시켜 중국의 파워를 지역에 한정시켜 묶어두는 것이 현명하다는 off shore balance strategy 내용. Christopher Layne, "China' s Challenge to U.S Hegemony," Current History (January 2008), pp. 13 ~ 18. 참조

266) Jason W. Forrester, Congressional Attitudes on the future of the U.S-South Korea Relationship(Washington D.C.: Center for Strategic and International Studies, May 2007). p.6.

정립에 조정자로서의 역할을 자임할 것이다. 또한 재래식 무기 감축협정과 군축협정제의로 군사비 부담을 경감하고 한 · 미 및 미 · 일간 양자적 안보동맹 관계를 바탕으로 동북아 다자 안보협력체제 구상을 적극 추진할 것이다. 한 · 미 안보협력체 기본 틀의 유지, 재래식 무기 감축협정에 대한 적극적인 지지, 지역 안보협력체 형성에 대한 원칙적인 동의를 통해 통일은 물론 통일 한국군의 군사, 안보적 위상에 대한 미국의 지지를 확보함이 바람직하다. 아 · 태지역에 주둔하고 있는 미군 10만 명 중 약 8만 명이 동북아 지역에 배치되어 있고 그중 2개 여단으로 구성된 1개 보병사단과 1개 비행단이 한국에 배치되어 있는데,[267] 전반적인 미 국방정책 내용을 QDR, GPR, IGPBS 등을 통해 변화를 숙지하여야 한다.

미국 군사력의 장래에 관한 논의로서 제기되고 있는 군사기술혁신(MTR) 내지 군사혁명(RMA) 문제와 합참이 제기한 '복합체계' (system of system) 개념 등에 기반하여 미 군사력이 다양한 양상으로 발전될 것이다.[268]

미국의 동북아 정책도 '지속성과 변화' 의 논리가 투영되어 나타날 것인데, 일본의 대외안보역할 확대노력, 자위대의 군비강화와 더불어 중국의 지역안보 장악 노력과 군 현대화 추진 등은 모두 미측으로서는 잠재적인 고려요인이 될 수 있다.

한 · 미간의 군사협력은 단기적으로는 특별한 갈등요인이 없으나 '한국방위의 한국화' 를 통한 자주국방 달성이라든가 한국군의 균형적 발전, 그리고 군장비구매의 다변화 등 특히 통일국군을 지향할 시 상충점이 많을 수 있다. 무기체계의 완화와 미사일 기술통제체제(MTCR), 핵연료 재처리 등은 풀어야 할 중요과제이다.

통일 전 북한이 비이성적인 정책을 추진할수록 북한의 억제와 대응으로부

---

267) 동북아지역 미군사력 현황: ① 주한미군 총병력 29,517명(1개 사단), 전차 116대, 장갑차 237대, 전투폭격기 90대, ② 주일미군 총병력 35,372명(1개 사단), 전차 70대, 장갑차 208대, 전투 · 폭격기 200대, ③ 7함대 총병력 17,150명, 함정 50척, 전투 · 폭격기 140대, ④ 주괌미군 2,921명 자료 : The Military Balance, 2007

268) William A. Owerns, "The Emerging System of System," Military Review, May-June 1995, pp. 15 ~ 16.

터 파생된 한국의 전략적 가치는 강화된다. 세계에서 '악의 축' 을 형성하는 핵심국가이고, 핵개발 및 기술 유출을 하고 있으며, 인권이 심각하게 침해되고 있는 북한의 처리가 미국에게는 중요한 과제인데, 이에는 한국과의 협력이나 공동작전이 필수적이다. 문제는 한미간의 긴밀한 공조체제다.

2012년 4월 17일에 작전통제권을 한국군에 전환하는 것으로 합의된 것은 한국의 입장에서는 자주성 강화를 위한 조치일 수 있지만, 미국의 입장에서는 주한미군 운용에 대한 융통성을 획기적으로 강화시켜 소위 "행동의 자유(freedom of action)"를 확보케 한 효과적 조치가 될 것이다. 이는 6자회담이 제대로 작동되지 않을 시 미국 단독으로 더 적극적인 공세적 군사 작전을 가능케 하는 조치도 될 것이다. 현재의 용산기지가 평택으로 이전되면 그 융통성은 더 증대될 것이다.

이러한 전반적 흐름은 한국의 외교력의 향방에 따라 통일 및 군사통합에 순기능적 역할이 증대될 수 있는 계기가 될 수 있다.

다. 일본

일본인들이 갖는 일본의 미래상은 그리 낙관적이지 못하다. 초고령화와 인구감소에 따라 일본 경제 및 국력이 미래에 상대적으로 위축될 가능성이 크다고 보기 때문이다. 2030년에는 인구가 현재보다 1,000만 명 감소하며 5명에 1명이 75세 이상이 된다는 것이다. 최근의 경제 전문지가 제경제지표를 활용하면서 몰락하고 있는 일본경제를 GDP(2위에서 18위), 국제경쟁력 랭킹(4위에서 24위), 주가상승률 등 여러 면에서 심각하게 저하되고 있으며 이러한 원인은 내수에 만족하여 바깥의 급격한 변화에 적절히 대처하지 못한 결과라고 비판하고 있다.

안보적인 측면에서 중국의 부상에 따라 미국이 대중관계를 대일관계보다 내심 중시하고 있어 새로운 동아시아 전략을 도입할 가능성이 크다는 시각이다. 현재의 후쿠다 정권도 이러한 인식을 바탕으로 미일 동맹의 강화와 중국을 중심으로 한 아시아 외교의 새로운 전개를 서로 상생할 수 있는 외교 패턴을 적극적으로 모색하는 실정이다. 이를 공명외교 또는 시너지 외교라는 용어로 표현하고 있다. 즉 대미관계 최우선 현실과 대중관계가 핵심이 되는 아시아권과의 관계가 주도할 미래를 상호 연결하여 시너지 효과를 극대화하자는 것이다. 이러한 시각은 향후 남북관계와 통일문제에도 지속적인 영향을 미칠 수 있는 흐름일 수 있다.

일본이 한반도의 안정과 통일에 관심을 갖는 것은 동북아지역에서의 불안정이 일본의 안보 및 국가이익에 매우 부정적인 영향을 끼칠 수 있기 때문이다.

한반도를 둘러싼 관련국들이 모두 핵보유국이며 북한도 핵무기 제조기술을 갖고 있고 핵무기 보유와 더불어 운반수단도 확보되었다고 보기 때문이다.

일본의 한반도에 대한 관심은 크게 지정학적 위치와 경제적 차원 2가지로 나누어 볼 수 있다. 지정학적 위치와 관련하여 일본은 한반도의 통일보다는 분단과 안정을 더 희구하고 있다고 볼 수 있다.[269] 정치적 측면에서 역사적 갈등요인으로 인한 비우호적인 강력한 독립국가에 대한 안보적 위협의식은 통일에 부정적일 수 있다.

군사적 측면에서도 통일한국의 군사력이 가상목표를 일본으로 지향할 시 산업시설이나 인구밀도가 높은 일본에게 미사일 등 전략무기의 위협을 의식함은 당연하다 하겠다. 더구나 북한의 핵능력과 스커드 및 노동1, 2호 등의 미사일이 통일 후에도 연계되어 일본의 안보에 위협이 됨은 간과할 수 있는 요소가 아니다.

경제적 측면에서는 통일한국은 부분적으로 경쟁관계가 될 수 있으나 전반적으로 통일한국과 협력, 보완적 관계가 될 것이다.[270] 종합적으로 일본은 한국의 통일을 공개적으로는 지지해 왔으나 통일한국이 가져올 경제력 부상과 군사력 신장을 고려하여 주변국 중 가장 민감한 이해관계를 갖게 될 것이므로 4강중 한반도의 통일을 가장 바라지 않는 나라로 볼 수 있다. 그러나 공개적으로 반대하거나 방해할 수 없는 처지이므로 심각한 장애요인으로 간주되지는

---

269) 신희석, "동북아에 있어서 일본의 영향력 증대와 한국의 외교적 대응," 『외교안보연구원 정책연구 시리즈 91-7』(1991), p. 63.
270) 한영구, "남북한간의 새로운 관계정립에 있어서의 일본의 역할," 위의 책, p. 87.

않는다. 추후 일본은 방위력 증강 계획을 지속적으로 추진하면서 자국의 안보기관을 강화해 나가는 가운데 새로운 국제질서 구축에 있어서 국력에 상응하는 능동적인 형성자로서의 역할을 추진할 것이다. 즉 자국에 대한 직접적인 위협에 국한시킨 기존의 수동적이고 제한된 범위의 방위정책에서 탈피하여 직·간접적으로 자국의 안보에 위협이 될 수 있는 다양하고 불특정한 요인들은 새로운 방위목표의 주요 요인이 된다.

특히 한반도의 긴장, 중국·대만관계, 남사군도 문제 등을 포함하여 중국의 군사력 현대화와 한반도 통일 과정에서의 혼란 등에 특별한 관심을 가지고 미국과 공조체제를 강화해 나갈 것이다.

한편 일본은 중국, 러시아 관계 개선 노력을 위시하여 UN 중심의 평화유지활동에 적극 참여하고 있다. 중국의 세계무역기구(WTO : World Trade Organization)의 조기 가입지지, 센각꾸(尖閣) 열도 영유권 주장의 신중한 대처, 러시아의 북방도서에서의 군 병력 철수 발표에 따른 러시아 북방영토 공동개발 검토, 함정 및 군 수뇌부 상호방문 등이 기 이루어진 정상들의 만남에 뒤이어 더욱 활발해질 전망이다.

일본의 군사태세는 자위대 전력과 미·일 연합작전 체제를 양대 축으로 삼고 있으며 1976년부터 방위력의 질적 향상에 초점을 맞추고 5년 단위의 "중기방위력 정비 계획"을 추진한 결과 F-15전투기를 비롯하여 이지스(AEGIS)함, 오스미함, 공중조기경보통제기(AWACS : Airborne Warning and Control System), 공중급유기 등의 첨단 무기체계를 갖추어 나가고 있다.[271] 1995년 11월 발표된 "신방위계획대강"은 탈냉전시대를 대비한 일본의 방위력 건설을 위해 자위대 편제 및 전력 구축 방향을 표명한 것이며, 이후 육상, 해상, 항공자위대의 병력 정원을 현실화하고 부대의 통폐합을 재배치로 추진함과 동시에 훈련의 질을 높여 전력의 효율성을 제고하였다. 아울러 첨단장비로 무장된 정예 자위대를 육성함과 더불어 통합정보본부(DIH : Defense Intelligence Headquarters)를 창설함과 아울러 군사정찰위성을 보유, 세계적 수준의 군사

271) 「오스미」는 1998. 3 쿠데기지에 배치한 8,900톤급 대형 잠수함. 1998. 3월 AWACS 2대 보급 하마마쯔기지 배치, 2대는 1999년말 실무배치 예정(대당 750억엔).

정보 능력을 구축해 왔다.

미 · 일 안보체제를 견지하고 문민통제를 확보하여 비핵 3원칙을 지켜 타국에 위협을 주는 군사대국이 되지 않는다는 정책 표명에도 불구하고, 실제로는 방위 예산면에서나 무기—장비 등 군비면에서 이미 세계 2위의 군사력을 갖추고 있는데도 앞으로 계속적으로 고도정밀화, 첨단화를 함으로써 더욱 강력한 군사력을 보유하려고 하고 있다.

1990년대부터 '보통 국가의 보통 군대화' [272], '최근의 과학기술' 발전 추세에 따른 고도정밀무기 · 첨단무기 등을 갖춘 정예군 육성[273] 등을 지향하면서, 군사체제와 역량을 획기적으로 재정비 하여 21세기를 향한 그들의 안보, 군사적 위상을 재정립하고 있다.

2004년 12월에 발표한 '신방위계획대강' 에서 새로운 안보환경은 일본에 대한 직접적 침략사태 발생 가능성이 저하된 반면 테러, WMD 확산 등이 새로운 안보위협으로 대두된 바 새로운 안보환경하에서의 바람직한 방위태세를 정립하고자 하고 있다. 특히 한반도, 대만해협 등이 불안정한 상태에서 북한의 군사동향과 중국의 군 현대화에 주목하면서 미일동맹을 기조로 한 양국간 긴밀한 협력을 더욱 중요시하고 있다.

일본정부는 2009년도에 '방위계획 대강' 을 개정 발간하기로 하였는 바, 2004년 이후 5년만에 발간되는 방위계획 대강에서는 일본의 대(對)잠수함 작전능력이나 미사일방어(MD) 체제의 능력 강화 등이 제시될 전망이다. 이는 동북아시아의 다른 국가들에도 영향을 줘 '군비증강' 이라는 악순환을 초래할 가능성이 크다는 우려를 낳고 있다. 이러한 일본의 노력 자체가 통일한국의 군사 · 안보적 위상 문제와 맞물려 있는 것이다.

최근 일본의 군사력 현황은 〈표 5-2〉와 같다.

---

272) 김득주, "일본자위대의 조직, 군비 및 예산," 『군사논단』(1995년 가을호), pp. 234 ~ 243 ; 小澤一郎, 日本改造計劃(東京: 講談社, 1993), pp. 112 ~ 126 재인용.

273) 防衛問題懇談會 "日本の安全保障を防衛力のあり方-21世紀へ向けへの展望," 月刊, JADI(1994年 10月號), pp. 2 ~ 25 재인용.

〈표 5-2〉 일본 군사력 현황

구 분	보 유 전 력	
총 병 력	240,812명	
육상자위대	사 단 : 10개 전 차 : 950대	장 갑 차 : 950대 헬 기 : 485대
해상자위대	잠 수 함 : 18척 기 타 함 : 90척	구축함 : 45척(AEGIS함 3) 헬기 : 107대(P-3,96대)
항공자위대	전투기 : 360대 기타항공기 : 212대	정찰기 : 27대

출처 : 『국방백서』 2007(서울: 국방부)

라. 중국

동아시아지역 파워의 하나였던 중국이 최근 국제질서 및 동아시아 질서 변화의 가장 큰 동인으로 등장하였다. 남북한 문제는 물론이고 미 · 북 관계와 관련 당사국 모두에게 지대한 의미를 담고 있는 북핵문제도 기실 중국이 실질적 영향력을 행사하고 있다. 중국의 두 자리 수의 지속적인 경제성장은 지역패권을 넘어 지구적 차원의 리더십을 놓고 미국의 가장 잠재적 경쟁국으로 부상하기에 이르렀다.

중국의 경제력은 구매력 기준으로는 이미 세계 2위이며 달러 베이스로 평가할 때도 일본을 추월한 3위로 보고 있다. 일본의 통계는 2016년 경 중국경제력이 일본을 추월할 것으로 예측하고 있다. 중국은 축적되는 경제력을 바탕으로 군사력의 현대화에 박차를 가하고 있으며 한편으로는 중국문화 전파 등 소프트파워 증강에도 나서고 있어 명실상부한 패권국가화의 길을 밟고 있다.

물론 중국의 패권국가화에는 많은 장애와 한계가 존재하고 있다. 그 수준에 도달하려면 상당한 시간과 노력이 수반되어야 할 것인데, 이러한 기간을 이용하여 한반도는 통일과업을 잘 진행시켜 나가야 하며 중국의 동아시아 지역의 실질적인 역할 및 영향력을 생각할 때 중국과의 긴밀한 외교는 한반도 통일에 관한 한 절대적으로 중요한 사안이다. 한반도의 통일이 중국의 국익에 상충되지 않을 뿐더러 시너지 효과를 창출할 수 있도록 전략을 수립해 나가야 한다.

중국의 지속적인 경제성장은 지역 국가들에게도 경제적인 기회를 크게 창출하고 있으며, 이러한 경제를 매개로 한 지역 국가들의 대중 의존도 심화는 역으로 중국의 영향력 강화를 정당화시키는 중요한 요소로 기능하고 있다. 과거의 이데올로기 차원이나 역사적 의리관계 때문에 동북아 내지는 세계 차원에서 형성되고 있는 흐름에 역행해서 남북관계를 예외시함은 지극히 비현실적이다.

중국의 입장에서는 한반도의 통일이 중국의 절대적 우월권의 유지를 위협하거나, 중국의 체제유지 노력에 해가 되거나, 제3국의 일방적인 세력신장의 결과와 연관되는 형태를 취할 경우 이를 용납하려 하지 않을 것이다.

북한 사회주의 체제의 몰락은 중국 공산당의 일당 지배체제의 정당성과 효율성을 위협하고, 남한 주도 통일은 중국에 전반적으로 불리한 여건을 조성시킬 가능성이 있다는 우려내지는 인식을 가지고 있다.[274] 즉, 한반도 통일로 인해 중국의 한반도에 대한 영향력이 감소하고 동북아의 평화와 안정이 깨트려짐을 원치 않을 것이다. 중국은 한반도의 안정이 중국의 국가전략 목표에 중요요인으로 인식하고 한반도 문제는 남북 당사간의 대화와 협상을 통해 평화적인 방법으로 해결되어야 함을 강조하고 있다. 그러나 경제적으로 한국은 중국의 4대 현대화를 포함, 긴밀한 협력 체제를 유지하고 있어, 개혁 · 개방 설득을 거부하고 고립정책과 경직된 체제를 고집하여 여러 측면에서 부담이 되고 있는 북한과의 관계를 고려할 때 한국 주도의 통일은 일단 긍정적으로 받아들일 여지가 크다. 즉 명분론에 입각한 정치 · 군사적 논리로 보면 중국의 북한 포기는 쉽지 않으나 현실적 측면에서 중국과 한국의 관계발전은 경제를 포함하여 전반적 측면에서 북한과는 너무나 큰 대조를 이루고 있으므로 더 큰 국가이익이 걸려 있는 사안임을 결코 간과할 수 없다.

반면, 통일 베트남간의 전쟁 경험(1979년)과 북한과의 혁명적 신의 관계 등은 부정적 요소로 간주할 수 있다. 그럼에도 중국은 한반도내 평화와 안정을

274) 신상진, 《등소평 사후 중국의 국내정세와 한반도 정책전망》(서울: 민족통일연구원, 1995), pp. 72 ~ 81.

해치지 않는 구도내에서는 통일을 강력히 반대할 이유는 없으며, 통일에 의한 한반도내의 불안요소제거, 경제 · 기술 · 인적자원의 교류와 협력, 그리고 경제 및 군사대국인 일본의 군국주의 및 팽창주의 정책에 대한 적절한 견제역할과 공조체제가 가능하다면 한반도 분단시보다 더 많은 이익을 얻을 수 있다. 지역안보협력체의 형성에 대해서는 러시아 및 일본의 영향력 증가를 고려하여 신중하게 대처할 것이다.

중국은 미국과 더불어 동북아에서의 안보적 중심세력으로 영향력을 행사하고자 할 것이지만, 미국의 패권주의와 강권주의에 대응하기 위한 수단으로 유엔과 같은 국제기구의 역할을 강조해 오고 있다.[275] 유엔의 위상제고가 국제정치상의 영향력 측면에서 중국의 입지를 강화하는 데 기여하고 있다고 인식하고 있다.

이와 같은 맥락에서 중국은 전략개념과 군사적 능력의 변화를 추구하고 있다. 1980년대 전까지 중국의 전략개념은 "인민전쟁 전략" 개념이었으나 1980년 이후 "적극방위" 전략으로 바뀌어 구소련을 가상적으로 상정, 합동작전 및 전진방위 배치를 강조하였고 1980년대 후반 인도, 베트남과의 영토 분쟁으로 "제한적인 국지전"이 안보위협 요소로 인식되었으며, 1990년대 초 걸프전의 영향으로 "첨단무기제한전"이라는 신전략 개념을 수립하여 신속 대응 능력과 고강도의 치명적 공격을 가할 수 있는 첨단기술 및 장비의 획득, 운용을 통해 21세기의 장차전에 대비하는 소위 "고기술 조건하 국부전쟁"이 가능토록 꾸준한 노력을 하고 있다. 이 개념하에서 방위정책의 대상은 1) 중국 남지나해, 2) 인도, 3) 대만이 제한전의 작전목표가 되었으며 한반도 정책도 중시되었는데 이는 한반도에서의 어떤 형태의 분쟁이 중국의 당면 국가목표인 부국건설에 바람직하지 않기 때문이다.

중국은 유리한 전략환경 조성 및 유지, 그리고 UN 상임이사국으로서의 책임과 영향력 강화를 위해 노력하고 있으며, 미 · 일 · 러시아 등 주변국과의 쌍

275) Shisheng Zhoo, "Beijing' s Perception of the International System and Foreign Policy Adjustment in the Post-Cold War World," Journal of Northest Asian Studies, Vol.11, No.1(Fall 1992), pp. 80 ~ 81.

무 및 다자간 안보협력과 견제를 동시에 추진하면서 어느 나라도 패권 정치 내지는 국제문제 독점을 허용하지 않는 '다극화 세계'를 제시하였고, 같은 맥락에서 러시아와 함께 군사, 경제협력을 강화하여 전략적 동반자 관계를 발전시키고 있다.[276)]

21세기를 향한 중국의 신방위 교리와 전력구조는 핵심적 주요 전략 요소를 충족시키는 내용으로 방향을 잡아 발전되고 있다. 중국의 전반적 세계, 지역적 위상의 제고를 위한 첨단무기의 획득과 중국 국경 밖으로 군사력 현시능력의 확보, 미국, 일본, 아시아 국가 및 인도의 불확실한 미래 군사태세에 대처할 수 있는 능력과 해 · 공군력의 확보, 올림픽을 앞두고 발생한 티베트 사태와 같은 국내사회 불안, 국경불안정 및 분쟁에 대처할 수 있는 긴급대응 전력의 강화 등을 들 수 있다.[277)]

이에 따른 중국의 군사력 건설 중점은 핵미사일의 양적, 질적 개량 및 개발, 전투력 투사능력 확대를 위한 해 · 공군 신예 무기 · 장비 도입 및 개발, 수송 · 보급 능력 향상, 육 · 해 · 공 합동작전 능력, 신속대응 능력 등의 향상과 위성 정찰 및 조기 경보, C4I 체계, 우주항법위성체계, 미사일 방어체계 등 정보능력 확충, 우주개발 및 대 위성무기 연구, 사이버전 능력 강화, 컴퓨터 네트워크 작전 분야를 강화할 예정이다.

육군도 신형전차도입, 공격헬기 사단 창설, 해군의 대형구축함, 핵추진 잠수함과 항모 확보, 공군의 SU-27 최신예 전투기 도입 및 기술 이전에 의한 면허생산, 조기 경보기, 공중급유기 확보와 전천후 능력 보유 전투기 개발 등이 이를 뒷받침하고 있다. 아울러 핵탄두 경량화 및 위력 증대, 미사일 능력 증대를 위한 연구에 박차를 가하고 있다.

이를 위해 중국은 군 현대화에 많은 예산을 투자하고 있는데 2008년 중국 국방비 규모는 4,178억 위안(미화 588억불)[278)]으로 세계 2위 수준이며, 2025년도

---

276) 2001년 강택민-옐친은 양국정상회담을 통해 '친선 · 우호 협력조약'을 체결, 양국간 '전략적 동반자관계'의 토대를 구축하는 데 성공하였다. 서진영, "21세기 중국의 외교정책", (서울: 폴리테이아, 2006), p. 218.

277) 황병무, "중국인민 해방군의 현대화와 원양해군 지향," 『군사논단』(1995년 가을호), pp. 232 ~ 233.

에는 3000억불 규모로 증강(세계 제2위의 군사강국으로 부상될 것임)할 계획이다.[279)]

2008년 현재 해방군은 약 225만의 병력을 유지하고 있는데 지상군 160만, 해군 25만, 공군 40만이다. 1980년대 중반, 군 편제 개혁과 감군조치로 약 100만명이 인민해방군의 편제에서 제외되었으나 대부분 인민무장 경찰대로 공안부 소속으로 옷을 바꿔 입은 것이며, 양자 모두 당중앙군사위의 직접 통제를 받고 있다.

최근 중국의 주요 군사력 현황은 〈표 5-3〉과 같다.

〈표 5-3〉 중국의 군사력 현황

구 분	보 유 전 력
총병력	2,255,000명
지상군	사단 : 59개 　전차 : 8,580대 　장갑차 : 4,500대
해 군	잠수함 : 69척(전략잠수함 : 1) 　구축함 : 21척 기타 수상함정 : 681척 　전투기 : 200대
공 군	폭격기 : 222대 　전투기 : 1,200대 　기타항공기 : 879대
핵전력	ICBM : 17기 　IRBM : 70기

출처 : 『국방백서』 2007(서울: 국방부)

중요한 것은 한반도 통일 및 군사통합 과정에서 통일 한국군의 적정 군사력 설정, 북한 지역내 미군 주둔 및 미군 군사 시설 설치 문제, 지역 안보협력체제 형성에 대한 공동인식, 한·중군사협력을 포함한 우호협력관계의 심화를 위

278) 미국의 5150억 달러에 비하면 미미한 수준이지만, 미국 다음의 2위 수준이며, 전년 대비 17.6% 증가(2년 전에는 17. 8% 증가)하였고, 병력은 230만명으로 세계 최대 규모임. 출처 : 뉴스위크. www.magazine2.joins.com. "중국 국방비 우려할 수준 아니다." (검색일 : 2008. 6. 4)

279) 중국의 국방예산은 1996년 166억 달러, 2000년 238억 달러, 2002년 331억 달러, 2004년 403억 달러, 2006년에는 495억 달러로 초고속의 증가세를 보이고 있다. 이는 전 세계 국가 중 가장 높은 증가율을 보인 것으로, 중국위협론을 불러 일으키기까지 하였다. 이러한 중국의 급격한 군비증강은 미국으로서도 경계심을 갖도록 하며, 주변국에게도 우려를 불러 일으키고 있다.(SIPRI, 2008)

한 실질적 조치 제안 등을 통해 통일은 물론 통일한국의 군사 · 안보적 위상에 대한 중국의 지지를 이끌어내어야 한다는 것이다.

마. 러시아

러시아의 한반도에 대한 이익은 지리적 위치에 기인한 정치 및 안보 차원의 이익과 경제적 이익으로 대별할 수 있다.

탈냉전시대를 맞이하여 자본주의 체제인 한국이 주도하는 현상을 인정하나 한반도가 러시아의 안보를 위협하는 국가로 변신하거나 위협세력의 영향권에 흡수되는 것을 원치 않을 것이다. 러시아는 1990년대 초 지역의 안정을 위해 동북아 다자간 안보협의회 구성을 동북아 안보 정책적 차원에서 추진하였다.[280)]

경제적 관계에서 한국과 러시아는 상호 보완적 관계로 한국과의 경제협력을 강하게 희망하고 있으므로, 한반도에 튼튼하고 안정된 경제 국가가 세워짐을 크게 두려워 할 이유가 없다. 다만 러시아가 내부 문제 해결에 여념이 없으므로 남북관계가 서서히 진행되어 보다 나은 위치에서 영향력을 행사하기를 바랄 것이다.

소연방의 붕괴 이후 한때는 실패 이미지가 강했던 러시아는 푸틴의 8년간의 성공적인 국정운영에 힘입어 다시 국제무대에서 주요한 행위자가 되었다.

한반도 문제에서 러시아 내부 정권장악 실세들이 강경해질 경우, 또는 이해당사국으로 위상을 찾지 못한 경우 또는 여타 이유로 국익에 상치될 경우 통일에 호의적이지 않을 수도 있다. 이러한 러시아의 예상 입장에 대해 지역내 군사력 감축과 연계한 통일 한국군의 군사력 감축, 한 · 미 안보협력 체제 유지에 대한 러시아측 우려사항에 대한 전향적 검토, 지역 안보협력체제 형성에 대한 원칙적 동의, 한 · 러 안보협력관계를 포함한 우호관계의 심화를 위한 실질적 조치, 제안 등을 협상의 진전에 따라 다양하게 포함하여 제시함으로써 지지를 이끌어 내야 한다. 한 때는 러시아가 한반도 통일에 결정적인 역할이나 통일을

280) 강원식, "노연방의 해체 이후 러시아 동북아 정책," 『중 · 소 연구』, 제15권(1991) pp. 105 ~ 109.

방해할 거부역할을 하기에는 역부족이며 한반도에서는 사실상 국외자의 처지로 밀려나고 있다고 보는[281] 시각도 있었지만 푸틴에 의해 권력을 계승한 새로운 지도자 메드베데프가 푸틴과 더불어 내정과 외교를 효과적으로 장악해 나갈 것으로 보아 향후 러시아의 향방을 예측함에 있어 중대한 의미를 갖는다.

한반도 통일 후의 통일한국군 출현에 대한 러시아의 기본입장도 이러한 맥락에서 접근할 수 있는데, 이는 또한 러시아군의 실상과 대아시아 전략과 맞물려 있다.

1991년 12월 소련의 해체는 15개 독립국가 등을 탄생시켰으며 결과적으로 소련 체제를 유지하는 데 중요한 역할을 한 소련군이 최대의 혁명적 변화를 겪게 되었다. 독립국가공동체(CIS)의 연합국 체제 구성과 유지에 실패하자 러시아는 1992년 5월 러시아군을 창설하였으며 1993년 11월 초에는 신군사교리를 확정 공포하였다.[282] 신군사교리에서 국가목표와 러시아가 당면한 위협 요인 즉 안보환경을 고려하여 대외정책 우선순위를 정하였는데, 국가의 정치적 안정과 CIS내 전쟁 방지 및 분쟁해결 다음으로 CIS 지역 러시아 영향력 증대와 구주와 남아시아 원동(遠東) 지역에서의 패권세력의 형성을 방지하는 것이다.

패권주의 세력으로 독일, 터키, 일본, 중국을 열거하였으며 미국은 지역 패권주의에 대항하는 가장 중요한 역할을 할 것으로 보고, 이 맥락에서 주한, 주일 미군은 러시아의 지역적 이익과 합치된다는 의미에서, 만일 미군이 철수시에는 중국과 일본의 군비증강을 가속화시킬 것으로 보았다.[283]

또한 대외정책 방향에서 러시아의 국경선을 연해서 우호적인 인접 국가지대를 건설하여 영토권 보전과 유리한 안보환경의 조성이 바람직한데, 통일한국 및 적절한 규모의 통일국군이 패권주의의 방지와 지역안정에 순기능적 역할을 기대할 수 있는 것이다. 러시아의 신군사교리와 한반도와의 관계를 살펴볼 때 핵문제와 군사협력이 중요 문제인데, 러시아는 핵 확산문제에 대한 강한

---

281) Stephen Blank, "Russia' s Real Drive to the South," Orbis, Vol.39. No.3(Summer 1995), pp. 378 ~ 379, 384.

282) FBIS-Sov-94-038-S(Feb. 25, 1994), p. 4.

283) *Ibid*, p. 45.

우려와 더불어 NPT의 연장과 시행 강화에 주력하고 NPT 가입 국가에 대해서는 핵선제 공격을 하지 않을 것이라고 규정하고 있다. 이러한 러시아의 시각은 북한의 도발적인 핵정책과는 상치되는 것이다. 또한 러시아의 중요한 국가이익을 저해하지 않는 모든 국가들과의 선린관계와 군사과학기술의 획득과 필요한 외화획득을 위해서도 군사협력 관계의 증대를 규정하고 있다. 러시아의 대한반도 관계가 경제협력과 안보이익의 추구에 초점을 맞추고 있으며 보다 구체적으로 러시아가 모색중인 방산 수출을 비롯한 경제협력의 증대를 위해서도 통일한국 및 한국군이 더 바람직할 수 있다. 한국이 러시아에 제공한 차관의 1993년 말까지의 상환액인 4억 1천만불 가운데서 1억 8,500만불 상당을 무기로 대치 상환하였다.[284]

러시아는 중국과 일본이 아시아의 패권세력이 될 수 있다고 보고 있으며 이러한 문제들을 해결하기 위해서는 협력적인 한 · 러 관계가 가지는 의미가 크다고 할 수 있으며, 그런 의미에서 통일된 강력한 한국과의 협력관계는 더 중요하다고 할 수 있다.

러시아의 국가목표와 대외정책 추구에서 가장 큰 문제는 침체된 경제라고 할 수 있다. 따라서 러시아 신군사교리는 군사력을 감축시켜서 효율을 증대시킬 수 있는 기동전 개념을 채택하고 부대를 축소 개편중이다. 러시아는 국가방위를 위한 '방위목적의 충분한 군사력' 건설을 목표로 국가간 분쟁시 정치적 해결을 우선으로 하고 불가피할 시 군사력을 사용한다는 것이다. 국방개혁을 추진하여 정규군 병력은 110만 명으로 유지하되 징집병 복무기간을 기존 2년에서 2007년에는 1.5년, 2008년에는 1년으로 단축하였고 국방부 차관직을 5명에서 6명(2007년 5월 예산담당 차관)으로 증설하였다. 그리고 국방부 문민화 작업을 지속 추진한 바 2007년 2월 국세청장 출신의 신임장관 아나톨리 세르듀코프[285]를 임명하여 국방부 국장급 주요직책에 민간전문 관료 출신을 보직시켰다.

전력 증강 및 군 현대화도 적극 추진하고 있는데 전력증강 사업에 2015년까

284) 1996년 말까지 러시아가 전차, 장갑차, 대전차무기, 대공무기 등이며 비방산 물자로는 알루미늄, 강철, 니켈, 헬기 8대 등이다. 「조선일보」, 1994년 9월 8일.

지 1860억 불을 투자할 예정이며 연방 종합발전계획(2009년~2012년)과 연계하여 군시설의 현대화를 추진하고 있고 공격용 헬기(MI-28N) 작전배치를 추진(2007~2015년, 7억불) 중이다. 2007년 4월 보레이급 전략 핵잠수함(유리놀고루끼)을 진수[286] 하였고 2007년 5월 신형대륙간 탄도탄(RS-24) 시험발사를 성공(사거리 9,600km)시킨 바 있다.

2007년 9월에는 S-400(Triumf) 방공 미사일 1개 대대를 작전 배치하였으며, 러시아내 노보로시스크에 흑해함대 기지건설을 추진(2007~2017년)중이다. 주변국과의 군사협력 강화에도 힘을 쏟아 러시아 국방장관이 2007년 1월과 4월에 인도와 벨라루시를 방문한 바 있으며, 카자흐스탄(2007년 4월), 미국(2007년 4월)의 국방장관이 러시아를 방문하여 군사문제를 협의한 바 있다. 또한 러시아—나토간 군사위원회를 개최(2007년 5월, 브루셀)하였고, 집단안보조약기구 연합훈련(2007년 3월-4월, 회원국 7개국), 흑해연안국 연합훈련(2007년 4월, 연안국 6개국), 러-인도 연합훈련(2007년 4월, 9월), 상하이 협력기구 연합훈련(2007년 8월, 회원국 6개국), 러-미 연합훈련(2007년 9월), 태평양 함대 2척 한국 부산 방문 및 연합훈련(2007년 9월) 등 주요 연합훈련을 연달아 실시하기도 하였다.

캄차카 반도의 러시아 해군은 여전히 20여 척의 핵잠수함으로 강력한 핵전능력을 보유하고 있으나 러시아 함대는 일본 해군력의 절반에도 미치지 못한다.[287] 그런 의미에서 중국이나 일본의 대량 살상무기 등의 군사력 증강은 러시아의 우려를 증대시킬 수 있는 것이다.

대외관계에서 MD의 동유럽 배치, NATO의 확대 등 안보문제를 중심으로 갈

---

286) 유리놀고루끼는 24,000톤급으로 사거리 8,000km의 불라바 SLBM을 탑재할 예정이며, 2008년 작전배치할 예정.

287) 소련 시대에 475척(189만톤)이던 태평양 함대 세력이 현재는 275척(66만톤)으로 감소되었고 2000년에는 100척 정도로 감소될 것이라는 주장이다.

285) 연방 세무국장 출신으로 재직시 세제개혁, 개편을 성공적으로 완수하여 러시아군의 예산개혁, 방위산업 체질개선, 장기집권구도에 의한 권력 분산, 국방조달분야의 비효율성을 개선하는 것이 목표로 분석됨. 이바노프 전임장관은 제1부총리로 직책을 수행하고 있음. 한편 러시아의 국방예산은 2001년 82억 달러에서 2007년 330억 달러(GDP의 2.63%)로 책정됨. 출처 : 외교통상부 홈페이지. www.rus-moscow.mofat.go.kr. (검색일 : 2008. 6. 5)

등관계를 고조시켜 왔던 푸틴의 대미관계를 메드베데프가 경제적 측면에 더 중점을 두고 온건노선으로 미국을 비롯한 서방과의 관계개선에 더 노력할 것으로 보인다.

특히 지속적인 경제성장국인 중국과 경제대국 일본이 위치한 동아시아에서의 자원 및 에너지 수요 증가와 더불어 국제사회의 자원 확보 경쟁이 치열해짐에 따라 자원대국으로서의 강점을 잘 활용할 것이다. 즉 희소한 자원의 공급국가로서 국제사회에서 러시아의 영향력과 발언권은 당분간 지속적으로 강화될 것으로 예측된다. 그러나 러시아가 경제구조의 현대화, 첨단화가 수반되지 않는 자원이라는 1차 산업으로는 국제사회에서 인정받는 선진문명국가로 발전하는 데는 한계가 있으며, 이런 측면에서 통일된 한국과의 전략적 제휴 가능성이 높다.

러시아가 중국과 일본을 아시아의 잠재적 패권국가로 평가하고 있음을 감안할 때 통일된 더 강력한 한국 및 통일 한국군과의 협력관계를 기초로 하는 한국 카드를 적극적으로 구상할 수 있고, 그것은 또 다른 차원의 협력관계의 가능성을 의미한다.[288] 한반도 통일을 위한 주변국 전략에서 러시아와의 전략적 제휴를 확대시킬 수 있는 외교적 노력에 대한 함의 또한 크다고 할 수 있다.

최근 동북아 지역의 군사력 현황은 〈표 5-4〉와 같다.

〈표 5-4〉 러시아의 극동지역 군사력 현황

구 분	보 유 전 력
지 상 군	사단 : 14개 전차 : 3,900 장갑차 : 6,400대 공격헬기 : 85대
해 군 (태평양 함대)	5개 전단, 1개 항공사단, 병력 5만명 전함 : 8척, 잠수함 : 8척, 대형전투함 : 45척, 지원함 : 99척 폭격기 : 20대, 대잠기 : 45대, 지원기 10대
공 군	항공사단 : 5개, 병력 4만 2천여명 폭격기 : 157대, 전투기 : 137대, 지원기 : 51대

출처 : The Military Balance 2003 ~ 2004.

288) 이한종, "러시아군의 실상과 대아시아 전략," 『군사논단』(1995년 가을호), p. 222.

〈그림 5-2〉 아시아 태평양지역 주요국 군사력 비교

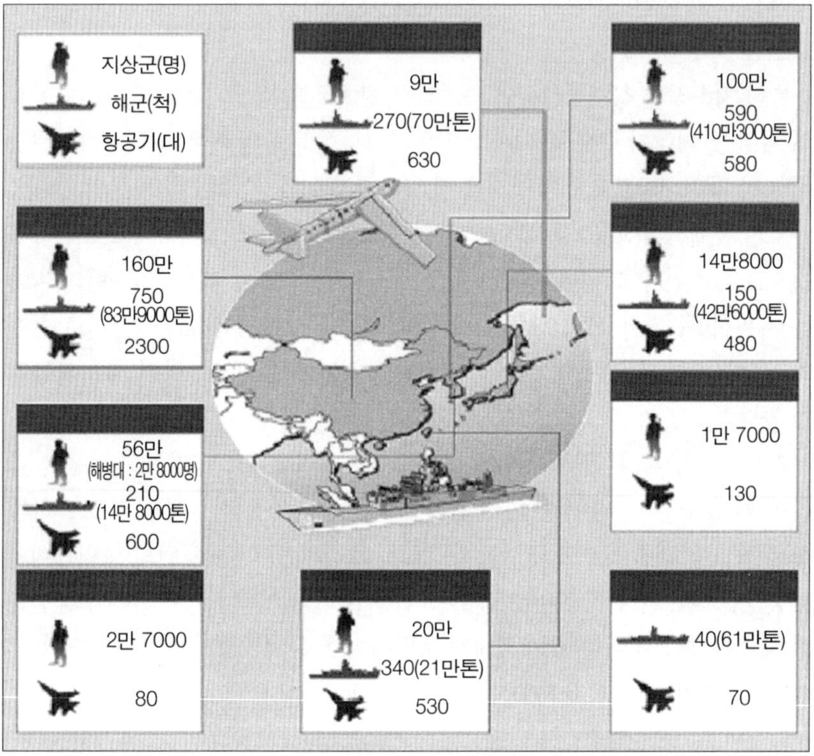

2. 장차전 양상

가. 군사환경의 변화

탈냉전 이후 국제정세는 분화와 통합이라는 두 가지 특징을 나타내고 있다. 인종적 종교적 분쟁과 대량 살상무기의 확산, 소수민족의 주권회복주장, 지역분쟁에 대한 초강대국들의 군사적 개입 강도의 변화 등은 세계적으로 지역적 분화양상을 띄고 있다. 반면, 국제간의 정보 교환 시스템 발달과 국제적 협력 기구의 중요성이 부각되어 국가간의 정치적 국경과 지리적 경계선은 큰 장애가 되지 않는 통합화 양상 또한 강화되고 있다. 이와 같은 국제정세 변화와 연관되어 군사환경의 변화가 뒤따르고 있으며, 이는 남북한 군사통합과 통일국군 건설 측면에서 큰 영향요소가 될 것이다.

첫째, 국제간의 정치적, 경제적 의존성 증대와 통합화가 군사적으로 나타나고 있으며 그 대표적인 예가 이라크전이다. 또한 현재 미국과 일본이 추진중에 있는 전역 미사일 방어체계는 북한의 장거리 미사일 위협에 대처하려는 대응조치로서 소요 재원의 공동 부담이라는 문제가 제기된다. 장기적으로 볼 때 동북아지역 집단안보 지원으로 적용 확대될 가능성도 있다. 향후 15 ~ 20년을 내다볼 때 우리가 현재 예측할 수 없는 다양한 군사적 위협 유형이 발생할 수 있으므로 기존의 북한과의 정형화된 틀과는 달리 강대국들과의 역학구조 속에서 고강도 · 중강도 · 저강도 군사적 위협 양상에 대한 구상이 복잡할 전망이다.

둘째, 경제적인 전쟁 수행태세 구비가 중요과제로 인식되고 있다. 군사력에 의한 영향력 행사보다 경제적 영향력 행사를 중시하게 되어 지경학적(geo-economics) 국제역학관계의 개념이 부각되고 있고 전 세계적으로 국방비 삭감과 군사력 축소의 근거가 되어가고 있다.[289] 사실상 오늘날 대부분의 성장 국가들은 군사력 증강보다 경제개발에 더 많은 노력을 기울여 경제의 대외 의존도를 증가시키는데 이것이 오히려 강대국의 경제적 압력에 취약하게 된다. 따라서 미국 · 일본과 같은 경제대국은 상대국에 대한 지리적 점령을 노리지 않아도 경제적 점령에 소기의 목적을 달성할 가능성과 우려가 높아지고 있다. 앞으로의 안보 역량이란 군사력과 경제력이 적절한 균형을 이루어 나갈 때 바람직한 형태가 될 것이다.

셋째, 정보전쟁의 부각으로, 정보의 획득, 전파, 저장, 처리능력이 차지하는 비중이 매우 커지고 있으며 군사적 I · T(Information Technology)에 대한 투자 소요가 급증하고 있다. 전쟁 수행 측면에서도 과거 Hardware 위주에서 Software를 중시하며, 특히 적의 지휘부 등 수뇌부 정보체계를 마비시키는 전

289) CSIS, Conventional Combat Priorities, p. 16.

략을 중시한다.

인명의 대량 살상이나 대량파괴가 없어도 소위 'Soft-Kill' 혹은 'Non-Lethal' 전쟁형태가 발전되고 있는 것이다.[290] 걸프전에서 1온스의 실리콘은 우라늄 1톤보다 더 효과적이라고 분석되듯이 전쟁에 있어서 무형적 요소의 중요성이 급증하여 유형전투력에 대한 전투력비가 큰 의미를 잃고 있는 실정이다.

넷째, 경제의 혁신적 변화가 군의 조직체제에도 영향을 미치고 있다. Re-engineering이라는 기존조직체계의 변화가 경직된 하향식(Top-down) 통제가 아닌 하부조직 지휘관의 자율적 행동의 폭을 넓히는 방향으로 되는데, 걸프전 기간 미팬타곤은 막대한 C4I 설비를 보유, 세계 어디에서든 즉각적 통제가 가능하였지만, 실제로는 오히려 야전 지휘관의 자율성을 확대 허용한 것은 이러한 변화를 잘 나타내 준다. 아울러 전쟁에 있어서 대량의 전력 투입보다 소수의 고도정밀 무기체계의 투입에 의한 목적 달성시대가 도래하고 있다. 오늘날 스텔스 기능을 가진 전폭기(F-111)나 전투기(F-22)들의 효율은 2차 대전시나 월남전 때 투입되었던 비행기나 폭탄투하 효력을 비교하면 몇 백 배, 몇 천 배로 서로 비교가 안 될 정도이다.

나. 과학기술 발달로 인한 군사기술의 혁신

신소재의 개발과 마이크로 전자장치, 컴퓨터 Hardware · Software 등 첨단기술 발전에 따라 군사기술은 혁신적으로 발전하고 있다. 무기체계 성능을 형성하는 3대 요소인 사거리, 치사도, 속도의 발달은 상한선에 달해 있다. 거리에 관계없이 가능한 전력 투사, 산업혁명 초기의 10만 배에 달하는 치사도, 빛의 속도로 이루어지는 레이저의 군사적 활용 등이 이를 증명해 준다.

이미 현대의 군사과학 기술은 국방 분야의 R & D 차원을 떠나 종합과학기술의 응용이므로 국가적 차원에서 그 기반이 육성되고 있는 것이다.

다음으로, 장차전 대비 핵심적 군사기술이 이루어지고 있다.

첫째, 장거리 정찰 · 감시 · 표적획득(RSTA: Reconnaissance, Surveillance,

290) Alvin and Heidi Toffler, War and Anti-war: Survival at the Dawn of the 21 Century(Boston: Little Brown and Company, 1993), p. 77.

and Target Acquisition) 능력 개발이다. JSTARS(Joint Surveillance, Targeting and Reconnaissance System)나 ATARS(Advanced Tactical Air Reconnaissance System)와 같은 공중(airbone) 플렛폼과 인공위성을 활용하는 우주공간(space) 플렛폼 및 UAV(Unmanned Aerial Vehicle)에 탐지 장치의 탑재 또한 보편화되어 가고 있다. 장거리 RSTA 시스템의 경우 적의 기습을 억제하는 강력한 조기경보 수단의 역할과 동시에 복잡한 전장 환경에서 아군의 위치 확인 수단으로도 활용되고 있다.

예컨대, JSTARS는 수백 km 밖의 비행장과 도로망을 감시할 수 있으며 워키토키 크기의 GPS(Global Positioning System) 수신기는 육 · 해 · 공의 전투기나 함정의 자기 식별을 10m 오차 범위 내에서 가능하게 한다.

둘째, 장거리 타격 능력의 증대와 생존성 증대이다. 사거리와 정확도, 파괴력의 증대는 장거리 이동성 경표적(hard target, 예로 전차)을 공중이나 지상발사 무기체계(예, 사거리 100—150㎞의 ATACMS(Army Tactical Missle System)에 의하여 대량 파괴가 가능할 것이며, 탄두의 정확도는 현재의 Smart탄으로부터 인공지능을 활용하는 Brilliant 탄으로 발전하여 CEP(Circular Error Probable)가 거의 0에 접근할 전망이다.

무기체계는 양보다 질이 중시되는, 현대적 군사력의 핵심요소로 작용할 것이며 전장의 전후방 구별이 없는 비선형 전장이 도래하게 되는 것이다. 아울러 장비의 스텔스화의 노력으로 공자의 결정적 취약요소인 기동 및 이동간의 약점을 보완시켜 생존성과 기습효과의 달성에 크게 기여할 수 있게 된다.

셋째, 전장관리(battle management) 능력의 증진과 humanware의 개발이다. 전장관리 시스템은 RSTA 시스템과 타격 시스템을 연결하여 신속 정확하게 목표에 결정적 타격을 가할 수 있도록 하는 것이다.

전장관리 시스템의 자동화는 통합작전 능력(combined operability)을 증대시킬 뿐만 아니라 작전지휘의 혁신을 기약하고 있다. 이러한 과학기술 못지 않게, 상황변화가 빠르고 확대된 전장공간에서 다양한 전투자산들을 동시적으로 조정 · 통제한다는 것은 아무리 능력이 뛰어난 지휘관이라도 감당하기 어렵다. 걸프전시 40일간의 항공작전과 100시간의 지상작전시 첨단무기체계가 위력을 유감없이 발휘하였지만 고도의 훈련을 통해서 연마된 병사들의 뛰어난 자질과 장교들의 지휘력, 치밀한 전략과 전술적 우위의 확보 즉 휴먼웨어(Humanware)가 결정적 역할을 한 것이다.

다. 장차전의 특징에 따른 군사력 운용방법과 상비전력 변화 추세

장차전 군사력 운용방법 면에서는 화력의 유효 공간 확장과 비선행전선 개념에 의해 확대된 전장에서의 동시 다발적 전투가 전개될 것이다.

전략적 · 작전적 · 전술적 용병 면에서 시간적 동시성과 공간적 중복성 또한 증가된다. 대부대의 이동을 하지 않고도 정밀유도 무기와 장사정 로켓트 첨단 야포탄(예, SADARM)[291] 내지는 소규모의 기동성이 뛰어난 통합 전투단에 의하여 상대방의 전력을 무력화시키는 전쟁을 수행할 수 있다.

또한 장거리수송 및 기동능력의 증대는 장비 · 물자 · 병력의 신속한 전개와 특수전 병력의 장거리 투입을 가능케 하며 기동능력 증대는 생존성, 파괴력, 사거리의 저하 없이도 전력의 경량화를 가능케 할 수 있고, 주 축선에 대한 신속한 전개와 전장의 기민성을 증대시킨다. 전 국토의 전장화에 따라 축차적인 동원체제가 아닌 동시 다발적 대응태세가 긴요하게 되고 전장의 상황변화 속도가 빨라져 작전지휘관의 적시성 있는 신속한 지휘결심이 긴요해질 것이다.

이러한 장차전 지향의 상비전력 변화 추세를 살펴야 바람직한 통일한국군 건설을 구상할 수 있다.

군사력 요소의 구성 측면에서 병력 대비 무기/장비의 상대적 비중이 높아져야 하며, 운용 전문 인력은 증가한다. 반면 단순기능 병력이 감소하게 되며 따라서 병력의 절대수는 감소하게 된다. 첨단기술 장비의 도입으로 인한 구형무기의 대거 도태로 무기/장비의 질적 개선 속도가 요망될 것이다.

부대 구조측면에서 속도위주의 경량 기동화가 추구되고 지원능력의 중앙통제 효율성이 증대됨에 따라 전투단의 슬라이스가 감소되며, 간소화된 기능전력 구비가 가능하여 하급제대의 전투능력이 강화되고, 이에 따라 제병협동의

---

291) SADARM : Sense and Destroy Armor(Smart Artillery Anti-Tank Munition)

전투단 구성제대 또한 하향화되고 있는 추세가 반영될 것이다.

한편 공간분할에 의한 기능적인 군의 분할 구조가 무시되고 점차 통합 효과의 증진을 위한 군별 노력이 부각되고 있다. 지휘구조 측면에서 지휘 · 통제 · 통신기술의 발전은 지휘계층 단순화 및 통합화를 용이하게 하고 전산처리 능력의 발전은 전장관리를 용이하게 한다. 수송속도 및 분배처리 능력의 향상은 전투단의 경량화를 가능하게 하고 있다. 전력 배비 측면에서는 화력 · 기동력 등의 증가에 따라 공자의 입장에서는 평시에도 기습을 위한 배비가 가능하게 되고, 방자의 경우 기동력의 증가에 따라 지역방어보다는 기동방어를 추구하는 추세로서 전시 집중 능력의 증가 및 평시 분산추구로 생존성을 증대시키는 형태로 발전되고 있다.

장차전을 지향한 단편적 상비전력 변화, 즉 인적구성의 감소와 전장종심의 확대, 전장밀도의 증가 등은 작전적 수준의 전력구조 변화를 수반케 한다. 이는 감시 영향권의 확대로 인한 고급화된 정보능력, 분산된 경계 및 방어전력, 고속중형의 기동전력, 생존 및 기동성이 보장된 전략적 타격 및 대타격 능력, 그리고 아측의 전 전력요소를 통제하는 효율성/생존성을 가진 지휘통신 능력과 적의 지휘통신체계에 대한 기술적 방해 능력 등을 들 수 있다.

3. 통일비용

가. 통일 비용의 함의(含意)

통일 한국 또는 통일한국군을 건설함에 있어서 그 주요 결정요인으로서의 통일비용 개념을 크게 능력과 인식으로 구분할 수 있다. 남한이 과연 통일에 소요되는 통일 비용을 담당해 낼 수 있는 경제적 · 사회적 능력을 보유하고 있느냐 하는 문제와 대다수 국민들이 통일비용의 함의를 제대로 인식하고 그에 따를 부담을 기꺼이 나누어 가지겠다는 국민적 합의를 도출하는 문제이다.

경제적 능력은 결국 통일 비용을 담당할 능력이 있는가 하는 것이다. 독일의 경우 1995년말 기준 서독이 통일을 위해 지불한 순재정지출액은 독일화폐로 약 6,000DM(4,177억 달러)다.[292] 이 액수는 서독경제에 큰 부담이 되어 아직도 통일의 후유증을 겪고 있다. 비교가 쉽게 2006년 기준 남북한의 경제력(GNI) 격차는 남한이 북한의 35배인데 비해, 1989년 통일 당시 동서독의 경제력 격차는 서독이 동독의 7.7배였다.[293] 이처럼 남북한의 경제력 격차가 동서독보다 훨씬 크고, 남한의 경제력은 당시 서독의 경제력에 비해 크게 낮은 수준(1:3)이기 때문에, 북한지역 국토개발비와 북한동포 생활수준 향상비 등 남북한 통일로 인해 예상되는 남한의 경제적 부담은 크다. 인구수에 있어서도 서독은 동독의 3.8배인데 비해 남한은 북한의 2.1배 밖에 안 돼, 통일비용이 같을 경우 인구 1인당 부담은 한국이 서독보다 2배 정도 크다. 그러나 시간이 흐른다고 상황이 개선될 가능성은 크지 않으며 지금의 막대한 분단비용(군사비 등 남북경쟁비용)을 통일비용으로 대폭 전환시키고, 통일 후의 남북평준화를 위한 통합기간을 길게 잡으며(독일의 경우 10년), 국외차관을 도입하는 등 조달책을 다양하게 강구할 경우 통일비용 부담은 크게 경감될 수 있다. 경제적 능력 못지않게 중요한 결정요인으로 사회적 능력이다. 사회적 능력은 이질화된 남북한 사회를 통합하는 사회적 통합능력을 말하는 것으로 이미 앞에서 다루었지만, 이 사회적 통합에 필요한 통일비용은 경제적 · 비경제적 요소가 혼재되어 확연하게 구분지울 수 없는 복합적인 것이다.

다음으로 통일비용에 대한 인식문제이다. 통일비용과 분단비용은 경제적 측만에서 단순 비교될 수 없는 것으로, 통일과업 자체가 지니는 계량화할 수 없는 역사적 · 민족적 의미, 전체 통일편익은 분단비용 해소는 물론 통일비용을 훨씬 상회할 것이라는 점, 통일비용 자체도 통일이 조기에 이루어질수록 절감된다는 사실 등을 바탕으로 한 국민적 공감대를 형성하는 데 기본적인 논리를 제공해야 하는 것이다.

나. 분단의 정치 사회적 비용과 통일의 이익

북한체제가 총체적 위기국면으로 치닫고 있어 북한체제의 장래와 존립성에

292) 오승구, "독일통일비용5,150억DM," 『월보 삼성경제』(1996), pp. 86 ~ 87.
293) 주독대사관, 《숫자로 본 독일통일》(1992); 한국은행, 《1995년도 북한 GDP추정결과》, (1996. 6).

대한 심각한 회의가 제기되면서 통일가능성에 대한 인식이 확산되고 있다.

그럼에도 불구하고 상당수 국민들이 통일비용 등의 이유로 소극적이고 부정적으로 보는 이면에는 독일통일 과정에서의 후유증, 통일한국을 이끌어 갈 역량과 리더십에 대한 회의, 통일후유증에 대한 우려와 불투명한 미래에 대한 불안감 등이 내재하고 있다. 그러나 한민족의 번영과 미래를 위해 필수적으로 통과해야 될 통일은 '고통 없는 통일' 의 환상을 극복하고 냉정하고 적극적 태세로 임해야 한다.

이러한 통일 당위성에 대한 합의와 함께 통일이익에 대한 인식이 구체화됨으로써 보다 적극적이고 실천적인 통일의지에의 확산이 이루어져야 한다.

이러한 확신을 뒷받침하기 위해 분단과 통일을 비용(cost)—이익(benefit) 차원에서 접근하지만, 분단으로 인한 정치적, 경제적, 사회문화적 폐해와 통일이 가져다주는 혜택은 물질적, 유형적인 형태로만 파악될 수 없는 대상이다.

또한 분단비용은 통일이 이루어지는 순간부터 해소되므로 분단비용의 해소 그 자체가 통일의 직접적인 실익이 된다는 사실과, 통일이 가능하다면 점진통일보다 조기통일의 실익이 훨씬 크다는 점을 알아야 하는 것이다.

그러므로 분단 모순으로 인해 발생한 다양한 유형의 폐해를 분단의 정치적, 경제 사회적 비용의 개념으로 구분하여 분단비용의 성격과 실태를 파악하고 아울러 통일비용의 성격과 내용을 정확하게 정리해야 할 필요가 있다.[294)]

먼저 남북한 주민의 정신적 · 심리적 고통으로 인한 정서적, 문화적 비용 면을 살펴보면,

첫째, 분단은 남북한 주변에게 엄청난 재앙을 가져올 전쟁의 공포심에서 헤어나지 못하게 한다. 일부 정치인들이 이점을 자극하여 국민의 안보개념을 흩뜨리고 있는 실정이다. 어쨌든 통일이 이루어져야만 한반도에 살고 있는 모든 사람들이 전쟁공포와 피해망상으로부터 해방될 수 있다.

둘째, 이산가족의 고통이다. 천만 이산가족의 한맺힌 고통을 덜어주는 길은 분단장벽이 무너지는 순간이다.

---

294) 조민, "분단비용과 통일비용: 분단의 정치적 사회적 내용과 통일의 이익," 민족통일연구원 · 한국개발연구원 공동주최 학술회의 발표논문집(1997. 6. 5), pp. 114 ~ 116.

셋째, 분단체제는 한민족의 정신 병리적 상태를 벗어날 수 없는 정신적 · 심리적 고통을 초래했다. 남한의 '레드 콤플렉스'(적색공포)에 의한 반공문화와 북한의 '반동콤플렉스'(반동공포)에 의한 숙청문화는 인간개개인의 내면의 의식 상태를 공포의 망령에 사로잡히게 했으며 정치적 메커니즘에 의해 확대재생산되었다.

넷째, 분단은 남북한 주민 모두에게 강력한 이념화, 체제경쟁의식, '남침—북침'의 주기적인 전쟁위협에 대한 위기의식의 내면화로 정서적 피폐화를 초래했다.

다섯째, 분단은 한민족의 우수성과 자존심을 바탕으로 인류의 문화발전에 기여할 수 있는 기반을 확보하는 데 장애가 되고 있다. 통일한국의 국민이라면 누구나 문화민족으로서의 긍지와 자존심을 가진 세계의 최고시민이 될 수 있다.

분단비용으로 인한 정치 사회적 폐해는 유형, 무형으로 구분되는 데, 유형적 분단비용은 남북한이 체제유지를 위해 투여하는 엄청난 군비지출과 안보비용 등을 들 수 있다.[295]

또한 지속된 갈등구조와 서로 프리즘화 된 이념에 의해 북한은 남한을 자본주의적 착취와 미제국주의의 식민지 아래 수탈당하고 있는 '공화국 남반부'로 해방의 대상이며, 남한은 북한을 범법집단이 통치하는 '미수복지역'으로 규정하였다.

분단상태는 정치문화내지는 정당정치를 왜곡 · 봉쇄하였는데, 분단구조에 의한 반공문화는 '색깔론'이라는 적색 망령으로 되살아나 지배권력 블록의 권력유지를 위한 지배 이데올로기로도 기능해 왔다.[296] 또한 민주적, 민중적 가치 정향에 대한 과민반응, 타협과 절충이 아닌 양극화된 흑백논리, 이분법적

295) 주요국의 GDP대비 국방비(2006)

구분	미국	영국	일본	이스라엘	북한	남한
GDP대비(%)	3.9	2.3	1.0	8.3	27.2	2.4

출처 : 국방백서, 2007.

296) 최창집, 《한국민주주의 이론》(서울: 한길사, 1993), pp. 399 ~ 415.

인 우적(友敵)논쟁 등은 냉전적 사고방식과 유산으로 비판받기도 하지만, '반공자유주의' 는 분단체제가 극복되어야 해소될 수 있을 것이다. 남남갈등 문제도 마찬가지이다.

한편 김일성—김정일 체제 유지를 위한 인권 말살과 감시탄압은 정치적 반대세력을 수십 만이나 격리 수용하는 정치범 수용소의 실태에서도 나타나는 바와 같이 상상을 불허할 정도이다. 통일은 북한 주민으로 하여금 최소한의 인간존엄성과 인권보장을 위한 인간해방의 길이다. 더구나 체제유지에 최우선을 두는 식량분배로 적대세력으로 분류된 북한 주민은 기아로 인한 죽음이라는 엄청난 재앙이 곳곳에 산재해 있음은 잘 알려진 사실이며 현재도 진행 중이다. 남한사회의 정서적, 정치 사회적 비용은 전반적인 면에서 개선되어가고 있으나 북한은 체제 위기감이 팽배하면서 더욱 심해지고 있다. 끊임없이 만들어내는 체제의 적과 그 적을 향한 증오감, 집단 적개심 등 왜곡현상이 일상화, 보편화되어 인간의 정상적인 사고와 행위가 어려운 정도인 것이다.

마지막으로 한반도 통일은 냉전체제의 마지막 유산을 청산하면서 혁명과 전쟁의 광란시대에 종언을 고하고 새로운 문명의 시대로 전환하는 세계사적 이정표가 된다는 점이다. 원상회복 차원을 넘어 정치적 민주주의 구현, 민족경제권의 번영과 확대, 동질적 민족문화의 창출 등 민족의 숙명적 과제 해결의 쾌거이다.

다음은 통일비용에 대해 논하고자 한다. 통일비용은 체제 통합비용으로 단순한 소모성 비용이 아니며 나중에 열매를 맺을 수 있는 미래지향적 투자가치로서 이해되어야 한다. 북한지역에 대한 산업투자, 사회간접자본, 국토의 균형개발투자 등은 같은 동포인 북한 주민의 삶의 질 향상과 그에 따른 남북 주민의 화합과 일체화를 의미하며, 민족사회의 건강성 회복을 위한 튼튼한 기반을 마련하는 통합작업의 일환인 것이다. 무형의 통일비용에 해당하는 정치사회적, 문화적 통합비용은 통합과정에 예상되는 갈등을 어떻게 통제 · 관리하느냐에 따라 소요비용이 달라진다.

통일 이후 전개될 각 부문의 갈등에 대한 비용문제 접근시, 동서독 통합과정 등과 연계해서 일반적으로 지나친 부작용이나 불협화음을 예상하고 있지만,

통일교육을 통해 상호 적대감을 해소하고 이질적인 가치관과 규범을 이해하는 과정 속에서, 남북한간 동질성의 추구보다는 서로 이질성을 포용하는 자세로 민족화합을 추구해 나가야 할 것이다.[297] 통일교육의 주체는 통합 초기단계에는 국가가 주도적인 역할을 하지만, 점차 정당, 종교단체, 노동조합, 문화예술단체, 이익집단, 시민단체 등의 민간분야가 역할을 높여나가야 하는 것이 바람직하다.[298]

따라서 경제적 부담과 통일후유증으로 일컫는 정치적, 사회 문화적 통합과정에서의 갈등 등을 포함하는 통일비용의 성격은 결국 정부의 정책적 대안 마련과 함께 통일교육의 효율적인 추진여부에 달려 있다. 즉 분단의 폐해로 인한 유형, 무형의 분단비용과 통일비용은 결코 단순비교 대상이 될 수 없다.

마지막으로 '조기통일론'과 '점진통일론'을 비용·이익 측면에서 비교해 본다. 북한의 총체적 위기 즉 식량난에 의한 무정부상태의 확산과 절망감, 이념붕괴와 엘리트층의 분열, 특히 아사자 속출로 인한 북한사회 전반의 윤리, 도덕의 파괴 등은 기아에 대한 공포가 체제에 대한 공포보다 점차 강해질 경우 자연발생적 형태의 민중봉기나 조직적 차원의 체제 도전 현상이 발생하지 못하리라고 단정할 수는 없다. 즉 사회주의와 현대판 봉건주의, 군국주의가 뒤섞인 기형체제[299]의 운명이 카운트 다운되고 있다고 보아도 무리는 아니다.

조기통일론은 점진적 통일론의 상대되는 말로써 통일의 기회가 주어지면 즉각 통일을 하자는 주장으로, 북한에 대한 흡수통일을 추구하는 것과는 다르다. 즉, 흡수통일/합의통일, 무력통일/평화통일, 점진통일/조기통일의 상호 대립적 유형과 구분해서 접근되어야 한다.

점진통일론에 입각한 조기통일론의 비판근거는 남북경제 격차가 축소된 이후에 통일을 추진하면 통일비용이 경감된다는 점, 체제 이질성으로 인한 사회적 혼란 수습의 문제점, 현 주변국들의 한반도통일에 대한 부정적 시각의 변화

---

297) 권세기, "통일한국의 사회통합과 정치교육," 한국정치학회, 《통일한국의 새로운 이념과 질서의 모색》(1993) 참조.

298) 이우영, "통일이후 단계에서의 융화방안," 《통일후유증 극복방안 연구》(성남 : 한국정신문화연구원, 1994) 참조.

299) "황장엽 서울 도착 성명," 「동아일보」, 1997. 4. 21 참조.

시기 기대, 무리한 붕괴촉진으로 남북갈등의 증폭 등을 들고 있으며, 한반도의 급진적인 통일보다는 단계적 · 점진적인 통일이 재정적, 지정학적, 통일 후 사회 통합적 측면에서 유리하다고 가정한 것이다.

그러나 조기통일론의 현실적 타당성과 더불어 비용—이익측면에서 장점을 살펴보면 다음과 같다.

첫째, 북한체제가 갖는 근원적 불확실성과 불예측성에 대한 대비 문제다.

연착륙[300] 정책은 북한의 개혁 · 개방은 지연되면서 한반도 긴장국면은 지속될 수밖에 없고, 북한체제의 근본적 문제점으로 인해 개혁 · 개방의 길 선택이 극히 제한 또는 포기됨을 의미한다. 북한의 연착륙 가능성보다 내파(implosion)에 의한 자체 붕괴 상황에 더 주안을 두고 대책이 마련되어야 한다는 것이다.

둘째, 한반도 통일에 대한 주변국의 입장은 통일을 성취하려는 우리 민족의 바람과 의지와는 항상 배치될 수밖에 없으며, 주변국의 긍정적인 입장 유도는 우리가 해결할 과제로서 점진 통일을 추진한다고 해서 통일 환경의 변화를 기대할 수 있다는 보장은 없다. 오히려 가장 큰 영향력을 가진 중국, 미국 등에 대한 적극적인 통일 외교 전개가 더 중요하다.[301]

300) 미하원 아 · 태소위원회 청문회(96.4.17)에서 미국방대학원의 마빈 오토 교수가 북한을 '고장난 비행기'에 비유하여 북한체제의 미래를 세 가지 시나리오로 설명하였다. 경착륙(硬着陸) ; 기체 자체가 폭발하면서 승객의 희생과 주변의 큰 피해를 입히는, 급격한 붕괴형태인 Hard-Landing, 연착륙(軟着陸) ; 외부의 유도와 내부 비행기술에 의해 안착하여 희생이나 피해규모가 크지 않는, 점진적 붕괴형태인 Soft-Landing, 추락이나 불시착 없이 성공적으로 목표지점에 도하하는 체제유지 형태인 No-Landing 등으로 구분된다. 「조선일보」, 1996. 4. 18.

301) 미국은 통일한국이 중국과의 유대관계를 맺으면서, 이 지역에서의 미국의 전략적 지위를 위태롭게 하거나 또는 민족주의적 분위기가 확산되어 주한미군 철수 주장이나 반미감정이 고조되지 않을까 하는 우려를 나타내고 있다. 중국은 통일한국이 오히려 미국의 영향권내에 편입되어 중국과 국경을 맞댄 강력한 견제 세력으로 부상할 수도 있다는 의혹에서, 한반도 통일과정에서 가장 큰 외적 변수로 작용하게 된다. 중국의 이러한 의혹을 불식시키기 위해 남한 주도의 통일 불가피성을 설득하고, 경제, 군사안보 분야에서 미래지향적 관계형성을 모색해 나가야 한다. 일본은 한민족에 대한 '역사적 부채'로 인해 한반도 통일에 대한 입장표명이나 영향력 행사를 자제하는 제스처를 보일 수 있다. 그러나 일본이 한민족 통일과정에서 긍정적인 역할을 한다면, 동북아 지역에서 신뢰받는 성숙한 국가로 부상할 수 있을 것이다. 러시아는 통일한국이 극동 연해주 지역에 경제적 영향력을 행사할 것을 우려하지만, 경제협력으로 인한 호혜를 기대할 수 있다. 이런 점에서 가장 큰 외적 변수는 중국이다.

셋째, 점진통일론의 큰 맹점은 통일비용과 통일 후유증을 지나치게 우려하여 통일의 기회를 적시에 포착하지 못하고 통일의 기회조차 잃어버릴지도 모른다는 데에 있다. 따라서 정치 · 군사적 통일은 기회를 절대 놓침이 없이 신속하게 달성하고, 그 후 경제적, 사회 문화적 여타 통합은 단계적, 점진적으로 추진함이 바람직하다. 독일이 국민적 합의를 바탕으로 준비하고 있는 가운데 적극적이고 주도적인 리더십과 정책으로 통일의 기회를 잡은 것은 큰 교훈이 되었다고 할 수 있다.

넷째, 조기통일은 분단비용을 절감하고 통일비용을 감소시키는 효과가 크다. 북한경제의 비효율성으로 인해 통일이 지연될수록 남북한 경제격차는 커질 것이고, 그 결과 체제 전환비용인 통일비용은 점점 불어나게 된다. 이와 동시에 조기통일은 정치 사회적 차원에서의 무형의 비용을 즉각 해소시킬 수 있다. 무엇보다 북한 주민의 인권과 생존을 회복하는 길이라는 점에 조기통일의 타당성이 있다. 비참한 상황에 방치된 북한동포를 구하는 것이 시급한 과제이다.

최근 보도된 중국을 넘나드는 북한의 젊은 여성 동포들의 기막힌 현실은 북한 체제의 조속한 종말이 너무나도 절박한 역사적 과제임을 웅변하고 있다. 굳이 분단 비용의 해소나 통일로 인해 발생할 이익을 계산하는 실리적 차원을 떠나 하루빨리 앞당겨 달성되어야 할 역사적 과제가 통일이다.

통일 이익을 도표화하여 분류하면 〈표 5-5〉과 같다.

다. 통일의 경제적 비용 분석

통일을 전제로 할 때 남북한 경제력 격차는 동서독과 비교할 때 훨씬 큰 것으로 평가되므로 우리의 경제적 부담은 서독에 비해 더 클 것이라는 짐작이 가능하다.[303] 통일이 사회주의 경제체제 전환과 이질체제간의 경제통합을 필수적으로 동반할 것이라는 측면에서 볼 때 경제통합의 방법과 속도면에서 독일

---

302) 조민, "분단의 정치 사회적 비용과 통일의 이익," 앞의 글, p. 137.

303) 통일당시(1989) 동서독의 경제력 차이는 1인당 국민소득 기준으로 3.3배의 차이를 보였으나, 남북한은 2006년 현재 17배의 격차를 보이고 있다. (2006. GNI, 한국은행)

<표 5-5> 통일이익의 분류[302]

통일이익 = 분단비용 해소 - 통일비용 + 미래재의 가치		
분단비용의 해소	통 일 비 용	미래재의 가치
<유형의 비용> • 국방비 감축 • 이념 및 체제유지비 <무형의 비용> • 정서적 비용 • 정치사회적 비용	<유형의 비용> • 위기관리 비용 • 경제 재건비용 • 제도 통합 비용 • 기회보장 비용 * 경제적 지출비용으로 소모성 비용과 투자성 비용 구별 필요 <무형의 비용> • 정치적, 사회문화적 비용 : 부문별 통합에 따른 갈등관리 비용 * 통일교육을 통한 비용 절감 가능	<유형의 가치> • 경제적 가치: 국토와 자원, 인구 <무형의 가치> • 정치적 가치 • 사회문화적 가치 • 고양된 삶의 질: 북한 주민의 인권과 인간다운 삶 * 통일과 동시에 새롭게 창출되는 무한 가치

의 경험은 많은 교훈을 주고 있다. 만약 동서독의 통합이 정치적 논리가 아닌 경제적 효율성을 고려하여 추진되었더라면 전체 통일비용으로 책정된 규모의 최소 50% 이상은 줄일 수 있었다는 분석이 많다. 그런 측면에서 볼 때 한국의 통일비용 산출방법[304]에 대한 전문가의 공통적 인식과 이를 바탕으로 한 통일비용에 대한 국민적 인식의 폭을 넓혀 통일비용 논의가 가져온 부정적 영향[305]이 완화되어야 한다.

통일에는 비용도 있으나 편익도 존재한다. 또한 통일이 되지 않았기 때문에

304) 통일비용의 산출을 위해서는 먼저 통일의 형태 및 시기, 통일비용의 소요부문, 통일후 남북한간 경제수준 격차 해소를 위한 조정기간, 통일후 북한지역 경제성장 목표수준 등에 대하여 신뢰할 수 있는 조건이 제시되어야 한다. 이를 위해서는 무엇보다도 북한의 경제규모, 산업구조, 사회간접실태 등 북한 경제실태와 함께 향후 북한체제의 변화를 정확하게 파악 · 전망하여 통일비용 산출에 최대한 반영하여야 할 것이다.

305) 그 동안의 통일비용 논의가 가져온 긍정적 영향 및 부정적 영향에 관한 구체적 논의는 조동호, "통일의 경제적 편익," 《한반도 통일시 경제통합전략》(서울: 한국개발연구원, 1997) 참조.

지출하고 있는 분단비용도 막대하다. 통일비용 논의는 이러한 통일편익 및 분단비용에 관한 논의와 맞물려 진행되어야 한다. 뿐만 아니라 통일비용은 비용에서 편익을 제외한 순비용(net cost) 차원에서 접근되어야 한다.

통일편익은 '통일이 이루어지는 경우 통일이 이루어지지 않았을 경우에 비하여 얻게 되는 경제적 · 비경제적 편익' 이라고 정의된다. 분단비용은 '통일이 이루어지지 않고 있는 까닭에 부담하는 경제적 · 비경제적 비용' 으로 정의된다.

통일의 경제적 편익은 분단 유지비용의 해소(방위비, 외교비 등의 절감), 경제통합에 따른 편익(시장의 확대, 남북한 생산요소 및 산업구조의 유기적 결합, 국토 이용 및 환경보전의 효율성 증대, 중국 · 러시아 등과의 교역확대 및 물류비용 절감)으로 나눌 수 있으며, 비경제적 통일편익으로는 인도적 편익(이산가족 문제해결, 북한주민의 인권신장과 삶의 질 향상 등), 정치적 편익(국제적 위상 제고, 전쟁위험의 해소 등) 등을 들 수 있다. 이러한 통일편익의 상당 부분은 화폐가치로 나타낼 수 없는 매우 귀중한 것이다.

한반도 통일이 북한의 남한으로의 전면적 편입이라는 독일통일과 유사한 형태로 이루어진다고 가정할 때 통일비용은 '통일된 남북한 지역, 즉 통일한국이 통일로 인하여 부담하여야 하는 모든 경제적 · 비경제적 비용' 으로 정의되며, 그 비용을 분류, 정리하면 다음과 같다.

우선 남한지역의 통일비용을 계산할 시, 경제적 비용으로는 북한지역 지원에 따른 비용, 외부 비경제 비용, 인구이동에 따른 주거, 교통, 교육부문 등에서의 혼잡비용 등이 있으며 비경제적 비용으로는 사회적 혼란, 남북지역 주민간 갈등을 들 수 있다. 북한지역 통일비용 중 경제적 비용은 경제통합 및 체제전환에 따른 비용과 인구이동에 따른 청년, 숙련 노동력 부족 등의 비용이 있으며, 비경제적 비용으로 국가소멸에 따른 비용, 사회적 혼란, 남북지역 주민간 갈등(2등 국민심리의 발생) 등을 들 수 있다.

그러나 이들 비용의 대부분은 적절한 통일 관리 및 추진 정책으로 방지될 수 있다. 남북한이 통일되어도 북한 주민은 북한 지역에 머물면서 자기 고장부터 발전시켜 나감을 원칙으로 하고, 산업개발단지 조성 등 발전 핵심지역에 남한의 자본과 인력이 점진적으로 진입하면서 북한 노동력을 흡수해 나가면 큰 문제가 없다. 북한 지역에 필요한 생필품을 우선적으로 공급하여 기본적인 생활환경을 확보하면서 북한판 새마을운동과 또 다른 북한 조국근대화를 병행 추진하는 것이다.

한편 통일비용을 실제 지원액의 규모로 정의하는 경우 지출주체와 지출목적에 따라 상이한 정의가 이루어질 수 있고, 남북한 양 지역의 소득격차가 일정한 수준으로 줄어들기까지의 액수를 추정한다면 특정지역 개발을 위한 총투자 개념으로 통일비용을 정의할 필요가 있을 것이다.

최근까지 이루어진 통일비용 연구결과를 살펴보면 통일시기, 통일형태, 경제통합 수준 설정, 통일비용 개념에 따라 추정 비용 또한 다양하다.[306]

통일편익은 통일로 인해 남북간에 발생하는 정치, 경제, 사회, 문화, 군사 등 제반 측면에서 발생하는 총체적 이익과 삶의 질에 관계되는 것으로 이를 계량화한다는 것은 너무나 내용면에서나 액수 면에서나 무리가 있다. 남북한 각각의 지역이 얻게 되는 편익으로 구분하는 것 또한 쉽지 않고 그 정도도 다양하다.

마지막으로, 분단비용은 앞에서 정의한 바와 같이, '통일이 되었더라면 남북한이 얻을 수 있었을 것이나 통일이 이루어지지 않고 있음으로 해서 실현되지 못하고 있는 편익' 을 의미한다.

따라서 분단비용의 내용은 앞에서 논의한 통일편익의 내용과 동일한 것이 된다. 분단비용을 협의로 정의한다면 '통일이 이루어지지 않고 있음으로 해서 남한이 실현하지 못하고 있는 경제적 편익' 이다. 분단비용에 관한 계량적 연구가 시도되었으며,[307] 이는 관련 논리를 더 구체화하는 데 도움이 되고 있다.

흔히 통일비용은 통일 이후 10년간 소요되는 액수를 의미한다. 통일년으로

306) "2010년 통일 가정시 2011년 ~ 2020년까지 10년동안 투입되는 통일비용으로 6,161억 달러를 산출하였다. 이 투자는 10년 동안 매년 남측 예상 GDP의 6.5%에 해당되는 것이다." 세부내용은 신창민, "통일비용과 분단비용 재점검과 시사점", (서울: 남북교류협력의원 모임, 2005), pp. 21 ~ 50. 참조.

307) 홍석국, "한국 분단손실의 추정," 『북한』(1990년 10월호); "통일한국의 군사비 감축과 효과," 『통일경제』, 통권 제17호(1996).

가정한 1996년에서 2005년까지의 10년간 발생하는 국방부문 통일편익을 기존의 통일 비용연구와 비교하면 통일비용의 17.8~27.5%에 해당한다. 즉, 통일로 인하여 감축할 수 있는 국방비지출 및 보유병력의 축소만으로도 예상되는 통일비용의 17.8% 혹은 27.5%를 충당할 수 있다는 것이다.

국방부문에서 발생하는 경제적 편익만도 상당한 규모라고 해석할 수 있는데, 규모가 훨씬 큰 경제통합의 이익 및 통일의 비경제적 편익은 훨씬 클 것이며, 통일비용 자체가 소모적인 것이 아닌 북한경제의 활성화를 통하여 상품 구매력을 증가시켜 다양하게 편익을 발생시키게 될 것이다.[308] 따라서 통일 여건 성숙내지는 방법이 문제이지 통일은 앞당겨질수록 좋으며, 이를 위해 통일의 전제인 정치 · 군사통합을 위한 여건 조성에 노력함은 물론 기회 도래시 이를 꼭 포착해야 한다는 국민적 공감대 형성이 매우 중요하다.

소결론

통일비용과 분단비용을 비교하는 것은 그 비용에 관한 경제적 측면은 물론이고 통일전체 편익 측면에서 경제적 단순비교 차원을 넘어선 문제임을 인식하면서 실제적으로 통일이 조기에 이루어질수록 통일 비용 자체가 절감된다는 사실을 인식케 하기 위한 것이다.

이러한 사실을 바탕으로 특히 이 논의와 직접 연계되면서 가장 중요하고 민감한 분야인 정치 · 군사통합에 박차를 가할 수 있는 공감대 형성이 이루어져야 한다. 통일은 서두르지 않아야 하고 또 비용을 감당하기 어렵다는 안이한 접근은 통일이 늦어질수록 그 부담이 커진다는 확실한 개념이 없기 때문이고, 북한 주장에 동조하는 일부 세력들의 집요한 선전 선동에 영향을 받은 바가 많다.

또한 통일 후유증과 미래에 대한 불확실성 등에 대한 우려는 '고통없는 통

308) "한반도 통일과 민족공동체적 경제 통합"과 관련, 통일대비 재정, 금융제도 및 정책, 산업구조 개편, 남북한 무역구조 특성과 발전전망 등에 관한 공동연구 등으로 통일비용 논쟁을 뛰어넘는 차원에서 연구가 이루어져야 한다." 이종원외, 《통일경제론》(서울: 도서출판 해남, 1997) 참조.

일' 의 환상에 젖어 있는 것이며, 따라서 냉정하고 적극적 자세로 임해야 한다.

분단의 정치 · 사회적 비용 즉 분단 비용은 통일이 이루어지면서 즉각 해소되므로 점진통일보다 조기통일이 실익이 큰 것으로 분석되고 있다.

전쟁공포, 이산가족의 고통, 분단체제로 인한 반공문화, 숙청문화의 망령, 문화민족 · 문화발전에 대한 제약과 도전 등은 유형적인 엄청난 군비지출, 안보비용과 더불어 가능한 한 빠르게 해소되어야 하는 것이다.

통일비용은 체제 통합비용을 의미하는 것으로 통일과 통합의 구분에서 나타나듯이 각 부문의 통합을 거쳐 궁극적으로 민족적 삶 자체가 하나가 되는 일련의 과정에 소요되는 비용이다.

이는 유형적인 경제적 비용과 무형적인 정치 사회적 비용으로 대별된다. 경제적 측면의 통일비용은 단순한 소모성 비용이 아닌 미래지향적 투자 가치로 이해되어야 한다. 정치 사회적 · 문화적 통합비용인 무형적 통일비용은 통합과정의 관리 여하에 따라 소요 비용이 달라지는 성격이다.

기간이 길다고 관리능력이 향상되는 것이 아니라 통일과업 관리 전문성 향상을 위한 정책의지와 실천이 중요한 것이므로 조기냐 아니냐를 논의하고 있는 것 자체가 기본 개념 또는 실천의지가 부족한 데서 연유된 것이라 할 수 있다.

통일비용과 통일 휴유증을 어차피 거쳐야 할 과정이고 보면 여건만 허용되면 조기통일이 될수록 통일비용은 감소될 것이다. 더 중요한 것은 주변국 입장의 변화 등으로 통일의 기회가 더 줄어질 수도 있다는 점과, 정치 · 군사적 통일은 기회를 놓침이 없이 신속하게 진행되어야 할 사안임에 비추어 평소 확실한 개념 정립이나 국민적 공감대 없이는 결정적 시기에 불필요한 논쟁으로 실기할 수 있는 큰 함정이 있는 것이다. 통일 및 통합 관련 결정요인으로서 확실한 관점 정립과 그에 따른 국민적 공감대 형성은 통일 정책 수립 및 시행에 지대한 영향을 미친다 할 수 있으며 그런 의미에서 통일비용과 시기에 대한 올바른 인식은 매우 중요하다.

제2절. 통일 한국군 건설 방향

1. 국방정책과 군사전략

통일 한국의 국가목표를 지원하는 국방목표는 "외부의 군사적 위협과 침략으로부터 국가를 보위하고 평화통일을 뒷받침하며, 지역의 안정과 세계평화에 기여"하는 데 둔다.

국방목표는 국방정책과 군사전략 및 모든 군사 활동에 근본적인 방향을 제시하여 통일한국에 적절한 군사력을 키우는 것이다. 군사력이란 단순히 군대만을 의미하는 것이 아니며 "가상적국과의 관계에서 한 나라가 갖고 있는 실질적인 힘의 총체"로서 군사적 잠재력(경제력 · 인력 · 국민의 지지)도 포함하는 전쟁수행능력의 총괄적 개념이라고 할 수 있다.

통일한국의 국방정책과 군사전략은 한반도를 둘러싼 안보환경에 대처하면서 21세기를 지향하는 미래지향적인 것이며 통일 한국군상을 확립해 나가는 방향이 되어야 한다. 우선 현존 남북한의 군사정책과 전략을 개관해 보기로 한다. 북한의 군사정책 및 전략은 공세전략이다. 이를 잘 나타내는 것이 지상군 약 70%, 해군전력 60%, 전투기 40%를 전방지역에 전진 배치시켜 놓은 군사력 배치이다. 아울러 10만의 비정규전병력과 그 침투수단의 확보, 휴전선지역의 발견된 땅굴 4개와 발견되지 않는 상당수(20여개로 추정)의 땅굴, 기계화 부대 위주의 높은 기동성이 이를 뒷받침해 준다.

요약해서 북한의 군사전략은 선제기습, 정규전과 비정규전의 배합, 속전속결이며, 단시간 내에 선정된 주공, 조공 방향으로 전투력을 집중적으로 투입하여 소련식의 전격전에 의한 돌파를 감행함과 동시 후방침투로 지휘체계 및 동원 체제를 마비시키고 전략목표를 집중파괴, 한반도 전체를 동시 전장화하여 단기결전으로 석권하는 것이다.[309]

한국은 자주국방 기조를 구축하기 위해 북한 4대 군사노선 표방 후 12년 후

309) 백종천 · 이민룡, 《한반도 공동 안보론》(서울: 일신사, 1993), pp. 144 ~ 146.

인 1974년 전력 증강사업인 '율곡사업'을 추진, 1992년까지 22조 2600억 원이 투입되면서 군사력 증강에 획기적인 성과를 나타내는 전기가 되었다.

한국의 군사전략은 평시의 억제와, 전시의 적극적 방어 후 공세이전 · 통일의 2개 축으로 구성되어 있다. 억제전략은 가장 중추적인 부분으로 궁극적으로 한반도에서의 전쟁 재발을 방지하는 데 두고, 북한이 전쟁을 도발하는 경우 승리할 수 없다는 것과 강력한 보복으로 결국 패배할 것임을 주지시키는 것으로, 여기에는 주한 미군 전력을 위주로 한 미국의 안보지원이 절대적으로 필요하여 작전통제권 등 군사 주권의 부분적 양도까지 감수하지 않을 수 없었던 것이다.

다른 하나의 억제수단은 독자적 군사능력의 확보로 율곡사업을 포함해서 가능한 최대한의 국방비를 확보하여 군사력 면에서의 사실상의 열세를 분야별로 극복하면서 보복능력을 확보한 것이다. 이제까지의 북한의 대남도발과 호전적 형태는 한국군의 보복능력의 열세를 계산한 것으로 도발억제 실패로 인한 한반도에서의 주도권을 장악해 온 결과가 되었는데, 여기에는 한국의 '안보 콤플렉스'인 도발에 대한 적극적 대응전략의 결여가 북한의 전략에 기여했다고 볼 수 있다. 즉 분쟁발생시 분쟁의 제한 및 조기종식과 전쟁확대 방지에 목표를 두고 신축성 있는 대응작전과 선별적인 과감한 응징 대책이 필요했었다. 휴전 이후 비무장지대 도발에 대한 강력한 응징사례 및 몇몇 G.P간 교전상황 등의 적극적 대응으로 인한 북한 도발행동의 제동내지는 D.M.Z활동 주도권 장악은 시사하는 바가 크다.

특히 서해교전으로 인해 양 군대간의 전력이 기술면에서나 사기면에서 큰 차이가 나는 것이 입증되어 당시의 정치적 제한이 없었더라면 더 큰 파급효과와 전과확대가 가능했었지만 나중에 피해를 당하지 않아도 될 피해를 감수하는 결과를 초래하기도 하였다.

2007년 10월 2~4일 평양에서 열린 남북정상회담에서 양국정상이 평화체제 구축 및 한국전쟁 종전선언 추진을 언급했는데, 향후 평화협정 문제가 남북관계의 주요한 의제가 되어 발전될 것이다.

국제법적 의미와 남북관계에서 파생되는 일반적 문제들은 물론 군사적 측면에서 남북군축 및 군사력 재배치, 북방한계선, 유엔군사령부 존속, 북·중, 한·미간 체결하고 있는 상호방위조약 문제 등 장기적으로 남북한 군사통합과 통일국군 건설과 연계되는 많은 함의를 띠는 것이 평화협정 문제이다.

미국으로서는 평화협정을 자국이 추진하고 있는 군사변환(military transformation)과 연계해서 전향적으로 발전시킬 수 있으며, 대북관계 진전 및 국가 승인 여부에 따라 한·미간 작전계획의 대폭적인 수정을 기할 수 있는 가능성이 크게 된다. 기존 남북한간 야기되는 어떠한 변화도 항상 남북한 통일과 그 결정적 요소가 되는 군사통합, 그리고 통일국군 건설에 순기능할 수 있도록 장기적 청사진과 구도를 가지고 접근되어야 한다. 즉 남북한간의 대결구조를 넘어서 한반도 통일 국가적 차원에서 어떤 형태의 군대가 건설되느냐 하는 것이 초점인 것이다.

가. 국방정책

국방정책은 한 국가가 외부의 군사적 침략으로부터 자국을 방위하는 목표를 달성하기 위해 필요한 군사 및 비군사 분야의 포괄적 국방력을 유지·조성하고 운용하기 위한 정부의 활동과 방침으로 국가안보 목표와 국가능력간의 관계를 가장 효과적으로 연결하는 정책으로 파악할 수 있다.[310] 중요한 국방정책 기조는 한반도의 평화체제 구축과 항구적 통일 상태를 뒷받침할 수 있는 유리한 전략 환경을 조성하고, 현존 및 미래 잠재적 위협에 능동적으로 대응할 수 있는 방위역량을 발전시키며, 국가와 사회발전에 부합되는 국방운영체제를 확립하는 것이다.

동시에 국방정책은 국가 목표를 달성하기 위한 국가안보정책의 핵심이다.

국가목표 달성을 위한 핵심과제는 국가안보 위협의 안정적 관리, 연합 및 집단 방위체제유지 및 발전, 주변국과 다자 안보협력 체제기반 강화 등 유리한 전략적 환경을 조성하는 것이 첫째이다. 다음은 자주적 방위역량을 발전시키는 것인데, 이는 한국 독자적 군사전략 발전, 미래전 수행에 적합한 첨단 정보

310) Graham T. Allison, "Conceptual Models and the Cuban Missle Crisis," *American Political Science Review*, Vol.63, No.3(September 1969), pp. 272 ~ 341.

과학군으로의 전환, 핵심기술 확보와 기술의 자주성 등을 통해 가능하다. 세 번째로 선진 국방운영체제를 확립하는 것이다. 이는 기술집약형 군구조발전에 부합된 국방인력 정예화, 전문화, 자동화, 과학화된 교육훈련 체계 구비, 디지털화된 군사력 건설 및 운용보장, 병영문화 개선과 선진형 군 복지 의무체계 구비 등을 통해 이루어질 수 있다.

통일한국의 국가목표 설정에서 전반적 삶의 질은 마땅히 선진국 수준으로 지향되어야 하나 대외적 힘의 위상은 강대국 또는 중위권 수준중 하나를 선택해야 한다. 강대국 위상을 견지하기 위해서는 오늘의 일본과 같은 경제력에다 영국 · 프랑스 정도의 군사력에 상응하는 수준이 요구된다. 그러나 현재 한국의 발전수준을 감안했을 때 일본 수준의 경제력 확보에는 상당한 시간이 필요하고, 경제력 규모와 관련 인구 측면에서도 규모의 경제를 독자적으로 이루어 가는 데는 큰 노력을 요한다.

경제발전 속도는 빠를 수도 있으나 군사적 증강은 간단한 문제가 아니니다.

강대국 위상을 구축하려면 적어도 핵무기 보유, 또는 보유능력, 핵무기가 아니더라도 첨단수준의 무기 체계가 확보되어야 한다. 그러므로 한반도 통일의 시기에 관계없이 견실한 중위권 국가의 위상을 달성한 후에 강대국위상을 목표로 함이 바람직하며 실제로 지역강대국보다는 상대적 열세를 전제로 한 중위권 국가의 군사력 유지는 주변국들 간의 관계도 훨씬 원만할 것이다. 객관적으로 어느 국가도 경시 못할 잠재력을 유지하면서도 대외적 힘의 위상을 수준보다 낮춰 잡는 국가 목표의 설정방식이 바람직하다. 강대국을 겨냥하며 남북한 양국의 군사력을 합쳐 높은 수준의 군비를 유지한다면 주변국들의 견제와 이해 상충이 따를 것이다. 통일 독일이 견지하는 대외 군사 외교 정책을 주의깊게 지켜봐야 할 것이다.

외교 안보정책의 큰 기조는 동맹과 자위의 적절한 조화로 압축된다. 월츠(Kenneth N. Waltz)는 국가안보정책은 '힘이 균형' 에 있다고 본다. 그리고 그는 균형을 추구하는 방법으로 '내적 균형(internal balancing)' 과 '외적 균형(external balancing)' 을 든다. 외적 균형이란 다수 국가 간의 이합집산적인 동맹을 통해 지배적인 국가의 준동을 막는 방법으로 고전적인 '세력 균형

(balance of power)' 을 의미한다. 내적 균형이란 자국의 군비증강 및 기타 힘의 증대 노력을 통한 일대일의 균형을 말한다.[311] 결국 외적 균형과 내적 균형은 균세(均勢)와 자강(自强)의 다른 표현이며, 동맹정책과 자위를 위한 국방정책으로 대표될 수 있다. 한반도의 국가 위상을 견실한 중위권 국가로 설정할 경우 손쉬운 안보선택은 어느 일방과 안보동맹을 맺는 것이나 한국의 경우 현실적으로 미국과 중국이 그 대상이 되는데, 한쪽만의 선택은 바람직한 방법이 아니며 미 · 중을 주축으로 하는 다자간 안보동맹체제 구축 방향으로 나아가야 한다. 이와 아울러 자력방위 능력을 높여 나가야 한다.

점진적으로 어느 일방으로부터 편중된 군사적 지원을 지양하면서 스웨덴과 같은 형식의 독자적 안보 능력을 갖추는 방안이다. 요약하면 주변 강대국의 군사적 위협에 일대일로 대응하는 무모하고 소모적 방법이 아닌 억제에 필요한 적절한 수준의 군사력 요구를 충족하면서 견실한 중위권 국가로서의 방위목표를 달성하는 것이다. 이러한 위상이 구축되면 동북아의 안보외교 측면에서 볼 때 지역 질서의 안정성이 도전을 받을 시 조정자에 가까운 균형자의 역할도 가능하게 되는 것이다.[312]

나. 군사 전략

몰트케 원수(Der Feldmarshall Graf Moltke)는 "전략은 하나의 조력(組力)체계(ein System von Ausbilden)이며 끊임없이 변하는 상황과 환경에 걸맞게 근원적 사고 개념을 발전시켜 건전한 인간의 이성에 기초하여 전쟁을 수행토록 하는 것이다."라고 하였다.

또한 전략은 전장에서 타격수단과 함께 기동부대를 통합, 집중하여 전술적 승리의 개연성을 보장하는 것이다. 폰 골츠(Von Goltz)원수도 "전략은 일반적으로 가장 유리한 조건에서 부대가 교전할 수 있도록 만드는 포괄적인 정책"이라고 하였다. 즉 전략은 전장에서 전쟁목적을 구현하기 위하여 대규모 전투

311) Kenneth N. Waltz, *Theory of International Politics*, (Mass: Addison-Wesley, 1979), pp. 163, 168.
312) 차영구, "안보 · 군사통합 2000년부터 남북공동시대 진입," 대통령 21세기 위원회, 《2000년에 열리는 통일시대》(서울: 동아일보사, 1993), p. 164.

력을 기동시키는 예술인 것이다.[313] 즉 군사전략은 국가목표를 달성하기 위하여 군사적인 수단을 효과적으로 준비하고 계획하고 운용하는 방책이라 할 수 있다.

통일한국이 대응해야 할 주변 강대국 전쟁양태 또는 군사행동 양태는 전면전, 제한전, 무력시위 등 크게 3가지로 분류할 수 있다. 전면전의 경우 확률이 낮으나 해 · 공군주도의 전쟁양태가 될 것이며, 중국 · 러시아 등 대륙 인접국을 고려하고 일본의 전통적 대륙진출 양상을 고려할 때 최종적인 지상전투의 중요성을 고려하지 않을 수 없으므로 여전히 지상 전력이 강조된다.

제한전은 전면전보다 그 발생 가능성 측면에서 더 주목해야 하는데, 독도 등 영토문제, 접경지대 군사적 충돌, 해양문제, 환경, 인구이동, 경제마찰 등이 군사적 분쟁으로 발전될 소지가 많다. 이러한 점 때문에 통일 한국의 군사전략이 순수한 방어위주의 개념으로 국한시키는 데는 문제가 있으며, 제한된 시도를 거부할 수 있는 전략적 공세전력을 적절히 보유해야 한다.

마지막으로 무력시위에 대한 대응이다. 한반도의 전략적 위상이 주변 강대국의 강압외교(coercive diplomacy) 대상이 될 수 있으며 이러한 측면 때문에 순수한 중립 그 자체를 견지하기가 어려울 것이다. 무력시위에 직면하는 경우, 전면전을 불사하겠다는 강력한 의지 이외에 다른 강대국의 안보후원이 필요한 것이다. 따라서 평시에 지역안보문제에서 제한된 균형자역을 수행하면서 다자간 안보체제를 잘 발전시켜 위기 시에 다른 강대국의 견제와 후원을 기대할 수 있는 것이다.[314]

그러면 이 같은 군사위협에 대비하여 어떤 군사전략을 설정할 것인가? 먼저 주변강국과 일대일로 맞서는 공세전략은 부적합하다. 수세 전략도 부적합하다. 즉 이스라엘식의 공세위주방어 전략이나 지형을 이용한 스위스식의 수세 전략도 영토가 협소한 한반도에서 바람직한 방책이 아니다. 그러므로 통일한국의 군사전략은 대체로 일반화된 공세적 수세 전략의 개념 위에서 수립되는 것이 타당하다고 본다. 기본적인 군사전략의 목표는 방어에 두되 군사행동 자

313) Gunther Blumentritt, 류재승 역, 《전략과 전술》(서울: 한울, 1994), pp. 23 ~ 25.
314) 이민룡, "남북한 군사전략과 통일한국군," 『한국군사』, 제5호(1997. 7), pp. 14 ~ 17.

체는 공세적으로 전개할 수 있는 능력을 구비해야 한다는 것이다.

또한 과거의 내향적 방위개념에서 탈피하여 보험적 안보를 위한 최소한의 대외적 군사역할 분담능력이 필요하다. 이를 위하여 연합능력 구성에 있어서 외국과의 현대전적 전투력의 균형화와 전력투사 범위의 확대 등을 주변 강대국을 자극하지 않으면서 현명한 방법으로 형성해 나가야 한다. 유엔 평화유지군 역할의 성공적 수행이나 해군의 환태평양 연합기동훈련 참가는 이러한 측면에서 바람직하다.

고로 군사전략과 연계된 상비 전력은 세계적인 군비통제 추세 및 남북한의 통일 등으로 인한 축소의 요구와, 국력에 부응하는 세계 질서의 개입, 주변강국의 잠재적 위협대비 등에 따르는 강화의 필요성이 공존하게 된다. 이들 상호 상반된 요구에 부응하기 위해서는 외형억제와 실질증진의 기술 집약형 군사력 개념의 도입이 필연적이다.[315] 이와 같은 전반적 개념 위에서 통일한국의 군사전략에 포함될 요소들은 다음과 같다.

첫째, 억제개념을 발전적으로 적용하는 문제이다. 특히 거부적 억제력에 중점을 두어 상대국의 취약점을 공격할 수 있는 공군력, 장거리 미사일, 잠수함 전력 등을 확보해 나가야 한다.

둘째, 조기경보 능력의 확보와 예상 군사행동의 분석력 향상이다. 한국이 IT 강국인 만큼 그 위상에 맞는 정보수집 능력과 분석능력이 뛰어나야 하며 이를 바탕으로 정교한 타격능력을 갖추게 되는 것이다.

셋째, 연합작전능력의 향상이다. 유사시 다른 나라의 군사적 지원을 효율적으로 이용하기 위하여 보험적 안보 차원에서의 군사교류와 협력, UN평화활동 등과 아울러 군사 능력을 갖추는 것이 중요하다.

넷째, 총력전 개념에서 상비군 위주의 전쟁대비 태세로 발전시켜야 한다. 고도의 과학 전쟁, 전술적 차원보다 전략적 차원의 군사력 운용, 적극적 억제 전력의 확보 등을 고려할 때 상비군 위주의 기술 집약형 군대가 되고 직업군 제도에 입각한 전문화가 심화되어야 할 것이다.[316]

---

315) 이영우 · 노훈, 앞의 글, p. 24.
316) 국방부, 21세기를 지향하는 한국의 국방(서울: 국방부, 1995), pp. 54 ~ 57.

다섯째, 군사력 구조와 편제에서는 기동력을 향상시키고 육·해·공군의 통합작전 효율을 높이기 위한 통합군 체제로 조직되어야 바람직하다.

여섯째, 군사 무기체계의 혁신과 군사력 운용기술 측면에서 미국 등을 중심으로 한 특정국과의 협력관계를 증진시켜 나가야 할 것이다. 특히 통일한국의 대미국 외교는 이러한 목적을 충족하는 방향에서 새로운 각도로 강화되어야 한다.

결론적으로, 통일한국의 군사정책과 전략은 적절한 군사력 건설과 연계되고 그러한 군사력의 구체적인 수준과 규모, 운용방식, 성격 등의 문제를 연구 발전시켜 나가야 하며, 고도의 전문성을 띤 촉망받는 직업군을 육성시켜 나가야 한다. 통일 한국은 한반도 내부의 숙원을 이룩함과 아울러 통일국가로서의 외부적 위협으로부터의 안전을 확보해야 하는 역사적 과제 달성을 의미하므로 안보·국방 부담이 크다 하더라도 또 다른 전쟁 발발시 예상되는 엄청난 인명과 재산의 손실을[317] 고려할 때, 향후 군사 정책과 전략을 뒷받침하는 확실하고 꾸준한 적정수준의 투자가 보장되어야 한다.

2. 적정 군사력 규모 및 배치

냉전이 종식되었다고 보는 1990년을 신국제질서의 원년으로 보았을 때 18년이나 지났지만 세계 여러 곳에서 상당 규모의 분쟁들이 여전히 지속되고 있어 탈냉전이 곧 평화라는 환상은 깨지고 말았다. 특히 동북아는 한반도를 위시한 냉전적 갈등구조가 상존하고 있고, 강대국 간의 소위 세계적 차원의 상부구조와 동북아 지역적 차원의 하부 갈등구조가 상이하다는 사실은 지역 국가들로 하여금 안전보장 문제를 스스로 챙기게 하는 또 다른 현상을 초래하고 있다. 북한은 핵개발을 통하여 비대칭전력을 통한 체제유지와 서방 경제 지원 확보를 위한 수단을 확보하려 하고 있고, 이러한 북한의 핵무장을 포함한 상존하

317) 개전 1주일 내, 남한 인구 240만 명 정도 살상, 주요 장비·시설 50% 파괴. 한 달간 지속시 1/10 인구 살상, 시설·장비 70% 이상 파괴 예상(현 무기체계 파괴력은 6.25시와 비교하여 15-80배 증가). 윤규식, 위기의 북한, 그들의 최후 선택은(서울: 국방정신교육원, 1996) 참조.

는 위협 속에 처한 한국은 나름대로 군사비를 증강할 수밖에 없는 형편이었다.[318]

그렇다면 향후 통일한국은 어떤 규모의 군사력을 갖추어야 하는가? 이를 위해 현 남북한의 군사력을 비교분석한 후 통일에 대비한 한국군 군사력 건설규모와 운용방향을 설정하고자 한다.

가. 남북한 군사력 비교

〈표 5-6〉 북한의 군사력 변화(1991, 1997, 2006년)

구분 / 연도	군사비 (억달러)	총병력 (1만명)	육 군 총병력	전차 (MBT)	야포	전투기	잠수함	지대지 공격미사일
1991	42.8	84.0	75.0	3,275	4,750	854	25	-
1997	52.0	105.5	92.3	3,500	11,200	607	26	54
2006	50.0	110.6	95.0	3,500	17,900	590	63	64

출처 : *The Military Balance* 2007, London: Oxford University Press, 2007.

〈표 5-7〉 한국 군사력(1991, 1997, 2006년)

구분 / 연도	군사비 (억달러)	총병력 (1만명)	육 군 총병력	전차 (MBT)	야포	전투기	잠수함	지대지 공격미사일
1991	45.5	60.1	52.0	1,300	3,300	462	9	-
1997	156.0	67.2	58.0	2,130	4,540	461	13	12
2006	237.0	68.7	56.0	2,330	10,774	518	20	12

출처 : *The Military Balance* 2006/2007, London: Oxford University Press, 2007.

318) 냉전이 끝난 직후인 1990년 당시 109억 달러 수준이던 한국의 군사비는 2006년 현재 237억 달러 수준으로 증액되었다. 한국은 미군을 단계적으로 철수한다는 미국의 입장이 밝혀진 1995년의 동아시아 전략구상 발표 및 미국의 전술핵 전면 철수, 북한의 핵 개발 의혹, 일본과 중국의 군비증강 등 냉전시대보다 훨씬 복잡한 안보 상황에 대처해야 하였다. The Military Balance, 1990/1991, p. 167, The Military Balance, 2007.

〈표 5-6〉, 〈표 5-7〉에서 보는 바와 같이 남북한 양측 모두 냉전 이후 여전히 상당한 군사력을 증대시켜 나가고 있다.

소련의 개방 개혁정책에 당혹한 북한은 스스로 군사력 건설에 더 박차를 가해야 한다는 강박관념에 빠졌으나 더 이상 재래식 군비증강이 경제난으로 어렵게 되자 핵무기 개발에 매달렸고 아울러 미사일 개발로 군사적 우위를 지키려 하였다.

이제 북한의 핵 문제는 6자 회담에서 미국과 북한의 직접적인 대화로 풀어가려는 시점에 이르고 있다. 북한의 플루토늄 공개검증 문제와 더불어 간접적으로 시인된 우라늄 농축프로그램과 핵확산 문제가 쟁점이 되고 있고, 부시의 임기종료 전 외교적 성과에 급한 미국의 흐름을 북한이 계속 이용할 시 문제가 많다.

부시행정부는 당초 싱가포르 회동에서 북한이 플루토늄은 물론 UEP와 시리아 핵확산 의혹까지 모두 검증받는 합의를 해야 한다는 원칙을 세웠는데, 이것이 잘 지켜지지 않고 계속 지연되고 있는 것이다. 영변의 핵 시설 폭파 등은 용도 폐기된 시설의 폭파비용 요구 등의 실리를 챙기면서 선전효과를 노리는 것이다.

북한의 군사력은 공격적 군사 독트린에 입각, 전진배치로 재배치 없이 정규전을 포함한 모든 형태의 공격작전을 수행할 수 있다. 즉 북한은 현재 게릴라, 테러 등의 비정규전에서부터 화학전 · 핵전쟁에 이르는 모든 종류의 전쟁을 도발할 능력이 있으며 북한 정권이 마지막 수단으로 군사력을 사용할 가능성이 항상 열려 있음을 유념해야 하고 선제공격을 통한 전쟁 주도권 행사시 큰 타격을 입을 수 있다.

한국군의 군사력은 기본적으로 방어 위주이며 탱크, 야포, 전투기, 잠수함, 미사일 등 공격형 무기체계에서 북한 대비 상당한 양적 열세를 보이고 있으나 질적 면에서의 우위가 양적 열세를 상쇄할 수 있다는 분석이 지배적이다.

북한의 프로그 미사일, 사정거리 1000km 이상의 노동 미사일과 더 위협적인 대포동 미사일, 1만문 이상의 자주포 · 견인포의 화력 앞에 근접한 수도 서울은 상당한 전략적 취약점을 가지고 있다. 북한의 공격용 잠수함 63척에 대항할 한국 해군의 잠수함은 20척인데 성능을 포함한 제반 운용능력 면에서 우위를 점한다.

북한이 보유한 7800문의 대공포와 1만기 이상의 지대공 미사일은 공군 전력 운용에 위협적이다.

나. 주변국 위협평가와 통일한국의 적정 군사력

통일 후 독립국가로서 생존과 국가이익을 지킬 수 있는 적정 군사력을 필히 확보해야 하는데, 이제까지는 한미 연합방위 체제가 갖는 억제력과 미국의 책임, 분명한 적의 실체 등으로 현 군사력 수준을 유지하면서 50여 년간 그나마 현상 유지적 안정 상태를 지속해 오고 있다.

냉전이 끝나고 통일을 이룩할 한반도는 긴장도는 약해질지 모르나 잠재적인 적을 포함한 갈등대상이 복잡해지고 미국의 지원이 약해지면서 한국안보는 대부분 한국자력으로 담당해야 할 상황이 전개되는 것이다. 국력으로나 군사력으로나 모두 세계 4대 강국에 둘러싸일 형국이 될 것인데, 이들과 자동적으로 우호관계를 유지하고 평화 · 협력을 하게 될 것이라고 가정할 수 없다. 영토적 이익은 일반적인 상업적 이익과는 다른 것이기 때문에 한국과의 관계는 본질적인 이익으로 언제라도 분쟁을 불러일으킬 요소가 상존하는 것이 국제관계의 현실이다.

통일한국이 적정수준의 군사력을 보유하지 않을 경우 동북아 국제 정치의 격랑에 휩쓸릴 가능성이 많다. 국제 정치는 힘의 정치이고, 현재 한반도 주변국은 모두 한국보다 막강한 국력과 군사력을 가지고 있기 때문이다.

한정된 국방비로 군사력을 건설하는 데는 한계가 있으나 과학 기술의 발달로 인해 작은 나라도 현명하게 자신을 방어할 수 있는 시대가 도래하였다.

문제는 가용한 적정자원을 효과적으로 투자하여 요망수준의 적절한 군사력을 갖추는 것이 통일한국의 안보에 필수적이라는 국민적 의견 일치를 이루도록 하는 것이다. 주변국의 군사력 건설 추세에 적절히 대응하여 한정된 자원으로 질적 · 양적인 면에서 균형된 군사력을 갖추는 것이 바로 국방정책과 전략의 핵심이며 최종적으로 국방목표를 달성할 수 있는 능력이라 할 수 있다.

다. 통일한국의 병력 및 군사력

세계 제2위의 경제대국 일본의 정치 군사 대국화, 세계 3위의 군사대국 중국의 급격한 경제발전과 현대식 군사력건설 지향, 중국과 미국의 잠재적 갈등관계, 최근 현대적 군사력으로 보강하면서 초현대적인 군수산업을 유지하고 재기하는 러시아 등은 통일한국의 안보문제와 군사력 설정에 중요 고려사항들이다.

군사력이 너무 강하면 주변국 위협의 요인이 되고 너무 약하면 또 다른 불안을 일으킨다. 한국은 이제까지 냉전적 군사력을 보유해 왔다. 냉전시대에 미국은 해 · 공군력을 지원했고, 한국은 해양세력인 미국이 대륙세력인 중국 · 소련과 대적하는 데 필요한 지상군으로 기여하였다.

앞으로 통일한국의 병력 수는 지상군 병력은 축소될 것이고 해 · 공군의 비율이 상향 조정된 군사력을 보유하게 될 것이다.

총병력수를 결정함에 있어 통일한국의 인구를 7천만 명으로 산정할 경우 1%인 70만 정도는 되어야 한다는 것이다.[319] 안보환경 유사국인 그리스와 터키의 인구 대 병력비를 살펴보면 0.7 ~ 0.8% 정도이다. 이를 통일한국 인구 비에 적용해 보면 49만에서 56만 명 규모가 된다.

통일한국의 총병력수를 추정하기 위해 총병력수와 인구, 국방비 및 국민 총생산에 관한 회귀모형을 근거로 계산한 병력수는 최고수준 41만 명, 중간수준 31만 명, 최저수준 21만 명 수준으로 나타나고 있는데, 이는 물론 준 군사력 소요를 제외한 순수 현 병력 수준을 의미하며, 인접 국가들을 감안, 총병력 수준은 31만 명에서 41만 명 정도로 최종 산출한다.[320] 미 랜드연구소 베네트 박사가 미 국방부에 제출한 '한국비전 2010' 보고서에서는 통일직후 육군병력만 75만 명에서 통일 후 42만 5천 명으로 총병력수를 예상하고 있다. 위협의 규모에 따라 상비 전력을 계산하는 방법으로는 육군의 경우 중국의 심양군구를 위협대상으로, 해공군은 일본을 대상으로 선정한다.

이 경우 심양군구 병력규모 약 43만 명에 한국군 해 · 공군 병력을 포함하면

319) 이춘근, "남북한 군사력과 통일 한국군," 『한국군사』(1997.7), p. 35.
320) 김충영, "통일 후 한반도 군사력 판단," 『국방연구』, 제38권 제1호(1993), p. 111.

대략 55만 명 정도가 적합하다는 분석이 나온다. 만일 중 · 러와 분쟁이 있을 시 러시아의 극동 군구, 중국은 심양군구가 중심이 될 것이고, 이때 최대투입 병력 50만 명으로 예측했을 시 지상군 소요는 "방어충분성 원칙"과 북부 · 중부 · 남부 사령부 개념에 입각한 작전을 고려하면 야전군 병력과 상급 사령부 병역소요를 포함 약 35만 명이 된다. 여기에 해 · 공군은 남북한을 통합한 병력을 그대로 유지하더라도 주변국과 비교할 때 열세를 면키 어렵다. 주변국 군사력 변화추세와 전쟁양상을 고려할 때 해 · 공군력이 전쟁의 핵심역할을 해야 하나 현실적으로 각각 10만 명 이상 유지하기는 어려울 것이다. 이렇게 볼 때 육군 총병력 35만 명에 해 · 공군 각 10만 명씩 55만 명이 적정선으로 산정되기도 한다.[321] 이를 종합해 볼 때 통일한국 총병력 수는 50 ~ 60만 명 수준은 유지해야 할 것으로 보며 정확한 숫자는 지원병제를 부분 적용하는 등의 변수에 따라 최종적으로 정할 수 있을 것이다.

다음으로 적정 군사력 건설문제이다. 전술한 바와 같이 필수적인 조기 경보 및 정보수집 체계구축, 현대화된 기동타격군 및 고성능의 장거리 타격 무기 보유, 핵무기 또는 핵무기 잠재능력 보유 등을 전제로 양보다 질적인 과학 · 기술군을 건설해야 하며 육군위주에서 해 · 공군을 증강하는 방향으로 나가야 한다. 그러므로 육 · 해 · 공군의 군사력 건설비율 즉 재정비율도 조정되어야 한다.

각 군의 재정비율이나 병력수를 결정할 경우 통일한국의 국제정치상의 위상과 비교될 만한 이태리나 스페인을 참고할 필요가 있다. 종합국력 세계 9위에 한반도보다 약간 큰 30만㎢인 반도국 이탈리아는 총병력 19만 1천 명중 육군이 58.6%, 해군이 17.8%, 공군이 23.6% 비율로 되어 있다.

스페인의 경우 총 병력 14만 7천 명으로 육 · 해 · 공군 비율은 64.9%, 13.2%, 15.5%이다. 이탈리아의 경우 육 · 해 · 공군 비율이 100 : 30 : 40인데 현 한국의 경우 육군을 100으로 할 경우 해군 11.3, 공군 11.4, 해병 5의 비율이다.[322]

---

321) 이임노, "통일한국의 군사력 건설에 관한 연구," 국대원 안보과정 연구논문(1996), pp. 63 ~ 64.

322) The Military Balance 2007, pp. 359 ~ 360.

종합적으로 통일한국군의 각군 비율은 육군이 60 ~ 70%선, 해 · 공군이 15 ~ 20%선이 바람직할 것으로 판단된다.

마지막으로 적정군사비 책정이다. 2006년 기준 대북한 위협에 대비하기 위한 한국의 군사비는 GDP의 2.8%이다. 통일 후 대 주변국 위협에 대처하기 위해서는 필연적으로 국방비의 대폭적인 증액이 요구된다. 통일 후 2010년을 기준으로 주변 4강의 군사비 규모는 한국의 GNP 대비 3%의 군사비를 지출한다고 할 때 한국에 비해 3.5배 내지 8배의 규모이다.[323)]

국방비 중 70%가 운영유지비로 충당되는 현재의 상황으로 볼 때 통일 후 국방비도 최소 통일 전 수준은 유지되어야 통일국군이 지향하는 군사력 건설이 될 수 있을 것이다. 중, 장기 국방재원 잠정 판단은 2.7%에서 2.8% 사이이다.

세계 각국의 일반적인 국방비 규모를 보더라도 대략 한국과 비슷한 상황의 나라들은 5% 수준을 유지하고 있다.

재래식 무기체제와 병력집약형 군사력을 기술집약형으로 전환시키려면 인력절감이라는 이득에도 불구하고 막대한 군사비가 소요된다. 현 국방비 수준으로는 당분간 병력집약형에서 기술집약형으로 단기적 전환을 모색하는 수밖에 없다. 기술집약형 통일국군 건설을 위해서는 안정되고 지속적인 국방비 수준을 유지해야 한다. 국력에 상응하는 국방비를 통한 적정 군사력 건설과 유지는 안보위상 강화를 통해 군사외적인 측면, 예를 들면 경제투자 면에서부터 문화예술 분야의 활동에 이르기까지 국가적 위상을 높여 전반적 국가이익에 기여하게 된다.

라. 군사력 배치

통일 후 군사력의 배치도 군사전략의 개념하에 상대국을 자극하지 않는 범위 내에서 이루어져야 한다. 배치시 고려사항으로는 동원능력, 적배치, 무기체계, 지형, 전장 투입능력 등이 있다. 동원능력이나 전장 투입능력이 우수하다면 상대국을 자극하면서까지 군이 국경선상에 배치할 필요가 없다. 또 상대

323) 권태영 · 김수영, "독일 통일의 교훈과 한반도 통일," 『국방논집』, 제20호(1992), p. 30.

국의 전투력이 종심 깊게 위치해 있다면 아군의 전투력도 그것에 맞게 후방지역에 배치할 수 있을 것이다. 요점은 한국이 공격 지향적 배치를 배제하여 상대국을 자극하지 않고 후방과 적의 공격에 신속히 대응할 수 있는 전 방위 태세를 유지하는 것이다.

전투력의 전개는 북부, 중부, 남부의 3개 지역으로 나눌 수 있는데, 북부지역은 대중국(심양군구) 대비에 중점을 두고 육군위주로 편성하며, 중부지역은 예비/동원전력과 전 방향 신속한 투입에 중점을 두고 공군위주로 편성하고, 남부지역은 대일본 대비에 중점을 두고 해군위주로 편성하는 개념을 설정할 수 있다.

통일한국의 상비군은 설정된 군사전략을 실질적으로 구현할 수 있는 방향으로 배치되어야 한다. 그 원칙을 다음과 같이 제시하며 이와 같은 원칙에 따라 배치방안을 구상함이 바람직하다.

첫째, 잠재적국에 대비하여 전 방위로 배치한다.

둘째, 전략요충지(권역)에 중점적으로 배치한다.

셋째, 전략 및 전술적 부대 운용 목적에 따라 배치한다.

넷째, 기존의 군사시설을 최대로 활용하여 배치한다.

국방부와 통합군사령부, 5개 군사령부는 동일지역에 위치하는 것이 바람직하다. 만일 통합 수용한다면 기존 시설로는 수용하기 어려울 것이다. 신축한다면 비무장지대가 적합할 것이다. 기존시설을 활용한다면 최소한 통합군사령부와 특수군 · 통합지원군사령부를 통합하여 한 곳에 위치하면 운용상의 효율을 기할 수 있다.

지상군의 북부군사령부는 평양, 중부군사령부는 서울주변, 남부군사령부는 대전에 위치함이 적합할 것이다. 9개의 전투사단은 함북, 함남, 평북, 황해, 강원, 경기(인천), 경북, 경남(부산), 전라지역에 각 1개 사단을 배치하고, 동원사단은 소요에 따라 행정구역 내에 위치하면서 지방방위군을 지원할 수 있도록 배치한다.

해군의 3개 지역함대 사령부는 동해는 원산, 남해는 진해, 서해는 군산에 위치하고 사령부의 작전지역은 지상군의 중 · 남부군사령부지역을 경계로 구분하며 전시에는 변경 또는 통합 운용한다. 전략함대 및 잠수함대사는 남해지역(예를 들면 진해)에 위치한다. 해병사령부는 해군사령부 부근에 위치하고 2개 해병사단은 김포, 원산지역에 전개하고 각 함대의 전투전단을 전 해역에 적절히 배치하는 것이 바람직하다.

공군은 북부작전사령부는 평양, 남부작전사령부는 오산, 방공사령부는 공군사령부와 같은 지역에 위치한다. 북·남부구역은 통일전과 동일한 것이 바람직하다.

전투비행단은 현재의 남북한의 작전기지를 적절히 이용하여 재배치 소요를 감소시킨다. 그 외 특수군과 통합지원의 예하사령부 및 부대는 임무와 성격에 따라 적절히 배치한다. 배치는 부대운용 목적에 충실하되, 크게 위배되지 않으면 기존 군사시설을 최대한 이용하여 낭비요인을 제거해야 할 것이다.

3. 군 구조 및 지휘체계

가. 군 구조

군 구조는 수직적으로는 국방부 및 합참으로부터 각 군 본부, 여러 단계의 전투 부대 수준으로 구성되어 있으며, 수평적으로는 크게 군령기능과 군정기능으로 대별된다. 또한 전투기능을 수행하는 군사력의 형태와 규모에 있어서는 전략임무를 수행할 수 있는 적합한 수단을 준비해야 하는 것이 군사력을 기획하는 기본 방식으로, 군 구조계획의 패러다임에 해당된다.[324)]

통일 후 한국군의 모습을 구상하는 영역에서는 군 구조 모색 환경이 다르므로 몇 가지 전제조건, 즉 통일한국이 채택할 군사전략인 평시 전쟁억제와 유사시 방어 충분성에 입각한 전략적 수세를 견지해야 한다는 점, 그리고 새로운 전략 환경과 위협에 대응하는 군사 태세를 구성함에 있어서, 현상적인 바탕에서 출발하는 Bottom-up 방식보다는 목표개념을 도입해서 이에 접근시키는 Top-down 방식을 적용하여 구상할 필요가 있다.[325)]

---

324) Paul K, Davis, New Challengers for Defense Planning(Santa Monica: RAND, 1994), p. 21.
325) 장문석, "남북한 군 구조와 통일한국군," 『한국군사』, 제5호(1995년 7월), p. 39.

통일국군의 군 구조를 설계함에 있어서는 이론적인 고려사항(예를 들면 군 구조의 개념과 범주, 군사교리와 군 구조 관계, 군사조직의 원칙 등)과 더불어 실질적으로 군사정책과 군사전략의 유용성을 보장하고, 장차전 양상에 적절하며, 타 국가의 군 구조, 통일시 예상되는 군사 환경(남북군사 통합) 등의 영향요소를 모두 고려하여야 할 것이다.

우선 관련 개념과 원칙을 통한 영역을 설정해 보면 첫째, 군 구조는 가능 군사력을 합리적이고 효율적으로 조직화함으로써 한정된 자원으로 전력을 극대화하여 군의 영향을 효과적으로 수행해야 한다. 둘째, 조직적 측면에서 군 구조는 국가의 안전보장을 주 임무로 하는 일종의 사회구조로서 합법적으로는 군정권과 군령권을 가지며, 정부 및 국방부, 합참, 각 군 사령부 및 전투부대 등의 수준으로 분류되는 복합체로서의 구조이다. 즉 군 기능의 관리 측면에서 본 지휘구조 체계를 의미한다. 이와 관련해서 문민통제, 군사적 적합성, 관리능률 지향, 군사목적 달성을 위한 통합의 원칙, 지휘통일의 원칙 등이 잘 적용되어야 한다.

셋째, 군 구조는 군사임무 수행에 관련되는 전반적인 군사력의 구성관계와 군사력의 수준으로 '방위력을 이루고 있는 부대의 수, 크기, 부대구성을 말한다. 예를 들면 사단(Division), 함정(Ships), 비행단(Wings)을 구성하는 관계이다. 즉 군사전략 개념을 구현하고 군사목표를 달성할 수 있는 임무에 입각한 군사력의 구성관계로서 상위 수준의 범주는 3군의 균형적인 구성수준, 상비군과 예비군의 구성관계 등을 포함하는 군사력의 구조적 형태이다.

나. 남북한 군 구조 · 지휘체계

통일한국군 군 구조는 현재 남북한의 군 구조 현상을 고찰하고 남북한 군사통합을 염두에 두면서 구상해야 한다.[326] 한국군은 문민인 국방장관을 중심으로 군정권과 군령권이 통합 관장되는 군정 · 군령 일원화 체제를 유지하고 있으며, 전통적으로 3군제를 기반으로 군대 운영을 분권화하고 있다.

326) 위의 글, pp. 40 ~ 41.

1990년 합동군제를 채택하여, 국방부 본부는 국방정책수립 및 자원획득 배분과 집행 · 통제업무를 수행하고, 합동참모본부는 국방부에 군사력 소요를 제기하고 군사력 운용업무를 담당한다. 또 육 · 해 · 공군본부는 군정업무를 담당하고, 합동참모본부는 군령권을 행사하는 소위 3군제를 기반으로 작전기능 통합적 운용을 도모하고 있다.[327)]

현재의 한국방위는 한미 연합방위체제로서 상부지휘체계는 한미 양국 국가통수 및 군사지휘기구(NCMA : National Command Military Authority)로부터 한미 군사위원회(MCM : Military Committee Meeting), 한미 연합군사령부로 이어지는 지휘계선을 이루고 있어 상부구조에 있어서 군정 · 군령기능 및 전방작전과 후방작전 기능이 분산되는 문제점 등이 있으나 자주 국방 개념에 입각하여 점진적으로 개선을 도모하고 있다. 2012년에 전시작전통제권이 환수될 계획이며 이에 따른 독자적 군사력 운용개념의 발전 및 강화는 통일한국군 건설에 순기능적이다.

상비군과 예비군의 구성비 면에서 남북한의 예비군 규모는 500만 명에 달하여, 세계 전체 평균 구성비인 1.8 : 1 즉 예비군이 상비군의 42% 정도임을 비교해 볼 때 구조적 낭비가 심대하고 비합리적이다. 이는 총력전 개념의 산물로 통일 후에는 새로운 전략환경과 개념에 따라 혁신적으로 개선되어야 한다.

북한 군사기구는 당 조직을 통한 정치지도 체계와 일반 군사체계를 통한 군사 지휘체계로 이원화 되어 있다. 북한의 통치그룹을 형성하고 있는 기구는 당 중앙군사위 위원과 국방위 위원들로서 북한 권력의 최고 핵심이다. 국방위원장은 일체의 무력을 지휘 · 통솔하도록 되어 있어 무력에 대한 최고 지휘권을 행사하고 있다. 평시에는 국방위원회의 인민무력부가 군정을 담당하고, 인민군 총참모부가 군령권을 행사한다. 전시에는 국방위원회가 최고 사령부로 전환되고, 인민군 최고사령부는 인민군은 물론 노동적위대 등의 예비 병력을 포함한 전 무장병력을 지휘하도록 되어 있다.

인민군의 편제는 현재, 총참모장 예하에 전후방 20개 군단, 경보교도지도국,

---

327) 국방부, 《장기국방태세 발전방향: 군 구조개선을 중심으로》(서울: 국방부, 1989), pp. 18 ~ 19.

포병사령부, 전차교도국, 해군사령부, 공군사령부 등으로 구성되어 있는데, 그 성격을 규명해 보면 문민통제 수준에서 볼 때 군정과 군령이 이원화 되어 인민군 최고사령관(평시 국방위원회위원장)이 일체의 무력을 지휘통솔하며, 국방장관에 해당하는 무력부장이 현역으로 군정과 군령권을 총괄함으로써 인민군에 대한 통수권 행사가 국가행정의 통제에서 벗어나 특수한 권한으로 이루어지고 있다.

다음으로 통합군제를 채택하여 각 군 본부가 없이 3개 군의 부대가 단일 지휘관에 의해 직접 지휘통제되는 체계이다. 마지막으로 지휘체계가 당 · 군의 조직으로 이원화 되어 있는 것이다.

다. 통일한국군의 군 구조 및 지휘체계

통일한국의 군 구조는 남북한의 대칭적 전쟁억제 구조로부터 대전환을 모색하고, 외부의 잠재력 위협에 적정 규모 정예군 육성을 통한 방위적 태세를 취하면서, 동시에 상당기간 내부적 통제기능을 강화하여 국내 불안요인을 제거하는 데 효율적인 군 구조기틀을 구상해야 한다.

먼저 통일한국군의 지휘체계를 중심으로 한 상부 국방조직 설계는 문민통제 기능 강화, 효율성과 경제성을 달성할 수 있는 통합군제의 선택, 남북한 군사통합 과정을 거치면서 통합도가 높은 군 조직을 목표로 해야 한다. 특히 남북한 군사통합은 군의 지휘계통을 확립하고 남북한 군대의 동질성을 살려야 한다.

또한 실질적으로 통합도를 높이기 위해 정보 · 교육 등의 기능적 통합과 더불어 확장된 지리적 여건과 잠재적 위협의 형태 및 새로운 군사력 역할을 고려하여 지역적 통합을 동시 고려하여야 한다.

군사력 구조 측면에서는 육 · 해 · 공 3군의 전통을 기반으로 하면서 각 군의 평시 및 유사시의 역할에 적합한 군 구조를 설계해야 하는데, 상비군의 행태는 미래 군사력의 역할을 수행할 수 있는 임무형 구조로 발전시켜야 하는 점, 상비군과 예비군의 적당한 비중에 따른 군 구조, 군 병역제도를 지원병 제도로 점차 전환해야 하는 점 등을 고려하여야 한다.

예비군은 상비군의 두 배 수준을 넘지 않는 범위가 구조적 낭비를 예방할 것으로 보이며, 해·공군은 첨단 장비 위주의 기술군으로 육성되어 전문성이 요구되면서 이러한 요소들이 예비군의 수 및 지원병 제도의 적합성을 높여 준다.

3군의 구성비는 병력 및 군사력 규모 측면에서 전술하였는데, 군사능력을 최대한 발휘하기 위해서 적절하게 편성하고 균형 잡힌 육·해·공 및 해병대를 보유해야 한다.

다음으로 대륙·해양국가에 따른 지리적 특성이 고려되어야 한다. 대양을 끼고 있는 미국·일본·영국·소련 등에서는 해·공군이 상대적으로 비중이 높고, 대륙에 영향을 많이 받고 있는 나라들은 육군의 비중이 높으며, 프랑스 등은 중간 수준이다. 한국과 스페인, 이탈리아 같은 반도 국가들은 대륙과 해양의 전략적 유리점을 동시 고려하여야 한다.

마지막으로, 위협의 형태에 대응하기 위해 전략목표와 전략개념을 수행할 수 있는 임무 수행에 초점을 맞추어야 한다. 위협의 형태와 정도, 변화 및 군의 새로운 역할 등에 따라 3개 군의 구조에 변화가 올 수 있으며, 특히 통일 후의 한국은 새로운 위협과 군의 역할에 입각하여 3군의 균형적 구조를 설정해야 한다. 통일한국의 군 구조를 통수, 지휘구조와 주요 사령부 위주로 구상해 볼 때 특징은 다음과 같이 정리할 수 있다.[328)]

첫째, 국방부장관에 직속하는 통합군사령관은 전 군종의 군령측면의 노력을 통합하며, 군종 및 기능사령부는 군령의 시행기능만 담당, 실제적인 작전 운용측면에 중점을 두어 예하 사령부를 지휘토록 한다.

둘째, 군종별 사령부외에 특수군사령부, 통합지원군 사령부를 편성한다. 특수군사령부는 장차 전략사령부가 되어야 한다. 통합지원사령부는 작전수행지원 및 전력준비 임무를 총괄 수행하도록 한다.

셋째, 통합군사령부, 특수군사령부, 통합지원사령부는 3개 군종이 통합된다. 그러나 특수군사령부의 예하 사령부는 신속대응사단을 제외한 부대는 단일 군종으로 편성된다. 지상군·해군·공군 사령부도 단일 군종이 바람직하

328) 이임노, 앞의 글, pp. 70 ~ 71.

다.

넷째, 향토사단은 군 구조에서 제외하였다. 통일 후의 향토사단은 병력감축과 지방분권화에 대비하여 지방방위군으로 전환하도록 하고, 군은 평시에는 협조지원, 전시에는 지휘 · 통제하는 개념으로 발전되어야 한다.

통일한국군의 통수구조는 대통령이 최고의 통수권을 가지고 군을 지휘하며, 대통령 밑에 국방장관이 지휘권을 갖는다. 국방장관은 대통령 또는 국가안보회의 그리고 대통령이 승인한 위기관리위원회의 결정사항으로부터 군사상의 지휘지침을 받는다. 국방장관은 통합군사령관을 지휘하며, 통합군사령관은 각 군사작전 사령부와 작전을 지원하는 통합지원군사령부를 총지휘한다.

지상군은 수도권의 중요성을 고려하며 한반도를 북 · 중 · 남부의 3개 지역으로 구분한다. 각 지역에는 지휘부와 직할부대가 강화된 군사령부를 편성한다. 각 지역군 사령부는 3개 지역사단으로, 지역사단은 4개 연대로 편성하며 차량 및 기계화대대, 자주포병대대를 적절히 보강한다. 기동군단은 2개 군단으로 각각 1개의 전차사단, 기계화사단, 자주포병사단으로 편성되며 지상군사령관이 직접 지휘한다. 특전사령부는 1개 전략사단과 1개 전술사단으로 구성하고 사단은 3대 여단으로 편성하고, 항공사령부는 3개의 여단으로 편성하며, 수도방위를 위한 수도사단은 지상군사령부에 예속시키는 것이 좋을 듯하다.

해군은 반도국가로서의 지리적 특성을 고려하여 동 · 서 · 남해의 3개 함대사령부와 전략함대, 잠수함대, 해병사령부로 구성한다. 각 함대사령부는 수개의 전투전단을 두며, 해병사령부는 2개 사단을 유지한다. 전략함대는 여건에 따라 중형구축함, 미사일함 등으로 기동전투단을 창설하고, 국력성장에 비례하여 장차 순양함, 전함 등 독자적인 작전이 가능한 전투함으로 규모를 확장시켜야 할 것이다.

공군은 남 · 북한군대의 통합으로 이루어지는 만큼 2개의 남 · 북작전사령부와 전략공군사령부, 방공사령부로 구성한다. 작전사령부는 남북의 전투비행단을 재편성하며, 전략공군사는 조기경보 및 전략정보 자산을 통합하고, 전략폭격기편대를 창설하여 구성한다. 방공사령부는 남 · 북한의 방공수단을 통합한다.

특수군은 평시부터 전략공군사령부와 전략함대사령부를 작전통제하며 전시에는 특전사의 전략사단, 해병사의 해병사단을 추가로 작전 통제한다. 예하부대는 새로 창설되어야 할 필요가 있는 신속대응사단, PKO사단, 공정사단, 장거리유도탄부대 등으로 편성한다.

신속대응사단은 국가위기사태 발생시의 즉응 대처부대로 지 · 해 · 공 주요 작전부대로 구성되며, 부대의 운용은 위기관리위원회 통제를 받는다. PKO사단은 통일한국이 국제평화와 활동에 적극 참여하기 위한 특수목적으로 운용하는 사단이다. 이 부대의 편성은 전투사단과 달리 목적에 맞게 편성되어야 한다. 공정사단은 새로이 창설해야 하며, 장거리 유도탄부대는 핵심적인 억제전력으로서 계속 증강되어야 한다.

통합지원군은 정보 · 교육 · 군수 · 동원 · 의무 · 통신사 등의 부대로 구성한다. 동원체제는 향후 전쟁이 디지털화된 정보전으로 재래전과는 다른 혁명적 사고의 전환이 필요한 바, 사후 대처의 동원보다는 전쟁 억지에 주안을 둔 동원개념, 전쟁양태와 위협국, 위협강도에 따른 상황별 신축성 있는 제도, 동원자원의 이동 · 결집이 아닌, 자원이 존재하는 위치에서 임무 전환을 통한 동원준비, 개별 차원이 아닌 기능 차원에서의 동원 등이 검토 발전되어야 한다.[329]

4. 무기체계 및 방위산업

가. 통일한국군의 무기체계 발전 방향

한반도 주변 강대국들은 전환기적 환경 속에서 해 · 공군의 무기체계 현대화를 적극 추진하고 있다. 한국은 외국의 무기체계를 도입하여 단기간에 전력증강 효과를 내려 하고 있고, 국가 차원의 과학기술 발전과 연계한 기술 파급효과가 미흡한 실정이다. 민수분야의 향상된 기술이 방산분야와 잘 연계되지 않아 응용이 미흡한 것이다. 통일한국군을 지향함에 있어 국가차원의 과학기

329) 정원영, "남북한 동원체제와 통일한국군," 『한국군사』, 제5호(1997년 7월), p. 146.

술 발전과 연계한 군사기술의 종합발전 계획이 잘 이루어져야 한다.

중국의 경우 종래의 연안방위전략에서 대양해군전략으로 전환하기 위해 신예 구축함, 러시아 잠수함 구매 협상과 더불어 SU-27 전투기 구매 상담, 공중급유 장치를 갖춘 공중수송 편대 증강, 공중조기 경보체제를 통한 방공체계를 강화하고 있다. 일본도 조기경보기(AWACS)의 자체 개발, 대잠수전 능력 향상과 더불어 기존 구축함의 8배 전력을 지닌 9천톤 급 최신예 이지스(Aegis) 함을 4척 이상 보유하였고 계속 더 확보해 나갈 계획이다.

남한은 전략무기체계가 없는 상태라고 말할 수 있지만 북한은 사정거리 1000 ~ 2000㎞의 노동 및 대포동 미사일을 보유하고 있다. 이러한 전략무기들은 보유자체가 전쟁억지에 효과적 수단이 되므로 통일한국군이 보유해야 할 필수적 무기체계라 할 것이다. 따라서 통일한국군의 무기체계 모델 개념은 선진국의 기술 집약적 모델과 정보화시대의 정보전략 획득체계 및 남북한 전략무기를 결합한 기술 집약적 정보전략 무기체계 모델이 적절할 것이다. 여기에는 현존 재래식 무기체계들의 자동화 · 통합화도 포함된다.

나. 남북한 무기체계 현황

현재 남북한 지상군이 보유하고 있는 주요 무기체계 현황은 〈표 5-8〉과 같으며, 남북한 보유 비율은 전차가 1 : 1.5, 장갑차는 1 : 0.6, 야포 1 : 1.7 정도이다. 한국은 자체 연구 개발한 것과 서방 무기체계인 반면 북한은 구소련 무기체계와 자체 연구 개발한 체계로서 통일 후 남북한 무기체계와 군수지원 문제 등을 통합 정리함에 있어서 성능, 교리 및 전술, 연합작전 체계 등이 중점 고려될 것이며, 통일의 주체가 될 한국의 주도적 역할 여부에 따라 방법과 모양이 다양해질 것이다.

북한 해군전력의 특징은 많은 잠수함을 보유하는 대신 구축함을 보유하지 않는 점으로 육군과 공군을 우선시 하고 해군은 전투함대에 치중하고 지상군의 지원적 요소를 중시함을 알 수 있다.

구축함들은 한국 해군 대잠능력의 중추가 되고 있으며 공격 및 경비용 고속정의 현대화, 다수화와 더불어 1984 ~ 1995년부터 P-3C기를 FMS 사업으로 도

〈표 5-8〉 남북한 주요 지상무기체계 현황

구 분	한 국	북 한
전 차	2,330여 대	3,500여대(T-34/54/55, T-62, Type-59) ※경전차 : 560대(PT-76, M-1985)
장갑차	4,520여 대(BMP-3, M-113, M-577, BTR, KIFV, Fiat6614/KM-900/901)	2,500여대(BTR, VTT-323, Type-531)
견인포	3,500문(105㎜, 155㎜)	3,500문(122㎜, 130㎜, 152㎜)
자주포	1,089문(155㎜, 175㎜, 203㎜)	약 4,400문(122㎜, 130㎜, 152㎜, 170㎜)
박격포	6,000문(81㎜, 107㎜)	7,500문(82㎜, 120㎜, 160㎜)
다련장 로켓	185문(130mm Kooryong, 227mm MLRS)	2,500문(M-1985 · 1989 · 1991, Type-63)
SSM	12기(NHK- I / II *Hyonmu*)	64기(FROG-3/5/7 24기, 스커드B/C 30기, No-Dong 10기)
대전차 미사일	TOW-2A Panzerfaust AT-7	AT-1 스내퍼, AT-3 새거, AT-4 스피고트, AT-5 스팬드랜
방공포	600문(20㎜, 30㎜, 35㎜, 40㎜)	11,000문 (14.5㎜, 23㎜, 37㎜, 57㎜, 85㎜, 100㎜)
SAM	1,090기(호크 110기, 나이키 허큘리스 200기, 스팅거 200기, 자베린 350기, 레드아이 60기, 미스트랄 170기)	약 10,000기(SA-7/16)

출처 : *The Military Balance* 2007.

입하여 대잠전 전력을 강화하였다.

현재 남북한 함정 보유비율은 전투함이 1 : 1.9, 지원함이 1 : 8.6, 그리고 잠수함이 1 : 3.2 북한이 우세한 수준이다.[330] 현황은 〈표 5-9〉과 같다.

북한은 공군증강에 주력하여 양적인 측면에서는 남북한 현격한 차이를 나타내고 있다. 남북한 비율을 보면 전술기 1 : 1.1, 지원기 1 : 1.3 그리고 헬기는 2.0 : 1이다. 세부 현황은 〈표 5-10〉과 같다.

330) 국방부, 앞의 글, p. 64.

〈표 5-9〉 남북한 주요 해상무기체계 현황

구 분	한 국	북 한
잠수함	20척	63척
구축함	6척	-
프리키트함	9척	3척
코베트	28척	5척
초계함	75척	335척
상륙함	13척	약 520척
지원함	14여 척	22척
기 타	※ 해군항공 전투항공기 16대, 무장헬기 29대, 대잠전대 2개 대대 ※ 해병대 병력 28,000명, 전차 60대(M-47), APC 60대, (LVTP-7), 견인포(105㎜, 155㎜), SSM 하푼(트럭 탑재)	※ 연안방어 실크웜 미사일기지 6개소, 해안포 : 122㎜, M-1931/37, 130㎜, SM-4/1, 155㎜ M-1937

출처 : *The military Balance* 2007.

북한의 주력 기종인 MIG-17과 MIG-21 전투기는 우리가 보유한 F-5 제공호로 제압이 가능하나 숫자 면에서 열세에 있다. MIG-23은 F-4 팬텀기로 대항할 수 있고, 가장 성능이 뛰어난 북한 MIG-29는 F-15으로 제압이 가능하다.[331] 전반적으로 양적으로 한국이 열세이나 성능, 조종사 기량 등 질적 면에서 앞서고 있다.

다. 통일한국군 무기체계

통일한국의 자주국방 태세를 고려할 때 통일한국군 무기체계 방향은 남북한이 연구 개발한 핵심 무기체계를 우선 선정하고, 다음으로 남한의 무기체계를 중심으로 구성하며 북한의 여타 우수 무기체계는 흡수하고, 전차와 장갑차

331) "발진 F-16 파이팅 팰컨," Military World, Vol., No. (19), p. 115.

〈표 5-10〉 남북한 주요 항공무기체계 현황

구 분	한 국	북 한
전술기	518여대(F-16, F-15, F-5, F-4)	590여대(H-5,MIG-29/23/21/19/17/15, SU-25/7)
수송기	34대	318대
훈련기	214대	215대
정찰기	57대(RF-5A 5대, RF-4C 18대, 호커 4대, Skymaster 10대, Bird Dog 20대)	-
UAV	103대	shmel
미사일	공대공(사이드와인더, 스패로) 공대지(메버릭, 하푼)	공대공(AA-2 아톨, AA-7 아펙스) 지대공(SA-2 240기, SA-3 36기, SA-5 24기)
기 타	FAC(O-2A 10대, OA-37B 20대) 수색/구조기 27대	An-2 등 지원기 510대

출처 : *The military Balance* 2007.

및 현대식 화력장비 등은 성능 개량으로 질을 향상시킨다.

먼저, 전략무기체계 면에서 살펴보면 다음과 같다.

첫째, 핵무기의 보유는 국제법상 난관이 많으나 핵무기를 제조할 수 있는 기술의 축적은 억제 효과를 달성할 수 있다. 현재 북한은 핵무장을 위한 모든 단계, 즉 원자력 기술축적, 전문인력 양성, 원자로 가동, 핵분열 물질 획득, 원자탄의 제조, 핵실험, 핵무기 투발수단 개발 등의 전 과정을 거쳤으며, 확인되지 않은 수 개의 플루토늄 핵무기를 보유한 것으로 보고 있다.

일본의 경우 핵 확산 금지조약에 가입해 있지만 비축중인 플루토늄은 2004년까지 4.3톤 보유한 것으로 일본 경제산업성이 원자력위원회에 보고하였으며 이 양은 핵탄두 수천개를 제조할 수 있는 물량이며, 시설 · 기술 및 자원 등 모든 능력을 갖추어 누구나 잠재 핵국으로 인식하고 있다.[332]

통일한국은 핵무기 보유는 별개문제로 하더라도 제조역량은 갖추어야 하며

332) 중앙일보 2005년 9월 8일자.

북한의 인력과 기술 · 자원 · 시설을 흡수하고 남한 내의 국 · 내외 유수 브레인과 기술을 국가 차원에서 확실히 보호 · 육성 · 발전시켜야 한다.

둘째, 제한된 숫자의 전략폭격기 보유 문제를 검토해야 한다.

현대의 전략폭격기는 대륙간 탄도미사일 및 잠수함발사 탄도미사일과 함께 초강대국간의 전쟁억제력으로 운용되고 있다. 현대의 폭격기는 초음속 장거리 저공침투 능력을 갖게 되었고 순항미사일로 무장하고 있으며, 은밀한 침투를 위한 스텔스 기능을 지닌 F-22, F-111까지 실용화 되었는데, 통일 후 전략적 사거리 2000㎞ 이상의 목표에 대한 타격능력을 갖춘 중무장된 최신 스텔스 성능을 갖춘 전투기 F-22 또는 그에 상응하는 기종의 보유가 억제 효과 달성을 가능케 할 것이다.

셋째, 정밀유도 무기체계 구축이다.

통일 후에는 북한이 보유하고 있는 유도무기와 기술을 한국이 적극적으로 흡수하여 개발하여야 하는데, 북이 최근 알래스카를 사정거리로 하는 사거리 4500㎞ 대포동 2호 등의 개발에 주력하고 있다는 사실은 시사하는 바가 크다.

넷째, 해양통제용 경항모(Carrier)와 핵추진 소형항모, 핵추진 공격 잠수함 보유의 필요성이다. 1인당 국민소득이 6,600달러이고 GDP가 1,234억 달러인 태국도 1997년에 항모를 보유하였는데 앞으로 통일한국군의 위상에 걸맞은 해상무기체계를 준비해 가야 할 것이다. 급격히 발달해 가는 Hel기에 의한 임무수행을 고려 헬기 전용항모 내지는 대잠헬기 전용 등의 경항공모함 개념을 잘 발전시켜 나가야 한다.[333)]

마지막으로 조기경보 분야에서 군사첩보위성과 조기경보기(AWACS)를 보유해야 하는데, 이는 자주적인 정보획득 능력 확보가 필수적이기 때문이다.

재래무기체계 면에서, 먼저 다양한 지상무기체계 모델[334)]은 통일 전의 무기

333) 임인수, "21세기의 한국과 항공모함에 관한 고찰," 『전투발전 연구』(1996.12), p. 69.

334) 지상무기체계는 화력, 기동, 유도, 항공(회전익기), 방공, 통신 · 전자, 정보 · 전자전, 화학 · 생물학전이 해당되며 소총의 소구경화와 경장갑차 제압기능개발, 박격포의 대구경화와 지능포탄 등의 개발, 야포의 사거리 증가(40-50㎞), 다련장 로켓의 사거리 증가와 대구경화(200㎜ 이상)를 위한 3단계 개발(MSTAR) 등이 진행되고 있다. 김희재, "지상무기체계의 어제와 오늘," 『국방저널』(1998. 1) 참조.

체계와 통일 후의 무기체계를 잘 연계하여 발전시켜 나가야 한다.

소화기 체계에서는 무탄피 소총탄과 총열의 단신화와 연관된 개량된 추진체 개발에 관심을 갖고 발전시켜야 할 것이며, 화포체계는 화포사거리 연장, 신뢰성과 정확성, 로봇기술을 이용한 인원절감, 표적획득, C4I체계의 향상 및 자동화로 인한 반응속도와 정확성을 증대시킴으로써 정교한 간접사격 지원체계를 구축해야 하는데, 이는 축적된 기술을 바탕으로 한 한국군 무기체계가 주종이 될 것이다.[335]

방공무기체계의 혼합편성, 장갑보호 · 자주화와 구경증가 문제, 사격통제 장치의 현대화 등을 동시에 추구해 나가야 한다.

전차를 위주로 한 기동장비는 대구경화, 기동력향상, 전차장 및 포수의 관측장비 전자화, 포탄장전 방식의 기동장전 추세로의 발전, 핵심 기술에 의한 복합장갑기술과 명중회피기술 및 표적획득 · 식별기술이 첨가된 전차모 등이 될 것이다.

적의 동태를 신속히 탐지하고 지휘통제에 필요한 방대한 정보량을 보다 신속 · 정확히 전달 · 처리하여 군 지휘체계의 속도와 능률을 증대시키는 것이 승리의 필수요소가 된다. 표적획득과 사격지휘까지의 실시간 보장 C4I 체계를 구현하기 위한 전표적 통합수신체계 구축도 중요한 과제다. 아울러 표적 획득 매체의 실시간 표적처리를 위한 통신장비 개발과 위성통신, 레이저 통신을 활용해야 하고, 지상 · 해상 · 항공 등의 타격수단을 통합할 수 있는 영상통신이 가능해야 한다.

통일 이후 한국 해군은 지역차원의 해양협력지원, 주변국의 잠재적 해양위협에 대처하기 위한 억제 및 방어의 제작전 등의 임무와 해상로 및 해양자원 보호를 위하여 해군력을 현대화 및 증강시켜야 한다.[336]

따라서 잠수함은 현재보다 규모와 위력이 향상된 체계로서 우선적으로 발

---

335) 김철환, "한국군의 군사기술과 무기체계 발전방향," 『군사논단』(1995 가을호), p. 38.

336) 주변국 해양세력 견제를 위한 미래해상전을 염두에 두고 컴퓨터 기술을 무기체계 제어기술에 접목시킨 4차원 교전 개념(3차원입체 전투공간+반응시간 개념)에 입각한 소프트웨어가 전쟁을 주도하는 정밀타격전, 복합입체전 수행능력이 가능하도록 발전시켜야 한다. "장정길 해군무기체계 발전 전망," 『국방과 기술』, 제227호(1998.1), 참조.

전시켜야 하며, 항모와 대형 잠수함 확보는 신중한 검토가 필요하나 통일 후 확보소요에 대비하여 관련 핵심기술의 확보는 필수적이다.[337)]

통일 후에 연안해군에서 대양해군으로 발돋움하기 위해서는 해군전력의 주력인 수상함을 최소한 한국 해군이 보유하고 있는 3천 톤급 구축함 이상의 대형함으로 보유해야 할 것이다.[338)]

특히 한국 해군에서 최근 보유한 이지스함과 같은 신형함정과 더불어 대공 · 대함 · 조기경보 등 특정임무를 전문적으로 수행하는 최신예 순양함 및 구축함급도 동시 운용함이 바람직하다.

해상항공은 P-3C기로 대표되는 대잠전 수행능력에 초점을 맞추어야 하고 한국 해군 주력함에 탑재된 "하푼", "엑소셋" 미사일과 북한 해군의 유도탄정 전력과 기술을 발전시켜 원거리에서 정확하게 타격이 가능한 미사일 함정 유도무기를 보유하고 강화해 나가야 한다.

이에 덧붙여 주변국에 대한 억제수단으로 대규모 상륙작전 능력을 보장할 신형 상륙함정(CSD급 이상)과 북한군 보유 수륙양용 전력을 증강시켜 상륙전 능력을 갖추어야 할 것이다.

통일한국의 공군력 건설은 현존 전력을 극대화하고 핵심정보자산을 확보하고 정밀타격력을 갖추어야 한다. 한국식 공지해 합동교리를 개발할 수 있는 군사혁신 프로그램을 만들고 기존 무기체계와 정밀유도 무기체계를 배합한 한국형 정밀항공력을 갖추어 나가야 한다.[339)]

통일한국의 주변강국에 대한 독자적 억제력과 자주적 작전능력 구축을 위해서는 수준 높은 C4I체계 구축이 요구된다. C4 체계 구축을 위한 공중조기경

---

337) 황치복, "합동무기체계 발전 방향," 『합참』, (1997. 1), p. 109.

338) 한국 해군 건설을 위해 향후 국방비의 20%선을 할당해야 하며, 구체적인 전략 선택 및 전력선택에 따른 "전투함 표준전력"과 예산의 최적 배분이 매우 중요하다. 김현기, "한국 해군의 전력 규모결정방안," 『국방연구』, 제40권, 제2호(1997. 12).

339) 공군력 건설은 한반도 유사시 장차전의 전장여건을 면밀히 비교하여 통합전장에서의 항공력 역할을 제고하고, 우리식 효과중심 작전과 동시다면전 수행을 위한 공군의 정보 기술군화 작업이 필요하다. 물론 한미연합작전 체제의 지속적 발전을 전제로 추진해야 한다. 남주홍. "이라크전 교훈을 통한 한국공군 교리/전략 발전방향"(2003. 10. 15-16, 항공우주군 시대의 국가안보와 공군력 심포지엄 자료)

보통제기, 군사위성, 전략 · 전술 정찰기, 합동탐색 및 목표 공격 레이더 체계(JSTARS), 정보자산의 획득, 운용, 연동체계와 C4I 체계의 생존성 증대 등의 대책이 포함된다.

스텔스 전투기(F-22), 전자전 지원을 위한 전자교란기(예 : EA-6B), 공중급유기(예 : KC-135 Startotanker)와 무인항공기[(예 : 표적기, RPV(Remotely Piloted Vehicle), 프레데터(Predetor)나 글로벌 호크(Global Hawk) 같은 UAV(Uncompanied Aerial Vehicle)], 항공폭탄(예 : JDAM(합동직격탄), GBU-37(벙커파괴탄) 및 M-bomb(대량집속탄) 등은 통일한국군의 공군력 건설을 위하여 장기적으로 확보해 나가야 하나 고가장비이므로 투자효과를 고려한 우선순위에 입각하여 축차적으로 구비해야 할 무기체계들이다.

라. 통일한국 방위산업

(1) 남북한 방위산업 현황

북한은 1950년에 개인 기본소화기 생산을 출발로 하여 4대 군사노선을 채택한 1960년대에 중 · 소제를 모방한 지상군 사단급 편제 기본화기의 자급체제를 완비하였고, 1970년대 이후부터 구축함, 잠수함 등을 자체 건조하기에 이르렀으며, MIG-19기를 자체 실험 생산하게 되었고, 1976년 이집트에서 SCUD-B를 도입, 1986년부터 양산하기 시작하여 연간 생산능력 100기 정도에 이르고 있다.

특히 자체 개발한 사정거리 1,000㎞의 노동1호 미사일과 스커트 미사일을 생산, 탑재 및 실전배치하기에 이르렀고, 연간 생산능력은 20기 정도가 된다. 1990년도에 이르러 중국제 F-7(MOG-21)을 모방 생산한 것으로 전해지고 있다. 최근에는 사정거리 1,500㎞의 대포동 1호와 알래스카까지 닿을 수 있는 사정거리 4,500㎞의 대포동 2호 신형 미사일 개발에 주력하고 있음이 확인되고 있다.[340)]

---

340) 로버트 아인호른 국무부 부차관보 발표(북미 미사일회담 미측 수석대표). 「동아일보」, 1996년 10월 20일.

북한 군수공장은 총포공장 17개소, 탄약 공장 35개소, 전차 및 장갑차 공장 5개소를 비롯하여 9개의 항공기 공장, 3개의 유도무기 공장, 5개의 통신장비 공장, 8개의 화생무기 공장 등 총 134개소가 있으며 대부분 지하화 되어 있는 것으로 알려지고 있다.[341)]

한편 남한의 방위산업은 1970년대 초에 기본병기 생산으로 출발하여 1980년대에는 다연장로켓, 155미리 개량곡사포와 자주포, 장갑차와 전차, 구축함과 경비정을 생산하였고, 나아가 500MD, F-5E 전투기 등 항공장비 생산이 가능하게 되었다. 국방백서(1996/1997)에 의하면 1982 ~ 1986년 사이 율곡사업비 총 5조 3280억이 투입되었고, 1987 ~ 1995년에는 22조 5,797억 원으로 전차, 장갑차, 자주포를 양산했으며, 헬기와 F-16전투기의 기술을 도입하여 생산하기 시작하였다.

현재 8개 부문(화력, 탄약, 기동, 항공 · 유도, 함정, 통신전자, 화생방, 기타) 88개 업체가 1423개 품목을 생산(매출액 54517억원)하고 있으나 이중 절반 가까운 업체는 군복 · 군화 · K2소총 등 기술 집약도가 낮은 품목을 생산하고 있고 현재 주요 방산업체 가동률이 57.8% 정도에 이르고 있다.[342)]

종합적으로 남북한의 군수산업 능력은 생산능력, 무기자급도 측면에서 몇몇 분야에 서로 우세한 분야가 있으나(북의 잠수함, 유도탄과 남의 박격포, 구축함 등) 남북한 거의 대동소이한 수준이라고 볼 수 있다.

(2) 통일한국의 방위산업

군사전략 부문에서 분석된 바와 같이 통일한국의 생존과 번영 그리고 동북아 5강으로서의 균형자 역할을 할 수 있기 위해서는 공세적 방어전력을 발전시켜야 하고 이를 뒷받침할 수 있는 자주적 방위산업 체제가 갖추어야 한다.

정면대결은 피하되 영토적 문제가 걸린 분쟁상황에서는, 주목표는 방어에 두되 억제력이 확보된 공세전략을 구비하는 이른바 '고슴도치형' 군사전략은 공세적 방어전략으로, 공세적 억제 전략과 상통하는 바람직한 선택이 될 것이

341) 정병호, "북한 군사력-그 실상과 허상," 『국제정치논총』, 제29집, 1호(1989), p.117.
342) 한국방위산업진흥회, 《방산업체의 경영분석》, 2002 ~ 2006.

다. 이를 위하여 전력정비 원칙을 "제한적 방어 충분성"에 두어 만일 공격이 있을 시 충분한 보복과 기대 이상의 피해를 줄 수 있는 수준이 유지되어야 한다. 더불어 구조적 측면에서 적정규모의 상비지상군 및 해 · 공군을 중심으로 자원절약형 기술전력 건설에 역점을 두어야 할 것이다.[343)]

통일한국과 같이 강대국들을 이웃에 두고 있는 전략 환경에서는 군사력의 정비목표를 설정 후 이를 뒷받침 할 수 있는 방위산업과 무기체계가 연계되어야 한다.

군사력 정비목표는 첫째, 억제력을 확보하는 것이다. 억제를 뒷받침하는 보복력의 확보를 위해서는 먼저 첨단장비의 우수한 공군력, 장거리 미사일, 잠수함 등 전략적 파괴능력이 필요하다.

둘째, 저강도 분쟁에 대비한 기동력을 중시한 전력의 정비와, 현재 취약한 분야인 정보전 능력향상을 위한 조기경보능력의 확보와 더불어, 예상 군사행동의 철저한 분석 능력 완비이다.

셋째, 군사기술혁명(MTR)을 통해서 미래 전쟁양상과 한국의 전장 특징에 맞는 무기체계 및 군사운용 능력을 확보해야 한다. 무기체계에서 핵무기 관계는 다각적이고 기술적으로 다루어야 될 문제지만 대륙 및 해양강대국에 제한적 또는 결정적 타격을 가할 수 있는 공격형 무기개발이 요구된다.

넷째, 연합작전 능력을 포함한 타국과의 군사협력 체제구축을 고려한 무기체계가 도입 · 개발되어야 한다. 세계화와 상호의존적 국제 관계에서 연합 작전시 무기체계의 자주국방 추구 자체가 어렵고 또 무기체계의 국산화를 획일적으로 추구할 필요도 없다. 무기체계와 전략전술 그리고 교리 등을 특정국가에 편중적으로 의존하는 것을 억제하면서 궁극적으로는 국방의 하드웨어와 소프트웨어를 점진적으로 한국화 하는 것이다. 즉 주요 무기체계의 도입과 개발을 연계할 수 있는 방위산업 구조조정을 잘해야 한다는 것이다.[344)]

다음 중요 쟁점으로 남북한 군통합 시의 북한 무기체계의 선별적 활용 문제

343) 차영구, "공존 및 통일시대를 지향한 국방정책," 《한국국방연구원 정책검토 시리즈 91-1》(1991), p. 7.

344) 정영태, "남북한 방위산업과 통일한국군," 『한국군사』, 제5호(1997), pp. 64 ~ 66.

이다. 독일의 경우 동독군 무기는 일방적으로 폐기 또는 판매 처분하였으나 북한의 경우 상대적 우위를 자랑하고 있는 전략무기 부분을 중심으로 재활용을 강구함으로써 전력증강과 경제성 문제를 해결할 수 있는 선택이 될 수 있다.

예를 들면 북한의 주요 방위산업 시설은 지하화 되어 있으므로 적의 공격으로부터 건재할 수 있는 장점이 있다. 따라서 일부 방위산업시설의 효용성이 조금 떨어지더라도 이러한 이점을 최대한 고려하여 발전시켜야 한다.

또한 북한의 핵기술을 수용 · 발전시켜 잠재적 핵능력을 강화하고 전략무기, 즉 미사일(노동 및 대포동 1, 2호)은 성능을 개량 활용하며, 이를 바탕으로 장거리 ICBM 개발능력 보유방향으로 발전시켜 나감이 바람직할 것으로 평가된다.[345)]

물론 세계 핵 확산금지 및 미사일 개발통제 등과 같은 세계적 추세를 감안해 볼 때 북한의 핵능력 강화 및 장거리 미사일 개발은 국제적 압력에 직면할 수 있다는 점도 유의해야 한다. 따라서 북한의 핵기술을 핵무기 개발과 직접적으로 연계시키기보다는 평화적 핵기술 이용이라는 측면에서 기술발전에 응용될 수 있도록 함으로써 일본에 필적하는 잠재적 핵능력 발전을 추구하여 유사시 즉각 전환 가능한 능력을 보유하는 것이다. 특히 핵연료 재처리 문제는 타국 비교 상대적으로 우위에 있는 한국의 핵발전소 운용 비율과 관련 필히 확보되어야 할 핵주권문제다.

통일한국군을 위한 방위산업 구축 방안 중 중요사항을 요약하면, 국제적 압력을 최소화하면서 첨단 방산 기술을 발전시키는 문제, 정보획득 수단체계를 위한 민수와 군수시설의 연계 발전 문제, C4I 분야 발전, 공세적 방어 전략의 효율성을 뒷받침할 수 있는 정확성 및 명중률 향상 문제 등을 들 수 있으며, 이러한 사항들이 달성될 수 있도록 국가과학기술과 연계한 국방과학기술 역량을 강화해 나가야 한다. 학계의 우수한 기술 잠재력을 산업핵심기술에 접목시키고 우수인력의 국방기술 개발참여를 유도하기 위해 인센티브제를 강화하고 경제 파급효과를 높인다.

---

345) 김철환, "통일한국의 무기체계,"《통일한국의 군사체계》(서울: 국제평화전략연구원, 1995) 참조.

제6장. 결 론

제1절. 통일·통합과정의 효율적 관리
제2절. 군사통합과 통일 한국군 건설

제6장. 결 론

제1절. 통일 · 통합과정의 효율적 관리

남북한 통일이나 군사통합을 위시한 제 분야의 통합문제를 다룸에 있어 인위적으로 유형화 · 단계화하거나 이론적 · 관념적으로 치우쳐 비현실적인 경향이 많았음을 부인할 수 없다. 통일 · 통합 문제는 어디까지나 현실적으로 실현 가능한 바탕 위에서 일관성 · 전문성에 입각하여 관련 지배적 영향 요소를 잘 통제 · 관리하고 발전시켜 설정된 목표에 접근시키는 일련의 과정이 중요시 된다.

바람직한 통일을 이룩하기 위해서는 자국의 이익을 최우선으로 하여 접근하는 4강을 위시한 주변국들의 대한반도 정책에서부터, 남한의 당면한 경제위기, 정권 교체기의 취약점, 해이해진 대북한 인식 등 전반적 체제 도전적 요소들을 잘 통제하고, 체제적 한계를 핵무기를 포함한 비대칭 전력으로 돌파구를 열면서 통일의 주도권을 장악하려는 북한에 대한 대응에 이르기까지 적절한 대북 정책 · 통일정책으로 전개되는 상황과 과정들을 효율적으로 관리해야 한다.

통일문제는 결코 서둘러서는 안 되며 시간이 걸리더라도 한민족 전체의 삶의 질을 향상시키고 각 부문의 단계적 통합을 거쳐 최종적으로 완전한 통일에 이를 수 있도록 하여야 한다. 아울러 통일로 향하는 적절한 시기나 기회가 도달했는데도 준비가 서투르거나 전문성 부재, 우유부단한 리더십으로 기회를 놓쳐서는 안 된다. 통일은 한민족 구성원 모두의 인권과 복지, 정치 및 각 분야의 참여의 권리가 보장되는 민족공동체를 만드는 것이므로, 통일에의 의지를 결집시키고 이를 뒷받침하는 정책 추진 역량을 비축하여 우호적 환경을 창출하고 조화시켜 나가는 인내의 과정인 것이다. 그러므로 통일과정 및 통일 후 예견되는 남북한 사회통합관련 주요과제들에 초점을 맞추면서 체계적이고 점진적으로 접근해야 한다.

대북한 정책 및 전략도 통일정책 추진의 맥락에서 형식적인 명분보다는 이산가족문제, 납북자 · 포로송환문제, 북한주민의 삶의 질 향상 등 분단의 아픔을 치유하면서 동시에 김정일 유일체제를 약화시키는 방향으로 접근되어야 한다.

정상회담 등 과시적 성과에 연연해서는 안 되며, 통일정책을 일관성 있고 체계적으로 수행할 수 있는 정책 조정기구의 확충 · 보강과 고위급 상근회담 대표를 임명, 전문적 Know-how가 잘 발휘될 수 있는 교섭 태세를 갖추어 나가야 한다.

이렇게 과정을 관리해 나가면서 돌발적 사태 변화에 효율적으로 대응할 수 있는 역량이 비축되어 나가야 하는데, 예를 들면 '연붕괴' 등의 사태관리를 잘 못했을 시 '통일의 기회' 가 '통일의 위기' 로 바뀔 수 있으므로, 통일관련 북한 내부 핵심요소 관리와 강대국들의 역기능을 방지하고 순기능을 촉진시킬 수 있는 외교관계 관리가 일관성 있는 원칙 아래 잘 뒷받침되어야 한다.

본 서에서 살펴본 통일방안들을 종합해 볼 때 통일과업 수행은 현 남북체제를 바람직한 통일에 이르도록 하는 평화체제의 관리과정이라고 할 수 있다.

이 과정을 크게 3개 과정으로 나누면 남북한 두 국가 평화공존 협력 과정, 정치 · 군사통합을 중심으로 한 국가통합과정, 제분야 완전통합을 통한 통일국가 형성 과정으로 구분지을 수 있다.

각 과정은 획일적으로 구분되는 것이 아니라 연속적으로 전개되므로 사안별로 선후가 바뀌거나 중첩될 수 있다. 이 3개 과정을 풀이해 보면 제1과정은 상호체제를 인정하는 가운데 현 남북한 대치 · 분단 상황을 완화시켜가는 평화체제 구축 과정이며, 제2과정은 정치 · 군사통합이 이루어져 가는 과정으로 군사분계선이 유명무실해지면서 각 부문별 통합이 과속화 되어 가는 과정이며, 제3과정은 이질감 극복과 동질성 회복을 통해 한민족의 저력이 통합 결집되어 완전통일국가를 이루는 최종과정이라 할 수 있다.

제1과정인 남북한 두 국가 평화공존 협력체제는 5 ~ 10년 또는 그 이상 지속될 수 있다. 이 과정에서는 체제통합이 아닌 한민족 전체의 자유 · 정의 · 행복 추구를 통한 삶의 질 향상에 목표를 두고 남북공동협력위원회를 구성하여 공동 환경 · 자연보호 · 자원개발, 경제통상협력, 안보 · 군사협력, 사회 · 문화교류 및 협력 등을 위한 소위원회를 구성하여 각 분야별로 협력 체제를 구축하여 관련 사업을 발전시켜 나가는 것이다. 이 과정의 성공을 위해서는 남한사회의 매력을 늘리면서 북한주민과 지도층이 이를 인식케 하고 확산시키는 것이 중요하며 '삶의 질' 향상에 대한 폭넓은 공감대를 형성해 나가야 한다.

북한 지도층이 흡수 통합될 것이라는 우려나, 잘못되면 '모든 것의 종말' 이 된다는 불안감을 갖게 해서는 안 되며 '포옹' 과 '공생' 의 대 물결을 향한 분위기를 창출해야 하는 것이다. 90년대 말 'IMF 위기' 를 극복했듯이 신정부가 노 · 사 · 정 갈등 최소화 등 국민적 합의로 새로운 도약의 발판을 만들고, 정치 · 경제, 사회 등 제반분야에서 보다 깨끗하고 풍요한 사회, 지역간 갈등을 해소하는 범민족적 차원에서의 동 · 서 화합과 남 · 북 화합을 이루어낸다면, 정치보복, 역사적 과오에 대한 보복의 불안으로부터 완전히 자유로운 한반도 전체의 화해 협력 분위기로 확산시킬 수 있는 것이다.

이렇게 되면 제2과정 진입을 위한 정지작업도 자연스럽게 유도될 수 있는데, 급속한 독일통일이 가져왔던 인플레이션, 실업, 재산권 청구, 임금, 연금, 군사문제조정, 통일 비용 등의 제 문제를 각 소위원회가 효율적으로 다루어 나가면서 부작용을 크게 줄여나갈 수 있는 것이다. 이러한 과정 자체는 돌발적인 통일 변수에 대한 자연스런 준비 과정도 동시에 이루어지는 소위원회의 활성화 자체가 포함되어 통일정책 개발 및 수행, 통일자원의 확충으로 이어지는 것이다.

제1과정은 이제까지 논의된 통일이론 또는 방안 중 '공존체제 진화 모형' (양호민 외), '북한의 연착륙에 따른 평화공존' (문정인), '국가연합과 단계적 교류협력', '유도형과 합의형' (구종서 외), 한민족 공동체 1단계인 남북연합 단계, 김영삼 정부의 화해협력단계, 아태재단의 '3단계 통일론' 의 제1단계인

〈표 6-1〉 과정별 남북한 통일방안

구분	과 정	주 요 내 용	관련이론 · 방법	관련군사 통합과정
제1 과정 통일 기반 구축 과정	남북한 두 국가 평화공존 협력 : 평화체제관리	• 향후 5 ~ 10년 또는 그 이상 • 한민족 전체의 '삶의 질' 향상 목표 • 남북한 갈등, 불신, 불안 제거 • 남북공동협력위원회 및 소위원회 구성 • 공동환경 · 자연보호, 자원개발, 경제통상협력, 안보 · 군사협력, 사회 · 문화교류 및 협력 • 포용 · 공생 · 노 · 사 · 정 갈등해소, 동 · 서, 남 · 북의 민족대화합 유도	• 공존체제 진화 모형 (양호민 외) • 북한의 연착륙에 따른 평화공존(문정인) • 국가연합과 단계적 교류 협력 • 유도형, 합의형 (구종서 외) • 한민족공동체 1단계 '남북연합단계' • 화해협력단계 (김영삼정부) • 3단계 통일론 1단계인 1연합 2독립정부 (아태재단)	남북현존 군사력 관리로 신뢰구축
제2 과정 중간 과정	정치 · 군사 통합을 중심으로 한 남북 연합형 국가 통합	• 제1과정을 바탕으로 정치 군사통합 • 인플레이션, 임금, 연금, 실업, 재산권청구, 군사문제조정, 통일비용 부작용 최소화 • 제1과정 각 부문별 통합 심화 · 확대 • 한국이 통합 주도, 북한 지도층 공존	• 한국 주도하의 합의에 의한 통일(양호민 외) • 고려민주연방공화국 1, 2단계 연방국가 모델 • 남북연합단계 (김영삼 정부) • 합의형, 연붕괴 • 3단계 통일론 중 2단계	군사력 상호조정
제3 과정 최종 과정	제분야 완전 통합을 통한 통일 국가 형성	• 자유민주주의, 시장경제 정착 • 민족통일국가 완성	• 통일된 국가단계(6공 한민족공동체 2단계) • 통일국가 단계 (김영삼정부) • 3단계 완전통일국가 (아태재단)	군사력 통합 통일국군 건설

남북연합 방식에 의한 '1연합 2독립정부' 개념 등을 총체적으로 포괄하는 평화체제로의 전환 및 관리 과정이라 할 수 있다.

정치 · 군사통합을 중심으로 한 국가통합 과정인 제 2과정은 연방형 국가형태로 접근하는 것으로 1연방 2독립국가로서 정치 · 군사통합이 선행되면서 제 분야의 통합을 가속화시키는 과정이다. 제1과정의 각 부문별 통합 상태가 심화 · 확대되어 사회 전체적으로 자리 잡으면서 제도적으로 정착되어 가는 것이다.

이 과정은 제 1과정을 거치면서 국력 등 제반 면에서 월등한 한국이 전반적인 통합을 주도하면서 북한 지도층을 공존시키는 것이다. 기 연구된 '한국 주도하의 통일, 합의에 의한 통일' (양호민 외), 북한이 주장한 '고려민주연방공화국 1, 2단계', '연방국가모델' 이론, 합의형 모델, 연붕괴, 김영삼 정부의 '남북연합단계', 아태재단 3단계 통일론 중 2단계인 '연방단계' 개념들을 포괄하는 과정이다.

제 3과정은 제 분야 완전통합을 통한 한반도 통일국가의 최종적 염원을 달성하는 과정으로 세계 속에서 한민족 전체의 복지와 번영을 보장하는 자유 · 민주적 민족독립국가가 실현되는 것이다.

이 과정은 한민족공동체 2단계인 '통일된 국가단계' (6공), 김영삼 정부의 "통일국가" 단계, 아태재단 '3단계 완전통일국가' 에 해당되는 것이다. 과정별 통일방안을 요약하면 〈표 6-1〉와 같다.

제2절. 군사통합과 통일 한국군 건설

군은 국가와 국민 및 영토의 존립에 근거하고 이를 위하여 폭력을 관리하는 집단이므로 군사통합은 종합적인 국가통합 과정의 핵심 부문이 된다.

남북한 군사통합은 남북한의 효율적인 군사력 운용을 통해 군사력 증강의 역할을 수행하는 직접적 의미를 가지면서 동시에 정치 · 군사 · 사회 · 문화 등 제반분야의 국가통합을 지원 · 촉진시킨다. 군사통합이 불완전하여 단일군대가 되지 않으면 정치통합을 저해하고 국가의 존립자체를 위태롭게 한다. 신속한 군사통합은 과도기적 혼란을 최소화하여 통일비용을 절감시키면서 경제통합을 촉진시킨다.

지역간, 계층간 대립에 의한 통일 저항 세력이나 사회갈등 세력을 한계수준 이하로 끌어내리고 사회문화적 통합을 지원할 수 있게 하는 것은 완벽한 군사통합을 전제조건으로 한다. 결국 군사통합은 현대독립국의 단일화 되고 증강된 군대를 지향하면서 국가 전체적 통합을 선도하고 지원 · 보장하는 것이다.

남북한 군사통합은 한국과 북한의 군사조직체를 하나로 결합하여 통일한국의 새로운 군사조직체로 군정 · 군령을 일원화하는 국가간의 통합 행위이다.

상이한 이데올로기와 목표, 무기체계, 문화적 배경 및 전략전술 등은 단순한 결합만으로 해결되는 것이 아니라, 사전 치밀한 계획과 준비가 전제되지 않고서는 어려움에 처할 가능성이 높고 군사통합의 실패는 또 다른 분단 또는 무력충돌을 야기시키기 때문에 국가통합과정 중 제일 중요한 과정이라 할 수 있다.

그러므로 군사통합은 그 목표가 분명해야 하는데, 남북한 군사통합은 통일한국군을 건설해 나가는 과정으로 '외부의 군사적 위협과 침략으로부터 국가를 보위할 수 있는 방어 충분성 전력' 과 지역의 안정과 세계평화유지를 위한 '균형자적 역할' 을 수행하는 데 적합해야 하며, 통일 초기 단계에 존재할 수 있는 반란 · 저항세력들의 불안요소를 근절 · 최소화하면서 신속하게 진행되어 군사통합이 여타 제반분야의 국가통합을 촉진하도록 해야 한다.

일반적으로 군사통합은 이제까지의 분단국 사례연구를 통해 몇 가지 형태로 분류하고 있고 이를 다시 일방적 · 강제적 · 주도적 형태로 이루어지는 '흡수통일형 군사통합 방안' 과, 화해협력 관계가 발전되고 평화체제가 구축되어 합의가 이루어지는 '평화통일형 군사통합방안' 두 가지로 요약되기도 있다.

북한은 분단 후 지금까지 자원분배의 최우선을 군사력 건설에 두고 군사력 우위를 유지해 왔으며, 김일성 사후 김정일도 군사적 우위 포기나 체제의 개혁 · 개방이 아닌 대남 적화전략을 고수하고 있고, 김정일의 군 의존적 보수체제에 위협이 될 만한 도전적 환경조성이나 정책변화 시도가 결코 용인되지 않고 있는 실정이다. 그러나 체제 내부의 총체적 도전이나 국제환경의 흐름을 외면하기는 어려울 것이며 점진적 체제 개혁이나 변화를 추구하지 않을 수 없을 것이다.

남북한의 통일 및 군사통합의 첫 단계는 바로 대남 적화전략의 포기, 즉 평화체제의 구축인 바, 전술한 바와 같이 북한 측으로부터 기대하기는 어려우므로 결국 한국이 주도적으로 이끌어 나가야 한다. 이를 위해서는 먼저 한국의 안보 및 경제사회적 안정 기반이 잘 구축되어 관련 정책이 힘을 받아 추진되어야 한다.

새로 출범한 이명박 정부는 우파 보수정권으로서의 한계를 벗어나 남·북 공조체제를 유도하고 북한의 남측에 의한 흡수통일의 두려움을 배제하는 등의 전기를 마련하는 적극적 대북 정책 전개가 중요하다.

다음으로 안보 및 국방의 실질적 태세 확립이다. 안보가 잘 지탱될 수 있는 체제와 태세를 갖추고 유지하는 것은 국가의 기본적 과제임에도 안보의 의식과 노력을 소홀히 하거나 구호에만 그치고 실질적 조치는 하지 않는 경향이 많다.

자주국방을 위한 무기·장비체계는 예산과 직결되어 장기적, 단계적으로 이루어져야 하는 것이므로 그 과도기를 한미안보 동맹 등 어떠한 집단안보 체제로 보강해 가느냐 하는 문제와, 군 내부 전투력의 핵심요소인 강한 훈련과 정신교육, 리더십 등을 포함한 무형전력 향상을 위한 실질적 방안이 필요한 것이다.

특히 경제·사회적 불안정기 및 정권 교체기에는 안보상의 강력한 의지와 힘의 구축을 필두로 정치·경제, 사회·문화, 대외관계 전반에 걸쳐 총체적 노력을 통한 제요소의 결합이 긴요하며, 이러한 결집된 힘이 대남 적화전략 수행을 차단하고 전환시키는 데 중요한 전제요인이 되는 것이다.

남북한의 총체적 난국을 타파할 방안으로 남·북한 군비조정 문제를 적극적으로 제안·추진함으로써 남북관계 및 군사문제를 전향적으로 이끌어 나가야 하며, 오히려 통일문제와 군 통합 문제의 돌파구를 형성할 수 있는 기회창출을 만들어 나갈 수도 있다.

결국 남북한 군사통합의 전제조건은 물리적 방법보다는 평화적 방법을 전제로 할 때 북한의 대남 적화통일 노선과 전략의 포기가 선행되어야 하므로 한국의 이니시티브에 의한 결정적 전기를 마련하는 것이 필요하다. 그렇게 될 때 남북경제교류 확대와 남북한간 신뢰구축이 따르게 되어 각 부문의 통합이 가속화 될 수 있다. 아울러 미·중을 핵심으로 한 주변국들과의 다자간 협력 구축으로 국제적 환경을 조성하여 통일정책을 적극 지원케 하면서, 남북한 대통합이라는 공생의 큰 흐름 속으로 끌어들이는 것이다.

특히 남북한 양측 공히 경제적 측면에서의 큰 도전을 극복해야 하는 시점에서 국가통합 내지는 군사통합이 창출할 엄청난 간접효과, 군사와 직접 연관되는 국방비 감소와 경제성장 증대, 총 병력수의 감소와 병역으로 인한 인력의 기회비용 축소, 군 잉여장비, 시설처분 및 민수화 등은 한반도 도약은 물론 세계 강국으로 진입하는 획기적 전환점이 될 것이다.

남북한 군사통합은 통일방안과 같은 맥락에서 다음과 같은 과정을 거쳐 진행될 것인데, 남북한 두 국가 평화공존 협력체제, 정치·군사통합을 중심으로 한 국가통합, 제분야 완전통합을 통한 통일국가 형성 순서로 통일과업이 전개된다고 볼 때, 군사통합 단계는 현존 군사력을 효율적으로 관리하면서 남북한 평화통일 체제를 구축하고, 남북한 군사적 신뢰구축을 통한 군사력 상호조정 단계인 군비통제와 군축과정을 거쳐, 최종적으로 군사통합에 이르는 수순으로 진행되어야 할 것이며 그 최종목표는 기 제시된 바람직한 통일한국군 건설로 지향될 것이다.

결론적으로 군사통합은 정치통합을 위시한 통일과업 전체의 성공여부를 가름하는 결정적 요소이므로, 어떤 통일형태의 수순을 밟든 최종적 단계에 이르러서는 한국군 주도하에 조직과 지휘체계를 일원화하는 형태로 이루어져야 하며, 군사통합은 통합자체가 목적이 아닌 통일한국군 건설을 위해서 남북한 군사력을 조정, 강화해 나가는 과정이 되어야 한다.

참고문헌

1. 국문자료

가. 단행본

21세기 위원회, 《2000년에 열리는 통일시대》, 동아일보사, 1993.

강광식 외 13인, 《통일후유증 극복 방안 연구》, 서울: 정신문화연구원, 1994.

구영록, 《신세계 질서속의 동북아-동북아의 신질서와 한반도》, 국민대 사회과학연구소, 국제학술대회 자료집, 1992.

______, 《인간과 전쟁》, 서울: 법문사, 1979.

______, 《한국의 국가이익: 외교정치의 현실과 이상》, 서울: 법문사, 1995.

구종서, 《예멘 통일의 문제점》, 민족통일연구원 주최 국내학술대회 종합토론자료, 1994. 5. 17.

구종서 외, 《남북한 통일 시나리오》, 삼성경제연구소, 정책 96-15-029, 1996.

국방대학원, 《국방개혁과 미래 한국군의 위상》, 서울: 국방대학원, 1994.

______, 《김정일의 북한 붕괴냐? 존속이냐?》, 안보학술토론회 97-1, 1997. 6.

______, 《세계 안보정세 종합 분석(1994-1995)》, 정책연구보고서 95-2, 1995.

국방대학원 역, Herlaud B. Moulton저. 《2010년의 미국 대전환》, 1985.

국방대 안보문제연구소, 《김정일 선군정치 10년의 평가와 전망》, 국방대학교, 2005.

국방부, 《21세기를 지향하는 한국의 국방》, 국방부 전력계획관실, 1995.

국방참모대학, 《통일독일의 교훈과 우리의 통일안보정책 추진 방향》, 1992.

국토통일원, 《독일통일 관련 자료집(II)》. 1992.

김국신 · 김도태 외, 《분단극복의 경험과 한반도 통일(I, II)》, 서울: 한울, 1994.
김달중 · 구성열, 《베트남, 캄보디아, 라오스 정치 · 경제 · 사회 · 문화구조와 정책》, 서울: 법문사, 1992.
김일성, 《남조선 혁명과 조국통일에 대하여》, 평양: 조선로동당출판사, 1982.
______, 《조국통일의 3대 원칙에 대하여》, 평양: 외국문출판사, 1982.
김정선, 《마지막 냉전의 섬 한반도》, 서울: 글원, 1996.
류재승 역, Gunter Blumentritt저, 《전략과 전술》, 서울: 한울, 1994.
민병천 편, 《전환기의 통일문제》, 서울: 대왕사, 1990.
민성기, 《한국방위산업》, 서울: 문원, 1996.
민족통일연구원, 《통일독일의 분야별 실태 연구》, 1992.
박영호 · 박종철, 《남북한 정치 공동체 형성 방안 연구》, 서울: 민족통일원, 1993.
박사면, 《전환기의 분단국 문제》, 사회과학연구소, 1991.
백경남, 《독일, 분단에서 통일까지》, 서울: 강권, 1991.
백종천, 《자주국방의 근본적 취약점》, 서울: 지업사, 1990.
박형중, 《북한적 현상의 연구 - 북한 사회주의 건설의 정치경제학》, 서울: 연구사, 1994.
서울신문사, 《북한, 어디까지나 버틸 수 있나》, 제3회 서울신문 국제포럼, 1997. 9.
서재진, 《북한 주민들의 가치의식 변화: 소련 및 동구와의 비교 연구》, 서울: 민족통일연구원, 1994.
서진영, 《21세기 중국의 외교정책》, 서울: 폴리테이아, 2006.
신상진, 《등소평 사후 중국의 국내정세와 한반도 정책 전망》, 서울: 민족통일연구원, 1995.
신저현, 《선진 국방의 비전과 과제》, 서울: 나남, 1996.
신창섭, 《분단보다 통일비용이 싸다》, 서울: 인간사랑, 1990.

안병준, 《탈냉전기의 국제정치와 한반도 통일》, 서울: 법문사, 1993.
양호민 외, 《남과 북 어떻게 하나가 되나》, 서울: 나남, 1992.
엄호현 역, 호르스트 텔칙 저, 《329일 베를린 장벽 붕괴에서 독일 통일까지》, 서울: 고려원, 1996.
유석렬, 《남북한 통일론》, 서울: 법문사, 1994.
______, 《북한 정책론》, 서울: 법문사, 1988.
유석춘 편, 《막스베버와 동양사회》, 서울: 나남, 1992.
유지호, 《예멘의 남북통일》, 서울: 서문당, 1997.
______, 《예멘 통일이 한국에 주는 교훈》, 외교안보연구원공관장 귀국보고 시리즈 93-8, 1993.
이규행 역, 엘빈토플러 저, 《전쟁과 반전쟁》. 서울: 한국경제신문사, 1994.
이무웅, 《한국의 안보전략》, 서울: 대왕사, 1983.
이민룡, 《한국안보정책론》, 서울: 진영사, 1996.
이상만, 《통일경제론》, 형설출판사, 1994. 5.
이상우, 《국제관계이론》, 서울: 박영사, 1987.
______, 《한국의 안보환경(제2집)》, 서울: 서강대출판부, 1986.
이선호, 《한국군 무엇이 문제인가》, 서울: 팔복원, 1992.
이영민, 《군사전략》, 서울: 송산출판사, 1991.
이온죽 오, 《남북한 사회통합론》, 서울: 삶과 꿈, 1997.
이용필 외, 《남북한 기능 통합론》, 서울: 도서출판 신유, 1995.
이종원 외, 《통일경제론》, 서울: 도서출판 해남, 1997.
이호재, 《한국외교정책의 이상과 현실》, 서울: 법문사, 1969.
______, 《한반도 군축론》, 서울: 법문사, 1989.
전경수 · 서병철, 《통일사회의 재편과정—독일과 베트남》, 서울: 서울대학교 출판부, 1995.
전금진, 《조국의 자주적 통일을 위한 우리당의 정책》, 평양: 조선로동당출판사, 1992.
전득주, 《분단국 통일의 재인식》, 서울: 대왕사, 1989.

정보사령부, Hang G. Summers II저, 《걸프전의 특성적 분석》, 1992.
정용길, 《분단국 통일론》, 서울: 고려원, 1988.
______, 《통일로 가는 길》, 서울: 고려원, 1993.
정용석, 《미국의 대한정책》, 서울: 일조각, 1976.
조지연, 《통일과 강한 군대》, 서울: 행림출판, 1997.
조정원, 《남북한 통합론》, 서울: 희성출판사, 1989.
주명갑, Nicolus Everstart, 《한반도 통일로 가는 길》, 서울: 한국경제신문사, 1994.
차영구, 《공존 및 통일시대를 지향한 국방정책》, 국방연구원, 1991.
최창집, 《한국민주주의 이론》, 서울: 한길사, 1993.
통일대비 정책연수단, 《동서독 통일과정과 통합 실태》, 1993.
통일원, 《예멘 통일과정과 부문별 통합실태》, 1996.
______, 《통일연구문제》, 제5권, 1993.
______, 1991년 김일성 신년사, 《통일백서》, 1994.
______, 《통독 4주년 현황과 평가》, 1994. 10.
하영선, 《한반도의 전쟁과 평화》, 서울: 청계연구소, 1989.
하정열, 《한반도 통일 후 군사통합방안》, 서울: 팔복원, 1996.
한국정신문화연구원, 《한반도 통일의 전망》, 서울: 정아인쇄사, 1994.
한국정치학회 편, 《현대 한국정치론》, 서울: 법문사, 1987.
한림과학원, 《남북한 통합 그 접근방법과 영역(上, 下)》, 서울: 소화, 1995.
함택영, 《국가안보의 정치경제학》, 서울: 법문사, 1998.
함택영 외, 《남북한 군비경쟁과 군축》, 서울: 경남대 극동문제연구소, 1992.
함택영 외, 《김정일체제의 역량과 생존전략》, 서울: 경남대학교 국제문제연구소, 2000
헬뮤트 슈미트, 《독일통일의 교훈》, 매일경제신문사, 1993.
황동준, 《국방예산과 방위세의 역할》, 서울: 한국국방연구원, 1985.
황성모 외, 《민족의 정통성과 통일》, 자유평론사, 1991.

나. 논문 및 간행물

The Military Balance, 2007

Steven, Cover, "독일통일 : 한반도의 교훈—탈냉전시대의 한미관계", 한국국방연구원 주최 제4회 국제학술회의 발표 논문, 1991.

강원식, "통일한국의 등장에 따른 동북아 안보 구도 변화 대응책", 민족통일연구원 연구보고서 94-27, 1994.

구영록, "통합이론에 관한 연구: 통합의 유형과 갈등," 『국제정치논총』 13 · 14: 1-30, 1974.

국방대학교, 『안보관계용어집』, 서울 : 국방대학교, 2007.

국방대학교 안보문제연구소, 『2006년 범국민 안보의식 여론조사』, 2006년

국제문제연구소, 『국제문제』, 서울: 삼문인쇄, 1996. 12.

______, 『방위연감 1996-1997』.

권태영 · 김수영, "독일통일의 교훈과 한반도 통일," 『국방논집』, 제20호, 1992.

김경숙, "2000년 이후 북한 신년공동사설을 통해 본 대남정책", 『북한연구』, 제 10권, 2007.

김영윤, "남북정상회담과 남북경제협력", 『북한』, 통권431호, 2007.

김일영 · 조성렬, "주한미군 : 역사 · 쟁점 · 전망", 서울: 한울 아카데미, 2003.

김자진, "한반도 통일이 동북아 정세에 미치는 영향," 국대원 안보과정 논문, 1992.

김재홍, "북한은 어떻게 변화될 것인가? : 사상무장과 전력강화 병행", 『북한』, 통권434호, 2008.

김진무, "북한체제 붕괴론과 안보적 대비방향(上)", 『북한』, 통권431호, 2007.

김채윤, "북한의 사회계층," 북한연구소 편, 《북한사회론》, 서울: 북한연구소, 1977.

김철환, "통일한국의 무기체계," 국제평화전략연구원, 1995. 11.

김충영, "통일 후 한반도 군사력 판단," 『국방연구』, 제38권 1호, 1995.
김태우, "2008년 북핵문제 전망과 과제", 『북한』, 통권434호, 2008.
리처드 크리스텐슨, "한반도 문제를 위한 한미협력," 주한 미국 대리 대사 전국경제인연합연설, 1997. 7. 24.
민족통일연구원, "민족통일 방안의 이론체계와 실천 방안," 1994.
______, "한반도 평화체제 구축 방안," 1995.
박동근, "조국통일방도의 모색," 한국일보 주최 「남북 · 해외학자통일학술회의」 발표 논문, 중국 북경 장성대반점, 7월 31일 ~ 8월 1일.
선한승, "통일 후의 북한 노동력 활용 방안," 한국사회학회 1995년 전기사회학대회 발표문, 1995년 6월, 부산 동아대학교, 1995.
송대성, "김정일 정권, 이명박 정부 길 들이기 본격 가동", 『세종논평』 No. 104(2008. 4. 2)
송영선, "아 · 태 다자간 안보협력 체제 구상과 가능성 분석," 『국제문제』, 1993. 1월호.
신상진, "등소평 사후 중국의 국내정세와 한반도 정책 전망," 민족통일연구원, 1995.
신성택 · 권병완, "일본의 핵능력 실체분석과 우리의 대응 방향", 『국방논집』, 제29호, 1995.
신창민, "통일비용과 분단비용 재점검과 시사점", 서울: 남북교류협력의원모임, 2005.
심지연 · 최완규, "김정일 정권의 내구력과 북한정치체제의 변화전망," 『동북아연구』, 경남대학교 극동문제연구소, 1995.
안병준, "동북아 정세와 한국의 안보전략," 『국가전략』, 제2권, 1호, 1996.
양운철, "新태평양 공동체 구상의 시험의 場," 《신태평양 공동체 구상과 한국》, 세종연구소, 1994.
오관치, "분단국가의 재통일 과정에 관한 연구", 한국국방연구원 연구보고서 96-1158, 1996.
외교통상부, 『한반도문제 주요현안 자료집』, 서울: 외교통상부, 2004.

월간 『북한』, 통권 314호, 1998. 2.
월간 『통일로』, 통권114호, 1998. 2.
유명기, "독일 군사통합 분석과 한반도 군사통합 방안", 국대원 안보과정 논문집, 1996.
유승익, "한반도 통일에 대한 주변 4강의 시각과 역할," 『국방논집』 제19호, 1992, 가을.
육군사관학교 화랑대 연구소, "남북한 통일과 군통합의 법적 문제", 1995.
이만종, "분단국의 통일과 군사통합에 대한 소고," 『국방논집』, 1995. 여름.
이명영, "북한동태연구(II): 남북관계 50년의 총괄과 오늘의 남북한 정세를 중심으로," 한국사회교육연구회, 1995.
이문규, "남북한 통합의 이론적 모색," 『통일연구논총』, 제8권 1호, 1988.
이병두, "북한 문제와 남북관계에 대한 여론조사," 『統一經濟』, 1995.
이상우, "대북한 장기억제 전략 구상," 한국국방연구원 정책 시리즈 89 ~ 3.
이서항, "남북한 군비통제 방안의 비교," 『국제문제』, 1991.
———, "한반도 주변정세의 변화와 우리의 대응," 『국회보』, 1996.
———, "정치 · 군사적 신뢰구축 방안: 운용적 군비통제의 모색," 《서울대 사회과학과 정책연구》, 1992.
이석호, "북한의 군비통제 정책," 『국제정치논총』, 제28집 1호, 1989.
이영우 외 3명, "남북한 평화공존시 전력배치와 통일후 전략 및 전력 배치 연구(II)", 한국국방연구원, 1991.
이임노, "통일한국의 군사력 건설에 관한 연구", 국대원 안보과정 연구논문, 1996.
이주천, "김정일의 인질이 된 대한민국 : 이주천의 미주리 칼럼", 서울: 얼과 알, 2005
이철기, "남북한 군사력 비교 : 북한 군사력 우위론의 허구성", 임종인(편) 『남북한 군사력 비교의 의의와 방향 : 토론회 자료집』, 2004년.
이춘근, "통일 후 전방위 개념으로", 『신동아』, 1995. 3.
임인수, "21세기 한국과 항공모함에 관한 고찰", 『전투 발전 연구』, 1996. 12.

임형백, "조국통일 3대원칙' 의 해석과 실천에 관한 제언," 한국일보 주최 「남북 · 해외학자 통일학술회의」 발표 논문, 중국 북경 장성대반점, 7월 31일 ~ 8월 1일.
장경모, "북한의 전쟁관 분석," 『정신전력연구』 제20호, 국방정신교육원, 1997.
장문석, "남북한 군구조와 통일한국군", 『한국군사』 제5호, 1997.
장홍기 · 이량 · 이만종, 《남북 군사통합 연구》, 한국국방연구원 정책연구보고서, 1994.
전광석, "동서독일과 사회보장질서," 허영 편, 《독일통일의 법적 조명》, 서울: 박영사, 1994.
전성우, "동서독 통일과정의 사회학적 함의 '사회통합' 의 관점을 중심으로," 『경제와 사회』, 제26호(1995년 여름), 1995.
전송훈, "북한의 핵능력과 핵위협 분석", 『국가전략』 2005년 제 11권 1호(성남: 세종연구소, 2005)
정병호, "남북한 군사력: 실상과 허상," 『국제정치논총』 29권 1호, 1989.
제임스 굿비, "통일을 향한 한반도 군비통제 절차," 『국제정세』, 1990. 8.
조동호, "통일의 경제적 편익," 《한반도 통일시의 경제통합전략》, 한국개발연구원, 1997.
조동호 · 조민 외, "분단비용과 통일비용," 민족통일연구원 · 한국개발연구원 공동주최 학술대회 발표 논문집, 1997. 6. 5.
존 틸렐리, "한반도 안보상황," 미하원 안보위원회 연설, 1997. 3. 6.
주독대사관, 《숫자로 본 독일통일》, 1992.
———, "통독이후 1년간 각 분야별 통합 현황," 내부자료, 1991.
최 성, "남북연합의 통일전략," 세종연구소 주최 제2회 세연학술포럼 「한국의 국가전략 대토론회」, 서울 힐튼호텔 그랜드볼룸, 4월 26일.
최상용, "분단, 점령, 그리고 평화," 고대평화연구소 편, 《남북분단의 극복과 평화》, 법문사, 1990.
최완규, "엘리트 구조를 통해 본 북한정치체제의 변화 가능성 분석," 경남대

논문집, 1977.
———, "남북연방제와 인민민주주의 혁명 전략," 경남대 논문집, 1984.
———, "북한의 대미생존외교 전략," 박광희 편, 《21세기의 세계질서: 변혁시대의 적응논리》, 서울: 오름, 2003.
통일교육원, 《통일문답》, 1997.
———, 《통일문제 이해》, 1997.
통일원, 《독일통일 6년, 동독재건 6년》, 1996. 12.
한국국방연구원, "남북관계 진전을 위한 국방분야 추진 정책과제(민족공동체 통일방안의 단계별 접근)". 정부보고서, 1994. 9.
한국방위산업진흥회, 《방산업체의 경영분석》, 2002 ~ 2006.
한영구, "남북한간의 새로운 관계 정립에 있어서의 일본의 역할," 외교안보연구원 정책시리즈 91-7, 1991.
한용섭, "통일시나리오별 남북한 군사통합 방안," 국방대학원 미간행 연구보고서, 1995. 8.
함택영, "남북한 군사력," 『국제정치논총』, 제37집, 1호, 1997.
———, "남북한 군비경쟁 및 군사력 경쟁의 고찰," 《남북한 군비 경쟁과 군축》 서울: 경남대학교 극동문제연구소, 1992.
———, "주체사상과 북한의 국방정책," 《북한의 정치 이념: 주체사상》, 서울: 경남대학교 극동문제연구소, 1990.
———, "국군 종합전쟁수행능력 북한군에 열세", 「중앙일보」, 2004년 8월 30일
홍성국, "한국 분단 손실의 추정," 『북한』, 북한연구소, 1990년 10월호, 1990.
———, "통일한국의 군사비 감축과 효과," 『통일경제』, 통권 제17호, 현대경제사회연구원, 1996.
황동준, "군사기술 선진화와 방위산업 재도약", 『주간국방논단』 제643호 (96-29), 1996. 7. 15.
황재호, "중 · 러 합동군사훈련의 전략적 의미", 『주간국방논단』, 2005년 10월 24일자.

2. 외국자료

가. 단행본

Adway, Nabil, *Boundary and Boundary* Disputes in South Arabia. London: Gulf Centre for Strategic Studies, Monograph 6, May 1990.

Ake, Claude, *A Theory of Political Integration*. Homewood, Illinois: The Dorsey Press, 1967.

Almond Gabriel A and Bringham Powell G. Jr., *Comparative Politics*. Boston: Little Brown and Company, 1978.

Beresford Malanie, *Vietnam: Politics*, Economics and Society. New York: Printer Publishers, 1988.

_______, *National Unification and Economics and Society*. New York: Printer Publishers, 1989.

Bidwell, Robin, *The Two Yemens. Boulder*: Westviews Press, 1992.

Boulding, Kenneth E. *Stable Peace, Austin*: University of Texas Pres, 1978.

Chilcote, Ronald H. *Theories of Comparative Politics*: The Search for a Paradigm, Bolder. Colorade: Westvies Press, 1981.

Deutsch Karl W,, et al,, *Political Community and the North Atlantic Area*(Princeton: Princeton University Press, 1957).

Diehl, Paul F., *International Peacekeeping*, Baltimore and London: The Johns Hopkins University Press, 1993.

Hobsbawn, E. J., *Nation and Nationalism Since 1780*(Cambridge: Cambridge University Press, 1994).

Etzioni, Amitai, Political Unification: *A Comparative Study of Leaders and Forces*. New York: Holt, Rinehart and Winston, 1965.

Forcey, Linda Rennie, ed., Peace: *Meanings, Politics, Strategies*, New York: Praeger, 1989.

Goldstein, Joshua S. *International Relations*. New York: Harper Collins

Publishers Inc., 1996.

Hass, Ernst B. *The Uniting of Europe*. Stanford: Stanford University Press, 1958.

Hoffmann, Stanley, *Gulliver's Troubles, or the Steeing of American Foreign Policy*. New York: McGraw-Hill, 1968.

Kingdon, John W. *Agendas, Alternatives, and Public Policies*. Boston: Little Brown and Company, 1984.

Kissinger Henry, *Diplomacy*. New York: Simon and Schuster, 1994.

Lieber, Robert J. *The Theory of World Politics*. Cambridge. Mass: Winthrop Publishers Inc., 1972.

Lindberg, Leon N. et al. *Political Community and North Atlantic Area International Organization in the Light of Historical Experience*. Princeton N. J.: Princeton University Press, 1957.

_______, *The Political Dynamics of European Economic Integraition*. Standford, Calif: Starndford Univ. Press, 1963.

Lipset, Seymour M. *Political Man* : The Social Bases of Politics. New York; Coubleday & Company, Inc, 1963.

Mitrany, David, *A Working Peace System*, Chicago: Quadrangle Books 1966.

Myron, Weiner,. *Political Development and Social Change*. New York: John Willy & Sons Inc., 1966.

Parsons, Talcott,. *A Collection of Essays with Translation and a Bibliograhpy*. Columbus: Ohio State Univ. Press, 1960.

Paulk, Davis, *New Challengers for Defense Planning*. Santa Monica: RAND, 1994.

Pike Douglas, *History of Vietnamese communism 1925 ~ 1976*. Stanford, Cal.: Hoover Institution Press, 1978.

Porter, Gareth, *Vietnam's Long Road to Socialism*. Current History, vo1. 71, no.422, December, 1976.

SIPRI, *Armaments, Disarmament and International Security*. London: Oxford Univ. Press, 1997.

Skocpol, Theda, *States and Social Revolutions*. New York: Cambridge University Press, 1979.

The Institute for Far Eastern Studies kyungnam Univensiry. *The Future of hina and Northeast Asia*, Interantional Conference Commorating the 25th Anniversary of the IFES, May 22 ~ 23, 1997.

Toffler, Alvin and Heidi, *War and Anti-war: Survival at the Dawn of the 21st Century*. New York: Little Brown, and Company, 1993.

Walt, Stephen M. *The Origins of Alliance*. Ithaca: Cornell University Press, 1987.

Weinberger Casper, *The Next War*. Washington D. C: Regenery Publishing Co, 1996.

나. 논문 및 간행물

Angell, Robert Cooley, "Social Integration," Sills, David L. ed., *International Encyclopedia of the Social Sciences*.

Bett. Richard, "Wealth, Power and Instability," *International Security*, (Winter, 1993-94).

Blanchard, B. "Eoconomic Integration," John Eatwell, et al. eds., *The New Palgrave: A Dictionaary of Economics*, The Macmillian Press Ltd.; 1987.

Blank, Stephen, "Engaging North Korea: Issues and Challenges", Internationa Journal of Korean Unification Studies, V.16, n.2, 2007.

Bofaturev, Alexei D. "Russian Perspectives and Policy," prepared for International Conference on the Korean Peninsula & the Northeast Asian Security(Institute of Foreign Affairs and National Security. 25-26 Nnovember 1997. Seoul Korea).

Cambell, Kurt M. "Hearing on U.S Policy Toward the Korean Peninsula," Prepared Statement before the House International Relation Committee Asia and the Pacific Subcommittee, February 26, 1997.

Cheong, Seong-Chang, "South Korea' s New Policy toward North Korea", East Asian Review, V.19, n.4, Winter 2007.

Drechsler, Wolfgang, 1991. "Reuniting German Higher Education and Research," *World Affairs*, Vol, 154, No.1, pp. 5 ~ 8.

Dunbar Charles, "The Unification of Yemen: Process, Politics and Prospects," The Middle East Journal, Vol.46. No.3, 1992.

Etzioni, Amitai, "A Paradigm for the Study of Political Unification,: *World Politics*," Vol. XV. No. I, 1962.

Ferree, Myra Marx, and Brigitte Young, "Three Steps Back for Women: German Unification, Gender, and University ' Reform," *Political Science and Politics*, Vol. 26, 1993.

Fukuyama. Francis, "The East Asian Prospect : The Illusion of Exceptionalism,". *Journal of Democracy*, July 1997.

Hantington, Samuel P., "The Erosion of American National Intersts," *Foreign Affairs*, September/October, 1997.

Hudson, Michel, "Bipolarity, Rational Calculation and War in Yemen," *Arab Studies Journal*, Spring Vol.III, No.1, 1995.

IISS, *The Military Balance*. 1990 ~ 1991, 1996 ~ 1997.

Gordon Joseph S. "German Unification and the Bundeswehr," *Military Review* Vol, I. No.11(Nov. 1991).

Kagan, Frederick W. and David T. Fautna, "Could We Fight a War If We Had To". *Commentary*, May 1997.

Kim, Keun-Sik, "Analysis of the 2007 South-North Summit and South-North Realtions", East Asian Review, V.19, n.4, Winter 2007.

Kim, Yongho & Kim, Myungchul, "North Korea' s Risk-taking vis-a-vis the

U.S. Coercion in the Nuclear Quagmire", The korean Journal of Defence Analysis, V.19, n.4, Winter 2007.

Kim, Young-Yoon, "The Sou-North Summit: Prospects for the Inter-Korean Economic Community", V.19, n.4, winter 2007.

Komai, Hanos, "The Socialist System: The Political Economy of Communism," *Public Opinion Quarterly*, Vol.56, 1992, pp. 53 ~ 76.

Lee, Chun kun, "The Arms Race Between South and North Korea During the Era of Global Detente(1986 ~ 1991)," *The Sejong Review*, Vol. 1. October, 1992.

Levine, Donald N. "Cultural Integration," Sills, David L. ed., *International Encyclopedia of the Social Sciences*. New York: The Free Press, 1977.

Manning, Robert A., "Danger and Opportunity on the Korean Peninsular: Challenges to U.S Policy," Prepared Testimony before the house International Relations Committee Asian and Pacific Affairs Subcommittee, February 26, 1997.

Marshall, T. H. "Citizenship and Social Class," T. H. Marshall and Tom Bottomore, *Citizenship and Social Class*, London: Plute Press. 1992.

Marcus, Noland, "Why North Korea Will Maddle Through". Foreign Affairs, July/August, Volume 76. No.4, 1997.

Mazarr, Michael J., "The Long Road to Pyongyang", Foreign Affairs, V.86, n.5, September/ October 2007.

Peter Almquist, "The Vienna Military Doctrine Seminar: Flexible Response vs. Defensive Suffiieny," *Arms Control Today*, Vol. 20. No. 3(April 1990).

Sarkisov, Konstantion O. "Korean Situation in mid-1996, A View from Russia," 동경, 국제학술 발표자료, 1996. 5.

Stuart, Douglas T. "Toward Concert in ASIA," Asian Survey, Vol 37, No.3,

March 1997.

Schmitter, Donald J. 1972. "Of Blind Men, Elephants and International Integration," *Journal of Common Market Studies* 10 ~ 3.

Tilelli, John H. Commander in Chief United Nations Command/Combined Forces Command & Commander United Nations States Forces Korea, Hearing on US Policy Toward the Korean Peninsular, Prepared Statement before the House National Security Committee, 6 March 1997.

United States Institute of Peace,. "A Coming Crisis on the Korean Peninsula: The Food Crisis, Economic Decline, and Political Consideration," Special Report on North Korea, 1997.

Wendy Silvernan "Talking 'Sufficiency' in the Hofbung Palace," Arms Control Today, Vol. 21. No. 3(April 1990).

한반도 통일과 군사통합

•
지은이 / 제정관
펴낸이 / 김재엽
펴낸곳 / 한누리미디어
디자인 / 지선숙
•
121-840, 서울시 마포구 서교동 395-13 서원빌딩 2층
전화 / (02)379-4514, 379-4519
Fax / (02)379-4516
E-mail/hannury2003@hanmail.net
•
신고번호 / 제300-2006-61호
등록일 / 1993. 11. 4
•
초판발행일 / 2008년 8월 25일
•

•
값 15,000원
•

•
ISBN 978-89-7969-324-9 93390